高等教育新工科信息技术课程系列教材

Access 数据库应用与开发

贺爱香　吕　腾◎主编
徐　梅　胡晓天　万家华　敖希琴　吴炜炜◎副主编

中国铁道出版社有限公司
CHINA RAILWAY PUBLISHING HOUSE CO., LTD.

内 容 简 介

本书以中小型数据库管理系统Access 2016为平台，围绕一个贯穿始终的“教务管理系统”数据库案例，精心设计了8个项目，涵盖了教务管理数据库设计与创建、表的设计与创建、查询的创建与使用、窗体的设计与创建、报表的设计与创建、宏的设计与创建、模块与VBA程序设计和教务管理系统的开发集成等方面。全书内容安排既循序渐进，又注重理论与实践的结合。书中巧妙地将课程思政元素融入其中，采用“项目导向、任务驱动、思政引入”的教学模式。另外，出版了实验实训指导教材，更加贴合应用型高校的专业建设需求，增强了教学的针对性和实效性，完美适应“线上+线下”混合式教学改革课程的应用场景。

本书不仅适合作为高等院校管理类专业的数据库应用技术课程教材，还可作为全国高等学校计算机等级考试二级Access的培训教材。

图书在版编目（CIP）数据

Access数据库应用与开发 / 贺爱香，吕腾主编. 北京 ：中国铁道出版社有限公司，2025. 4. --（高等教育新工科信息技术课程系列教材）. -- ISBN 978-7-113-31827-7

Ⅰ. TP311.132.3

中国国家版本馆CIP数据核字第2025AW9043号

书　　名：Access 数据库应用与开发
作　　者：贺爱香　吕　腾

策　　划：汪　敏　刘梦珂　　　　编辑部电话：（010）51873135
责任编辑：汪　敏
编辑助理：史雨薇
封面设计：郑春鹏
责任校对：刘　畅
责任印制：赵星辰

出版发行：中国铁道出版社有限公司（100054，北京市西城区右安门西街8号）
网　　址：https://www.tdpress.com/51eds
印　　刷：河北燕山印务有限公司
版　　次：2025年4月第1版　2025年4月第1次印刷
开　　本：787 mm×1 092 mm 1/16　印张：17.5　字数：415千
书　　号：ISBN 978-7-113-31827-7
定　　价：49.80元

高等教育新工科信息技术课程系列教材
编审委员会

徐　勇	安徽财经大学
姚光顺	滁州学院
翟玉峰	中国铁道出版社有限公司
张继山	三联学院
张雪东	安徽财经大学
钟志水	铜陵学院
周鸣争	安徽信息工程学院

序

近年来，教育部积极推进、深化新工科建设，突出强调“交叉融合再出新”，推动现有工科交叉复合、工科与其他学科交叉融合，打造高等教育的新教改、新质量、新体系、新文化。作为新工科的信息技术课程，要快速适应这种教改需求，探索变革现有的信息技术课程体系，在课程改革中促进学科交叉融合，重构教学内容，推进各高校新工科信息技术课程建设，而教材等教学资源的建设是人才培养模式中的重要环节，也是人才培养的重要载体。

目前，国家对教材建设是越来越重视，2020 年全国教材建设奖的设立，重在打造一批培根铸魂、启智增慧的精品教材，极大地提升了教材的地位，更是将教材建设推到了教育改革的浪尖潮头。2022 年 2 月发布的《教育部高等教育司关于印发 2022 年工作要点的通知》中，启动“十四五”普通高等教育本科国家级规划教材建设是教育部的一项重要工作。安徽省高等学校计算机教育研究会和中国铁道出版社有限公司共同策划组织“高等教育新工科信息技术课程系列教材”，并联合一批省内外专家成立“高等教育新工科信息技术课程系列教材编审委员会”，依托高等学校、相关企事业单位的特色和优势，调动高水平教师、企业专家参与，整合学校、企事业单位的教材与教学资源，充分发挥课程、教材建设在提高人才培养质量中的重要作用，集中力量打造与我国高等教育高质量发展需求相匹配、内容形式创新、教学效果好的教学体系教材。这套教材在组织编写思路上遵循了高校的教育教学理念，包括以下四个方面：

1. 在价值塑造上做到铸魂育人

党的二十大报告指出:“教育是国之大计、党之大计。培养什么人、怎样培养人、为谁培养人是教育的根本问题。育人的根本在于立德。”

本套教材聚焦创新素养、工匠精神与家国情怀的养成，把政治认同、国家意识、文化自信、人格养成等思想政治教育导向与各类信息技术课程固有的知识、技能传授有机融合，实现显性与隐性教育的有机结合，促进学生的全面发展。应用马克思主义立场观点方法，提高学生正确认识问题、分析问题和解决问题的能力。强化学生工程伦理教育，培养学生精益求精的大国工匠精神，激发学生科技报国的家国情怀和使命担当。

2. 坚持“学生为中心”和“目标为导向”的理念

新工科建设要求必须树立以学生为中心、目标为导向的理念，并贯穿于人才培养的全过程。这一理念强调针对学生既定的培养目标和未来发展，要求相关教育教学活动均要结合学生的个性特征、兴趣爱好和学习潜力合理设计和开展。相应地，计算机类教材的出版也不应再局限于传统的知识传输方式和学科逻辑结构，应将知识成果化的传统理念转换为以学生和学习者为中心、坚持目标导向和问题导向相结合的出版理念。

3. 提供基于教材生命全周期的教学资源服务支持

立足于计算机类教材的生命全周期，从新工科的信息技术课程教学需求出发，策划和管理从立意引领到推广改进的教材产品全流程。将策划前期服务、教材建设中的平台服务、研究以 MOOC+SPOOC 为代表的新的教学模式、建设具有配套的数字化资源，以及利用新技术进行的新媒体融合等所有环节进行一体化设计，提供完整的教学资源链服务。

4. 在教材编写与教学实践上做到高度统一与协同

教材的作者大都是教学与科研并重，更是具有教学研究情怀的教学一线实践者，因此，所设计的教学过程创新教学环境，实践教学改革，能够将教育理念、教学方法糅合在教材中。教材编写组开展了深入研究和多校协同建设，采用更大的样本做教改探索，有效支持了研究的科学性和资源的覆盖面，因而必将被更多的一线教师所接受。

本套教材构建更加注重多元、注重社会和科技发展等带来的影响，以更加开放的心态和步伐不断更新，以高等工程教育理论指导信息技术课程教材的建设和改革，不断适应智能技术和信息技术日新月异的变化，其内容前瞻、体系灵活、资源丰富，是一套符合新工科建设要求的好教材，真正达到新工科的建设目标。

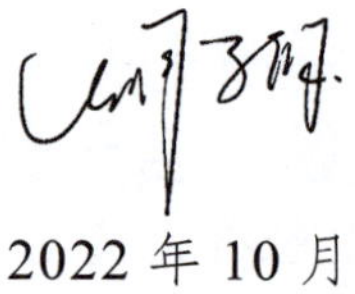

2022 年 10 月

前 言

在信息高度密集的今天，数据已经渗透到每个行业和领域，成为重要的生产要素。数据库的应用在生活中随处可见，每天都有成千上万的人浏览网页、网上购物，这些都需要数据库的支持，才能够实现信息的存储、分类、增删和更改。证券交易、户籍管理、商场销售也需要利用数据库技术来处理大量的数据和信息。学籍管理、档案查询、图书馆日常管理也都离不开数据库技术的支持。随着信息化的不断发展，生活中还有很多数据都可以构建在数据库上，数据库的应用范围也在不断扩大，人类和数据库技术变得也越来越不可分割。

Access 是微软办公软件的一个成员，作为桌面关系型数据库管理系统，它结合了数据库引擎的图形用户界面和软件开发工具，既能进行数据库设计，又能用来开发软件。选用 Access 作为数据库开发的软件载体，培养学习者存储和处理数据能力的同时还能培养学习者面向对象的程序设计能力。

本书通过一个完整的“教务管理系统”项目案例的开发贯穿始终，并结合初学者的实际情况，以 Access 2016 为操作环境，介绍了 Access 数据库基础知识、数据库设计方法和 Access 数据库操作技术。本书注重理论知识的介绍和实际操作技能的训练。采用“项目导向、任务驱动、思政引入”的模式进行编写。

项目导向：基于项目为导向的校企合作教学模式，以项目为载体，将 Access 数据库的知识、技术与方法融为一体，并提供了一个完整的“教务管理系统”项目案例引导学生实践。

任务驱动：本书层次分明，将每个项目拆解为若干个既相关又独立的任务，有助于学习者理解概念、巩固知识、掌握要点、攻克难点，并能掌握数据库的技术。

思政引入：本书的每个任务都能润物无声地注入思政元素，以能力和素养为核心，培养全面发展的社会主义建设者和接班人意识。

本书作为安徽省质量工程“十三五”规划教材项目之一，是在安徽省质量工程项目《Access 数据库应用与开发教程（MOOC 版）》的基础上编写，构建了“MOOC 学习平台＋纸质教材＋资源包”的立体化学习资源。同时增加了实验实训指导教材，使全套教材更加体现应用型高校专业建设的针对性和应用性，符合“线上＋线下”混合式教学改革课程的应用需求。

与本书配套的 MOOC 课程资源发布在安徽智慧教育平台（e 会学）和学堂在线-精品在线课程学习平台，读者可以注册登录平台后开始免费课程学习，亦可到中国铁道出版社教育资源数字平台 https://www.tdpress.com/51eds 下载。

与本书配套的MOOC课程资源按照项目知识树的形式构成，包括MOOC视频、电子教案、习题答案、教务管理系统和相关数据库等内容的资源，以方便读者学习使用。

MOOC视频：内容基本覆盖了主要知识点的讲述和各案例的基本操作讲解，能够让学习者随时随地使用移动通信设备观看比较直观的视频讲解。相应MOOC视频资源在e会学和学堂在线App应用中也可观看。

电子教案：教师上课使用的与课程和教材相配套的教学PPT可登录e会学网站下载。

习题答案：本书各章配有习题参考答案，供学生课前预习及课后练习使用，使学生能够巩固学习成果。

教务管理系统：与本书配套的Access数据库应用管理系统，供学生自学时使用，登录e会学网站即可下载。

本书由贺爱香、吕腾任主编，徐梅、胡晓天、万家华、敖希琴、吴炜炜任副主编，项目一、四由吕腾编写，项目二、三由贺爱香编写，项目五、六由徐梅编写，项目七由胡晓天编写，项目八由万家华、敖希琴和吴炜炜共同编写。对于郑妮院长给予的支持和帮助，在此表示感谢；同时，感谢中国铁道出版社有限公司在本书策划、编辑和出版过程中给予的大力支持。

由于编者水平有限和时间仓促，书中难免存在不妥之处，敬请广大读者批评指正。编者邮箱：heaixiang@axhu.edu.cn。

编　者

2024年12月

目　录

项目一
教务管理系统数据库设计与创建

数据库技术是信息技术中发展最快和应用最广泛的领域之一，它是专门研究如何科学地组织和存储数据、如何高效地获取和处理数据的科学理论和技术方法，是计算机系统和应用系统的最核心的科学技术和重要基础之一。

在使用计算机的所有领域里，数据库（database, DB）都担当着关键的角色，包括商业、电子商务、工程、遗传学、法律教育和图书管理科学等。在现代社会里，数据库和数据库系统（database system, DBS），已经成为生活中必不可少的组成部分，人们每天都会和数据库打交道。例如，去银行存钱或取钱、预订旅店或航班、查询参考书目、购买商品等，所有这些行为都会涉及某人或某个计算机程序对数据库的访问。除了这些传统的数据库应用以外，随着新技术和新的应用需求的出现，涌现出很多新型数据库应用：如管理图像、音频和视频等数据的多媒体数据库、管理地理信息的地理信息系统，以及为数据挖掘提供集成数据的数据仓库等。

项目内容

- 任务一　数据库的规划设计
- 任务二　数据库的创建
- 任务三　数据库的维护

项目目标

知识目标：了解数据管理技术发展的历程和数据库技术的发展，理解数据库系统的组成和数据模型。

能力目标：掌握数据库设计的一般方法和步骤，培养分析问题和解决问题的能力。

素养目标：运用科学的思维方法和手段对数据进行管理，培养数据思维能力。

任务一　数据库的规划设计

要使用数据库对数据进行管理，首先要按照一定的规范，使用科学的方法创建好数据库。数据库规划和设计包括需求分析、概念结构设计、逻辑结构设计、物理结构设计和数据库实施等阶段。首先，明确用户需求并形成需求文档；其次，设计E-R图进行概念建模；再次，将E-R图转换为关系模型，设计表结构；又次，优化存储方案，制定索引和分区策略；最后，进行数据库的安装、测试与部署，确保数据安全和性能优化。

任务情境

小李：贺老师（以下简称老贺），我想设计一个教务管理系统数据库，感觉无从下手，请问应该从哪里着手呢?

老贺：你问的其实是数据库规划设计问题。这一问题通常包括几个关键阶段，即需求分析、概念结构设计、逻辑结构设计、物理结构设计和数据库实施。

小李：原来有这么多步骤啊！能具体说说这些阶段的内容吗?

老贺：首先，我们要明确用户需求并形成需求文档，这是需求分析阶段。其次，在概念结构设计阶段，我们设计E-R图进行概念建模。

小李：然后呢?

老贺：然后就是将E-R图转换为关系模型，设计表结构，这属于逻辑结构设计阶段。接下来，我们要优化存储方案，制定索引和分区策略，这是物理结构设计。

小李：最后一步是数据库实施吗?

老贺：是的，最后一步是进行数据库的安装、测试与部署，同时确保数据安全和性能优化。

任务描述

设计一个“教务管理系统”数据库，完成对教师、学生、课程和选课等数据的管理。实现以上案例，要求掌握的知识：

（1）常用的数据管理技术，Access 2016数据库表的创建方法。

（2）数据库系统的组成。

（3）数据模型。

（4）数据库的设计方法。

知识链接

一、数据管理技术的发展概况

近几十年来，数据管理技术随着计算机硬件和软件的发展而不断的发展，经历了人工管理、文件系统管理和数据库系统管理等三个阶段。

自1946年世界上第一台电子数字计算机诞生以来，一直到20世纪50年代中期以前，计算机还没有现代意义上的操作系统，还没有磁盘等直接存取设备，其主要用途是应用于科学计算，数据的处理方式主要是批处理方式。这一阶段数据管理的任务完全由程序设计人员自负其责，程序员必须自行设计数据的组织方式，因此称为人工管理阶段。这个阶段最基本的特征是完全分散的手工方式。

20世纪50年代后期至60年代中期，随着计算机硬件的发展，磁盘、磁鼓等直接存取设备开始普及。此外，计算机软件也有了长足的进步，此时的计算机不但有了操作系统，而且还基于操作系统建立了专门管理文件的文件系统。这一时期的数据处理系统是把计算机中的数据组织成相互独立的被命名的数据文件，并可按文件的名字来进行访问，对文件中的记录进行存取。计算机开始大量用于数据管理工作，数据处理方式除了前面人工管理阶段的批处理方式以外，还有联机实时处理方式。这个阶段的基本特征是有了面向应用、具有数据管理功能的文件系统，数据可以长期保存在计算机外存上，可以对数据进行反复处理，并支持文件的查询、修改、插入和删除等操作。

自20世纪60年代后期以来，计算机在管理中的应用更加广泛，数据量急剧增大，对数据共享的要求越来越迫切。同时，大容量磁盘已经出现，联机实时处理业务增多；软件价格在系统中的比重日益上升，硬件价格大幅下降，编制和维护应用软件所需成本相对增加。在这种情况下，为了解决多用户、多应用共享数据的需求，使数据为尽可能多的应用程序服务，出现了专门管理数据的软件系统，即数据库管理系统（database management system, DBMS）。数据库管理系统很好地解决了文件系统对数据管理的主要缺点，在数据库系统中，数据不再只针对某一个特定的应用，而是面向全组织，具有整体的结构性、冗余度小、共享性高，具有较强的程序与数据之间的独立性，并且可对数据进行统一的控制。

二、数据库技术发展概况

从20世纪60年代中期开始的10～20年，大多数数据库系统是在价格昂贵的大型中央处理计算机上实现的，这一期间数据库系统的主要类型，是基于层次模型的系统和网状模型的系统。从20世纪70年代以来，关系数据库（relational database, RDB）逐渐成为了主流的数据库管理系统并一直持续至今。在20世纪80年代，出现了面向对象的编程语言，对于复杂的结构化的对象进行存储和共享的需求，推动了面向对象数据库（object oriented database, OODB）的发展。在20世纪90年代，电子商务作为Web上的主要应用逐渐流行起来。相应地，为了满足在Web上交换数据，出现了许多新的技术。当前，可扩展标记语言（extensible markup language, XML）已经成为在Web上或不同类型的数据库之间交换数据的主要标准。数据库系统在传统应用上取得的巨大成功，也鼓舞了其他应用的开发者们去积极地使用数据库。而传统上，这些应用使用他们自己的专用文件和数据结构，现在的数据库系统已经能为这些应用的专用需求提供更好的支持。根据数据库管理系统所使用的逻辑模型，数据库管理系统的发展可分为三个发展阶段：

1964年，通用电气公司的查尔斯·巴赫曼（Charles W. Bachman）主持设计和开发了最早的网状数据库管理系统（integrated data store, IDS）。它的设计思想和实现技术被后来的许多数据库产品所仿效。网状模型用网状结构表示实体与实体之间的多种复杂联系，包括一对一联系、一对多联系和多对多联系。网状模型中结点间的联系是任意的，且任意两个结点之间都可以有联系，因而网状数据模型可以更自然和直接地描述现实世界中实体与实体之间的错综复杂的联系。但网状数据模型运算复杂，处理起来非常困难。

第一代数据库系统存在的主要缺点是，用户在对网状和层次数据库进行存取数据时，仍然需要明确数据的存储结构，指出具体的存取路径。对这一缺点的改进导致了关系数据库管理系统的产生。数据库技术在这一阶段的主要成就是奠定了关系模型的理论基础，给出了人们一致接受的关系模型的规范说明，并研究了关系数据语言，包括关系代数、关系演算、结构化查询语言（structured query language, SQL）及实例查询

（query by example, QBE）等，并研制了大量的关系数据库管理系统的原型系统，攻克了系统实现中查询优化、并发控制、故障恢复、事务处理等一系列关键技术。

随着新技术的涌现和新应用的需要，出现了很多新型的数据库技术，如面向对象数据库系统、分布式数据库系统、XML数据库系统、数据仓库和数据挖掘系统等。

三、数据库系统简介

数据库系统是指用数据库管理系统进行数据管理和处理并支持多种应用的信息系统。它包括计算机硬件系统、系统软件和应用软件、数据库和数据库管理系统以及系统的开发、维护和使用人员等。其中，计算机硬件包括存储数据和运行数据库系统所需的硬件设备，主要包括CPU、内存、存储设备、输入设备和输出设备，不同的数据库系统对硬件的需求是不同的，因此，硬件的配置应满足整个数据库系统的需要；系统软件和应用软件主要包括支持数据库系统运行的计算机操作系统、开发各种数据库应用的实用工具和应用软件等。不同的数据库系统需要不同的操作系统支持，对高级程序设计语言、开发工具和应用软件支持也不完全相同。

数据库一般指一个长期储存在计算机外存上、数据整体有结构且可共享、面向一个组织或部门、支持多种应用的数据集合。

数据库管理系统是数据库系统中的核心软件，它是基于操作系统、能够让用户创建、定义、维护数据库以及控制对数据库访问的软件系统。

数据库系统的开发、维护和使用人员主要包括数据库分析和设计人员、应用程序员、终端用户和数据库管理员（database administrator, DBA）等。其中数据库分析和设计人员负责应用系统的主要开发和设计过程，这主要包括系统的需求分析和规格说明、数据库系统的概要设计和模式设计，以及确定数据库中需要保存哪些数据；应用程序员负责编写和使用数据库的应用程序以支持多种用户的使用；终端用户利用数据库系统的接口、应用程序或查询语言等使用数据库以完成日常的工作；数据库管理员则负责数据库系统的全面管理和控制。

四、数据模型

使用数据库系统管理和使用数据的一个优点就是，数据库系统提供了某些层次上的数据抽象，即通过隐藏数据组织和存储的细节，来突出数据的本质特征以及数据之间的本质联系，以便不同的用户可以在他们更感兴趣的层次上观察数据的细节，从而增进人们对数据及相关业务逻辑的理解。

数据模型（data model）就是用于描述数据库结构的概念集合，是数据库管理的形式框架，是数据库系统中用以提供信息表示和操作手段的形式框架。根据数据模型的抽象程度划分，数据模型可以分为三种（抽象程度由高到低）：概念模型、逻辑模型和物理模型。其中，概念模型提供的数据抽象，与用户感知数据的方式非常接近；物理模型描述的是数据如何在计算机存储介质（通常是磁盘）上存储的细节，因此物理模型提供的概念，只对数据库设计人员有意义，而不是最终用户；而逻辑模型是介于概念模型和物理模型之间，对于最终用户来说虽然不像概念模型那样容易理解，但基本上还是比较容易理解的，而且逻辑模型隐藏了数据在计算机存储的大多数细节信息。

关系数据库所使用的逻辑数据模型是关系模型，以集合论和一阶谓词逻辑为其理论基础，并借助于关系代数的方法来处理数据库中的数据。直观地看，关系数据库是包含一系列二维表的数据集合，每一个表都是对一种实体类型的结构化描述，其中表头是关系模式，包括一系列字段，每一个字段都是对实体类型的某一特征的描述，称为属性；表体是同一类型实体的对象集合，其中的每一行都是对一个对象的描述，称为记录。

五、数据库设计

数据库系统被设计用来管理大量的信息。这些大量的信息并不是孤立存在的，而是企业行为的一部分；企业的终端产品可以是从数据库中得到的信息，或者是某种设备或服务，数据库对它们起到支持的作用。

数据库设计就是根据用户和应用的要求，将企业或组织中的数据进行合理组织，构造出好的数据库逻辑模式，选定合适的并符合预算的数据库管理系统（DBMS），并根据给定的硬件、操作系统的特性等构造好的物理模式，来建立能够有效地存储和管理数据的数据库系统的过程。数据库设计的目标，应该是能正确反映应用的实际情况和用户的需求。

数据库设计通常包括需求分析、概念设计、逻辑结构设计、物理结构设计、数据库的实施以及使用与维护等阶段。其中，需求分析是整个数据库设计过程的基础，它从数据库的所有用户那里收集对数据的需求和对数据处理的要求，并形成需求说明书；概念设计是根据需求说明书形成数据库概念模型的过程；逻辑结构设计是将数据库的概念设计转化为所选择的数据库管理系统支持的逻辑数据模型的过程；物理结构设计是考虑数据库系统所要支持的负载和应用需求从而为数据库系统选定一个最佳的物理结构；数据库的实施是将前述的设计最终形成实际可使用的数据库系统，并开发相应的应用程序以支持用户的需求；数据库的使用与维护是将数据库系统交付给用户使用，并根据运行过程中出现的问题或用户新的需要对数据库系统进行维护和更新的过程。

对于实际的数据库系统的设计，正如其他软件设计一样，不可能一帆风顺，往往是上述步骤的不断反复的过程。

图1.1是本项目设计的教务管理系统数据库中的四个表及其相互关系（表间连线）。

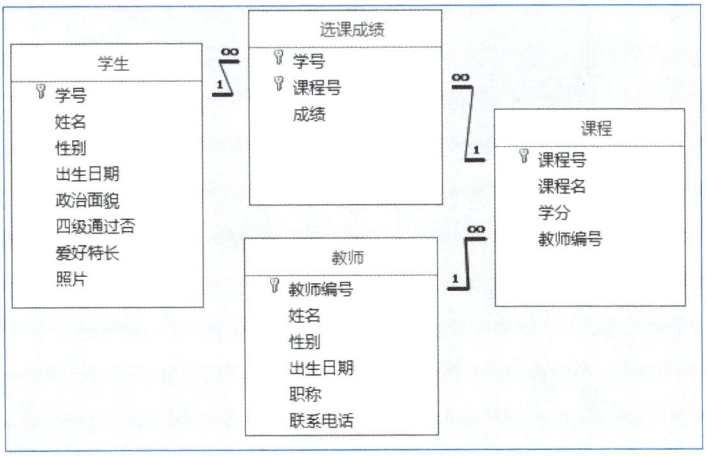

图 1.1　教务管理系统数据库的设计

动手实践

调研自己所在的高校教务管理系统的主要功能、服务的用户以及系统所使用的开发语言和后台的数据库类型。并据此完成需要分析报告。

润物无声

打造自主可控、安全可靠的国产数据库系统

在我国，数据库的教学和研究可以追溯到1978年，当时中国人民大学萨师煊第一次将“数据库”引入课堂。与国外相比，此时国外的数据库技术基本完成了从实验室理论和原型到商用产品的市场化历程，数据库技术经历了从层次型、网状型到关系型的发展，以甲骨文、微软、IBM为首的一大批数据库公司崛起，推出了Oracle、DB2、Informix等主流数据库产品。我国数据库研究和教学的先驱者们，由于条件限制，大多依托于各大高校，培养了一批又一批的数据库专业人才。早在1983年，萨师煊与王珊合作出版了《数据库系统概论》这一经典教材。1984年，王珊建议中国人民大学成立数据与知识工程研究所，“开发真正能与国外竞争的数据库系统及应用生成系统产品”。与国外数据库公司学研产分离不同，早期的国产数据库公司几乎都是从大学的科研实验室孵化出来，再到市场进行打磨。典型代表是国产数据库的“四朵金花”：1999年，王珊领头成立了国内第一家数据库公司人大金仓，其企业级通用数据库KingbaseES更是入选了国家自主创新产品目录；2000年，原华中理工大学（现华中科技大学）冯玉才成立了武汉达梦数据库公司，其产品广泛应用于我国国防军事、公安、电力、电信、交通、电子政务、税务、国土资源等多个领域；神舟通用是国家“核高基”重大科技项目之数据库产品的核心研制单位；南大通用成立于2004年，是南开大学下属天津南开创元信息技术有限公司的控股子公司。以上这四家公司也被称为国产数据库的“四小龙”，是国产数据库领域的“国家队”。

迈入21世纪后，以网上交易和支付为核心业务的互联网公司迎来了迅猛发展，为了摆脱国外数据库的高额成本，以及传统数据库产品在支持数据访问高并发和管理大规模数据等方面的先天不足问题，各互联网公司纷纷提出了自己的数据管理解决方案。例如，2010年，阿里巴巴启动了IOE (IBM-Oracle-EMC)计划。阿里巴巴基于开源MySQL搭建了AliSQL，用了两年时间将淘宝及天猫的所有数据库从 Oracle 迁移到了AliSQL。但世事变迁，此时开源的MySQL随后被 Oracle 收购，转型成了半商用数据库。幸运的是，此时国际上的云计算巨头公司打算在云上发起一次数据库领域的新革命。在这一趋势下，2015年阿里云决定研发自己的数据库，放弃去模仿Oracle的传统思路，而是直接研发基于云的数据库产品。在当今的云计算时代，国内厂商已经拥有了不亚于海外公司的丰富生态，仅阿里巴巴生态内，就有了PolarDB、OceanBase、ADB、NoSQL、图数据库、时序时空数据库等产品。2018年，在全球权威的Gartner数据库魔力象限评选中，阿里云成为国内首个入选的科技企业，这标志着中国数据库企业首次站在了与世界科技巨头相同的竞技舞台上。2019年，阿里云再次以唯一中国厂商的身份入选这个权威评选。

据中国信息通信研究院发布的《数据库发展研究报告（2021年）》显示，2020年全球

数据库市场规模为671亿美元，其中中国数据库市场规模为35亿美元，约占全球的5.2%。预计到2025年，全球数据库市场规模增长至798亿美元，同时，预计届时中国的IT总支出将占全球的12.3%。报告还指出，中国数据库市场在全球占比预计到2025年接近中国IT总支出在全球的占比，而中国数据库市场总规模约计达到约688亿元。

国产数据库的四十载春秋，其间既有辉煌成就，也不乏挫折与挑战。华东师范大学周傲英教授在谈及中国数据库发展时，曾经这样说道：数据库一直都是中国的切肤之痛，从六五（第六个五年计划）开始，我们就在立项，我们要做自己的数据库，但我们一直没有弄明白，为什么我们做不出来自己的数据库，后来到了互联网时代，我们一下子醒悟过来了，就是生态。这之中既包含用户生态，更包含技术生态，前者是我们要将国内数据库市场空间做大，后者是我们要形成合力，因为数据库要解决的问题是综合性的，只有一起才能将这个事情做好。回顾数据库的这一发展历史，总的看来，国内数据库发展有以下几种形式：

（1）以传统开源软件为基础，依赖强大社区构建数据库。例如，瀚高和北京海量数据公司基于Postgres，通过优化开发的数据库可以和Oracle 等商业数据库比肩；阿里巴巴和腾讯基于MySQL 开源生态，分别构建了PolarDB 云原生数据库和TDSQL（Tencent Distributed MySQL），其中PolarDB实现了“去IOE”，形成了以开源生态为基础的自主可控数据库体系，而TDSQL承担了公司计费平台的数据存储，是腾讯金融云的数据库解决方案。

（2）基于商业数据库源码进行开发数据库。例如，南大通用公司采购IBM Informix 知识产权，抓住大数据时代客户对大规模分析型数据库的需求，在金融、电信等行业满足客户联机分析处理（OLAP）的需求。

（3）瞄准新技术，采用开源和自主研发相结合的路线研发数据库。如偶数科技公司抓住传统数据库架构与云计算场景无法很好地相适应的机遇，自主研发新一代云数据库OushuDB；而腾讯TGDB（tencent graph database）采用了非关系型模型，使用了不依赖于任何第三方数据存储平台的自主研发的原生图存储，系统采用了去中心化的纯分布式架构和高效的图切割和分布式算法。自2000年以来，华为公司开始自研数据库openGauss，结合企业级场景需求，在企业核心交易系统和海量事务型场景上提供了灵活高效的解决方案。据墨天轮2021年10月国产数据库排行榜显示，openGauss 位列Top3，有70多家企业签署企业贡献者协议（CLA），加入 openGauss 社区，12 家企业基于 openGauss 发布商业发行版，openGauss 在政府、金融、运营商、电力等国计民生行业逐渐落地商用。在性能上，openGauss 比 MySQL 和 PostgreSQL 均大幅领先，约有高于 1 倍的性能优势，是国内首个使用木兰宽松许可证 v2 的数据库，将内核能力全开放给开发者。

（4）完全自主研发数据库。如百度自主研发的云原生数据库产品GaiaDB（盖亚），涵盖云原生数据库GaiaDB-S、图数据库GaiaDB-G、分布式数据库GaiaDB-X，拥有自研高性能内核、软硬一体内核和架构等多项专利技术；阿里巴巴的OceanBase数据库，完成了蚂蚁金服的去“IOE”，成为全球首个通过TPC-C（世界权威的联机事务处理系统的测试基准）测试的分布式数据库。

在当前复杂的国际形势下，美国对中国实施了一系列科技限制措施，且呈现逐步升级的趋势。在此背景下，构建自主可控、安全可靠的数据库系统，对于我国而言，其重要性和紧迫性愈发凸显。以OceanBase和openGauss等为代表的国产数据库，在自主研发与安全可控方面树立了良好典范。例如，中国邮政储蓄银行于2021年全面升级的新核心系统，便是依托 openGauss 数据库作为核心支撑。我们有理由相信，在进口替代及潜在进口替代领域，国产数据库将迎来更为广阔的市场空间与发展机遇。在未来的数据库研发与应用示范中，中国科学家与中国企业将扮演愈发关键的角色，发挥日益重要的影响。

知识巩固

一、选择题

1. 数据库系统的核心是（　　）。

   A. 数据库　　B. 数据库管理系统

   C. 数据模型　　D. 数据库系统

2. 用树形结构表示实体之间联系的模型称为（　　）。

   A. 关系模型　　B. 层次模型

   C. 网状模型　　D. 概念模型

3. 下列关于数据库设计的描述中，正确的是（　　）。

   A. 在需求分析阶段建立数据字典　　B. 在概念设计阶段建立数据字典

   C. 在逻辑设计阶段建立数据字典　　D. 在物理设计阶段建立数据字典

4. 将E-R图转换成关系模式时，实体和联系都可以表示为（　　）。

   A. 属性　　B. 键　　C. 关系　　D. 域

5. 关系数据库系统能够实现的三种基本关系运算是（　　）。

   A. 索引、排序、查询　　B. 建库、输入、输出

   C. 显示、统计、复制　　D. 选择、投影、连接

6. 下面描述中不属于数据库系统特点的是（　　）。

   A. 数据完整性　　B. 数据冗余度高

   C. 数据独立性高　　D. 数据共享

7. 数据库技术的根本目标是要解决数据的（　　）。

   A. 存储问题　　B. 共享问题

   C. 安全问题　　D. 保护问题

8. 在关系数据库，用二维表来表示关系，其中的行就是关系的（　　）。

   A. 实体　　B. 域　　C. 元组　　D. 属性

9. 下列选项中，（　　）不属于专门的关系运算。

A. 选择　　B. 并　　C. 投影　　D. 连接

10. 数据库的基本特点是（　　）。

A. 数据可以共享，数据冗余大，数据独立性高，统一管理和控制

B. 数据可以共享，数据冗余小，数据独立性高，统一管理和控制

C. 数据可以共享，数据冗余小，数据独立性低，统一管理和控制

D. 数据可以共享，数据冗余大，数据独立性低，统一管理和控制

二、填空题

1. 数据库系统中实现各种数据管理功能的核心软件称为________。

2. 在关系模型中把数据看成一个二维表，每一个二维表称为一个________。

3. 数据模型不仅表示事物本身的数据，而且表示________。

4. 实体与实体之间的联系有三种，它们是________、________和________。

5. 在关系数据库的基本操作中，从表中取出满足条件的元组的操作称为________；从表中抽取属性值满足条件列的操作称为________；把两个关系中相同属性值的元组连接到一起形成新的二维表的操作称为________。

任务二　数据库的创建

Access 2016作为微软Office 2016组件的一部分，功能丰富、操作直观简便，受到用户的广泛欢迎，几乎成为桌面数据库的标准选择。Access 2016是一种关系数据库管理系统，它所提供的各种向导与控件使得用户不必编写代码，就可以得到较强功能的数据库应用程序。

任务情境

小李：贺老师，刚才我已经将教务管理系统数据库设计好了。那下面我应该做什么？

老贺：我们首先要使用Access 2016软件创建一个教务管理系统数据库。

小李：那能不能给我讲讲怎么创建一个数据库？

老贺：好的，这就是本次任务的主要内容。

小李：好的，那我们赶紧行动吧。

任务描述

了解Access 2016基本对象，使用Access 2016软件创建“教务管理系统”数据库，如图1.2所示。最后将数据库文件保存为“教务管理系统”。

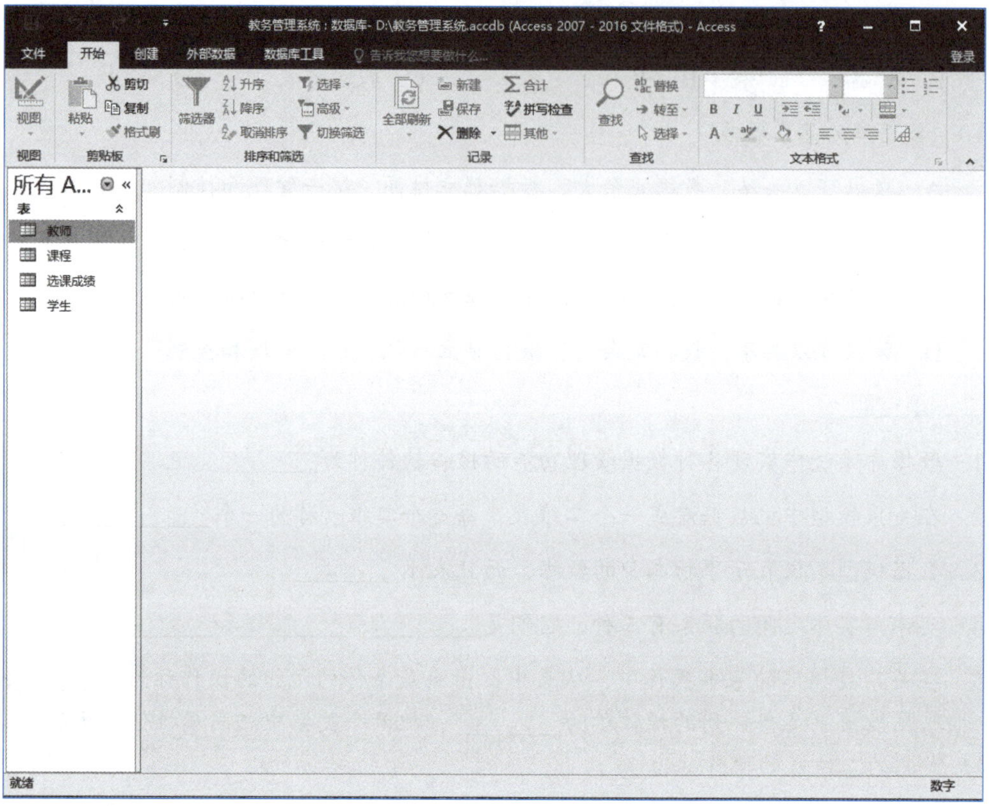

图 1.2 “教务管理系统”数据库

实现以上案例，要求掌握的知识：

（1）Access 2016创建数据库的工作环境。

（2）创建数据库以及数据库选项卡中的操作功能区选项的使用方法。

知识链接

一、Access 数据库发展概述

Microsoft Access 2016是微软Office 2016系列应用软件的一个重要组成部分，可以方便、快速地开发管理关系数据库，已经成为目前流行的关系数据库管理系统之一。自1992年Microsoft Access发布以来，经历了多个版本的更新和功能改进。通过不断的功能改进和性能提升，已经发展成为一款功能强大、易于使用的数据库管理系统，广泛应用于各种行业和领域。以下是Access的发展历程：

（1）Access 1.0（1992）：Microsoft Access 的第一个版本发布，提供了基本的数据库功能，允许用户创建和管理关系数据库。

（2）Access 2.0（1994）：改进了性能和稳定性，增加了更多的向导和模板，进一步简化了数据库的创建过程。

（3）Access 95（1995）：与 Windows 95 操作系统同步发布，引入了 32 位架构，提高了整体性能和用户界面的一致性。

（4）Access 97（1997）：增强了与 Microsoft Office 其他应用的集成，增加了对 Visual Basic for Applications（VBA）的支持。

（5）Access 2000（1999）：随 Office 2000 套件发布，引入了数据页（data access pages），允许用户创建基于网页的数据库界面。

（6）Access 2002（XP）：与 Office XP 套件一起发布，改进了协作功能和 XML 支持。

（7）Access 2003：增强了数据导入和导出功能，进一步提高了与 SharePoint 的集成。

（8）Access 2007：随 Office 2007 套件发布，采用全新的 Ribbon 用户界面，增加了数据宏和多值字段，简化了用户操作。

（9）Access 2010：引入了 Web 数据库功能，用户可以通过 SharePoint 发布数据库，并在浏览器中访问和编辑数据。

（10）Access 2013：进一步改进了 Web 应用功能，支持创建和发布基于 SharePoint 的 Access Web 应用程序。

（11）Access 2016：增强了应用程序部件和数据宏功能，改进了与 Excel 和 SQL Server 的集成。

（12）Access 2019：新增了11种新的图表类型以帮助用户更直观地理解和分析存储在表单和报表中的数据。此外，还支持大整数数据类型（bigint）以存储非常大的数值，并与 ODBC中的SQL_BIGINT数据类型兼容，适用于需要处理大量数据的场景。

二、Access 2016 的功能与特性

作为Office 办公软件的一员，Access与Word、Excel 等具有相似的用户界面及操作环境，具有典型的Windows风格。与Access 2010相比，Access 2016 提供了更强大的数据管理和分析功能，改进了用户界面和操作体验，并增强了与其他 Microsoft 应用和外部数据源的集成。这些新功能和改进使得 Access 2016 更加高效和易用，适用于更广泛的数据库管理需求。其主要功能和特点如下：

（1）Access 2016 引入了应用程序部件功能，允许用户通过添加预先设计的数据库部件（如表、查询、表单和报表）来快速构建数据库应用程序。这些部件可以重复使用，简化了数据库创建过程。

（2）Access 2016 改进了数据宏功能，允许在表级别创建更强大的自动化和数据验证规则。例如，用户可以创建在插入、更新或删除记录时触发的宏，执行复杂的数据操作和验证。

（3）Access 2016 增加了新的图表类型和改进的图表控件，使用户能够更直观地展示和分析数据。新图表类型包括柱状图、折线图、饼图等。

（4）Access 2016 提供了更强大的与 Excel 的数据链接功能。用户可以更轻松地从 Excel 导入和导出数据，并保持数据的同步和更新。

（5）增强了对 SQL Server 和其他外部数据源的支持，使用户能够处理更大规模的数据集和更复杂的数据连接。

（6）Access 2016 增强了与 SharePoint 的集成，允许用户更轻松地发布和管理基于 Web 的数据库应用。用户可以通过 SharePoint 在线访问和编辑数据库。

三、Access 2016 的安装、启动与退出

1. Access 2016的安装

在使用Access 2016 之前首先要进行安装。Access 2016是Office 2016的组件之一，安装Access 2016就是通过安装Office 2016来完成的。

通过执行Microsoft Office 2016安装盘中的setup.exe文件来启动安装过程，根据安装向导，逐步进行操作即可。安装完成后，就可以使用Access 2016了。

2. Access 2016的启动

在Windows操作系统中安装好Office 2016办公系统软件后，就可以使用Access 2016。要使用该组件来建立数据库，首先就要启动该软件。一般来说，启动软件的方法有很多，个人可以根据使用习惯来启动运行每一个软件。对于Access 2016应用软件常有以下启动的方法。

（1）最常用的就是利用开始菜单启动。单击“开始”按钮，依次选择“所有应用”→Microsoft Office→Access 2016命令，即可启动Access 2016。此时单击“空白桌面数据库”选项，输入文件名后，单击“创建”按钮，如图1.3所示。

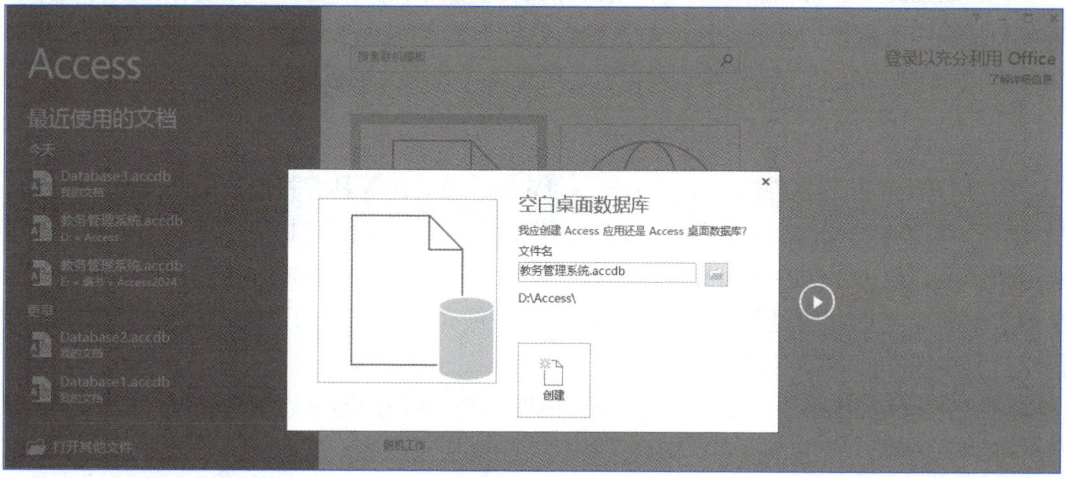

图 1.3 Access 2016 启动窗口

（2）创建桌面快捷方式启动。可以直接双击Access 2016的桌面快捷图标启动。

（3）通过现有数据库文件启动。在计算机中找到已存在的Access 2016数据库文件，直接双击该数据库文件就可以启动Access 2016，并同时打开此数据库。

3. Access 2016的退出

退出Access 2016 的方法有以下几种。

（1）方法同Office的其他应用软件，单击Access 2016应用程序窗口左上角的“文件”选项卡，在弹出的菜单中选择“关闭”命令。

（2）单击Access 2016应用程序窗口右上角的“关闭”按钮。

（3）右击“标题栏”空白处，在弹出的快捷菜单中选择“关闭”命令。

（4）利用快捷键【Alt+F4】关闭。

在退出系统时，如果正在操作的数据库对象没有保存，则会弹出一个对话框，提示是否保存当前数据库对象的更改。

四、Access 2016 的工作环境

Access 2016采用功能区用户界面，替代了早期版本中的多层菜单和工具栏。启动Access 2016，创建或打开数据库后进入Access 2016工作界面，如图1.4所示。

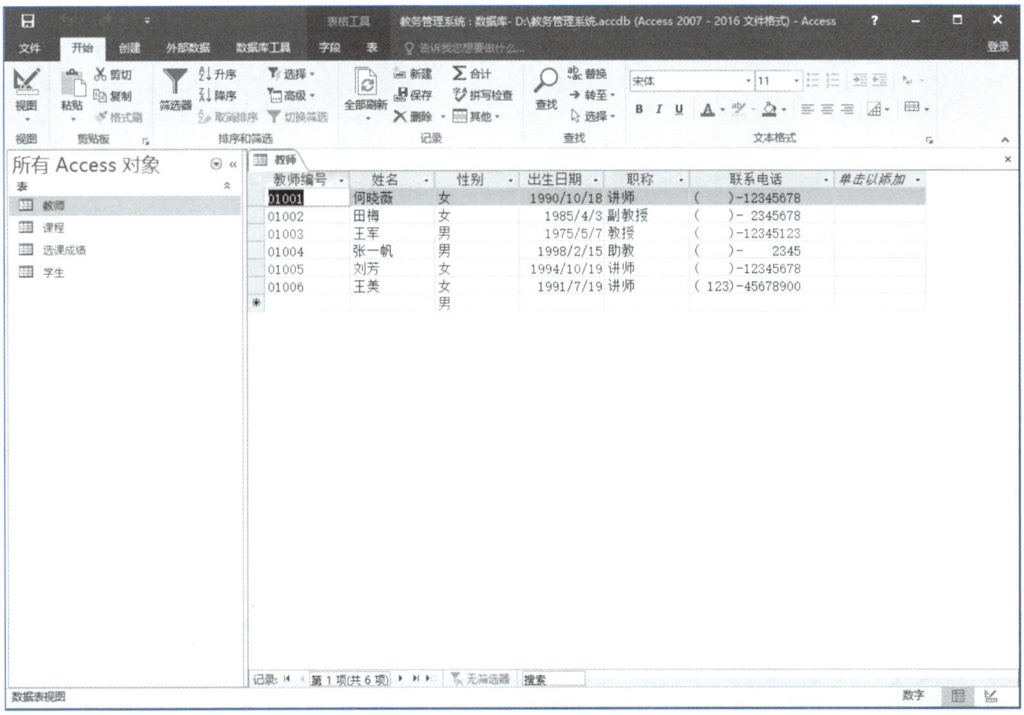

图 1.4　Access 2016 工作界面

1. 标题栏

Access 2016的标题栏主要由快速访问工具栏、程序名称和当前数据库文件名搜索框、窗口控制按钮等组成。

自定义快速访问工具栏位于标题栏的左侧，列出了最常用的命令，只需单击一次即可访问命令。默认包括“保存”“撤销”“恢复”等命令，通过单击其下拉菜单，可以选择在快速访问工具栏中自定义创建更多的快速启动按钮，如图1.5所示。

搜索框如图1.6所示，可以自行搜索感兴趣的功能或Access的其他信息。

2. 功能区与选项卡

功能区是Access 2016中主要的操作界面，如图1.7所示。

在Access 2016中，主要的选项卡包括“文件”“开始”“创建”“外部数据”“数据库工具”等，每个选项卡都包含多组及相应组的相关命令。

单击具体命令可以打开对应的工作窗口，或打开新的对话框，或直接完成一个操作。

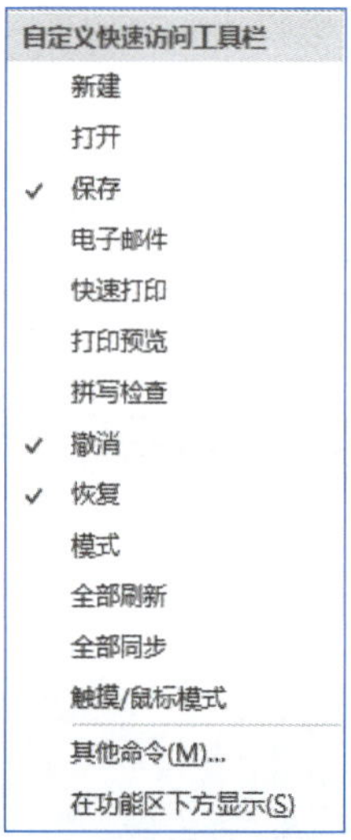

图 1.5　自定义快速访问工具栏

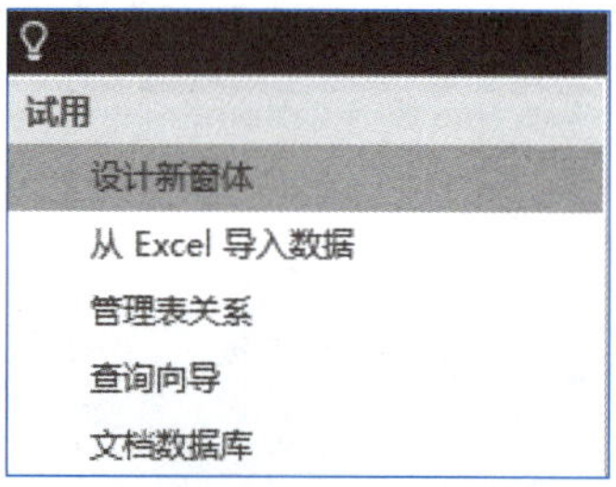

图 1.6　搜索框

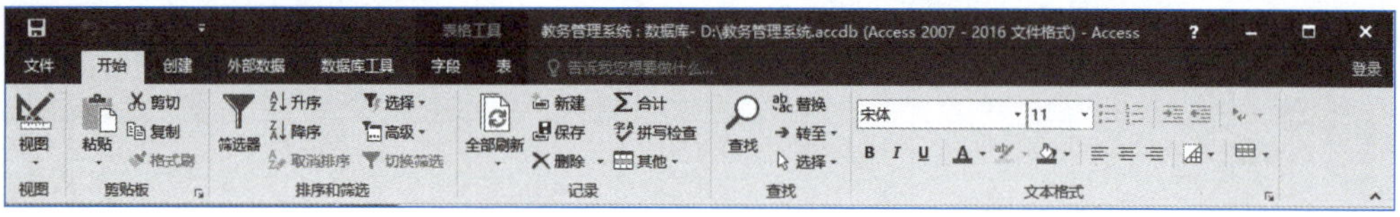

图 1.7　功能区与选项卡

3．导航窗格

导航窗格位于主窗口的左侧，用于显示当前数据库中所包含的各类操作对象，如图1.8所示。若要打开数据库的某一对象，则在导航窗格中直接双击该对象，或在导航窗格中右击对象，再在快捷菜单中选择相应菜单命令，也可以打开相应数据库对象。

单击图1.9中“所有Access对象”旁的下拉按钮，弹出相应的下拉菜单，选择显示和隐藏相应数据库对象。

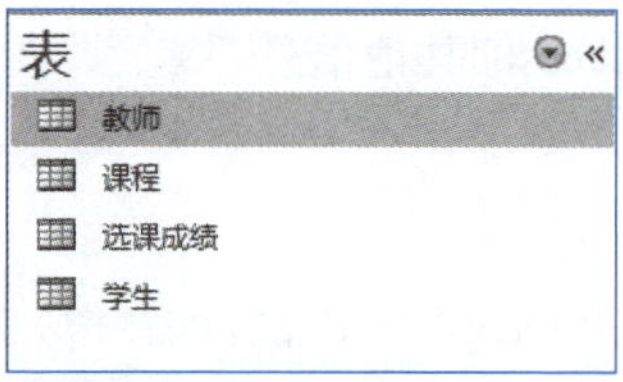

图 1.8　导航窗格

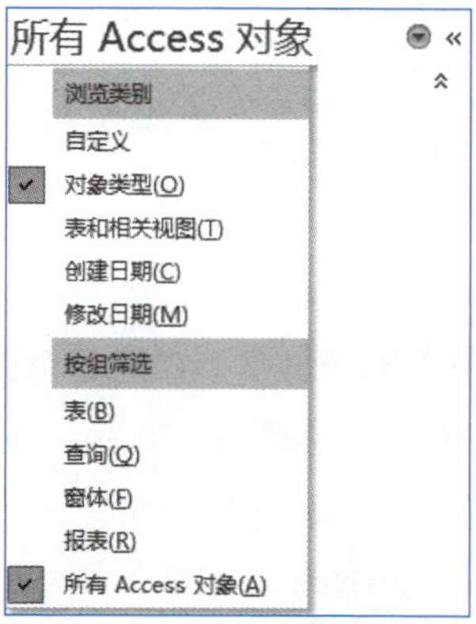

图 1.9　导航窗格下拉菜单

4．工作区

工作区位于Access 2016主窗口的右下方、导航窗格的右侧，主要用来设计、编辑、显示表、查询、窗体、报表及宏对象的区域，在不同视图下呈现不同的界面。图1.10所示的是数据库表在设计视图下的状态。

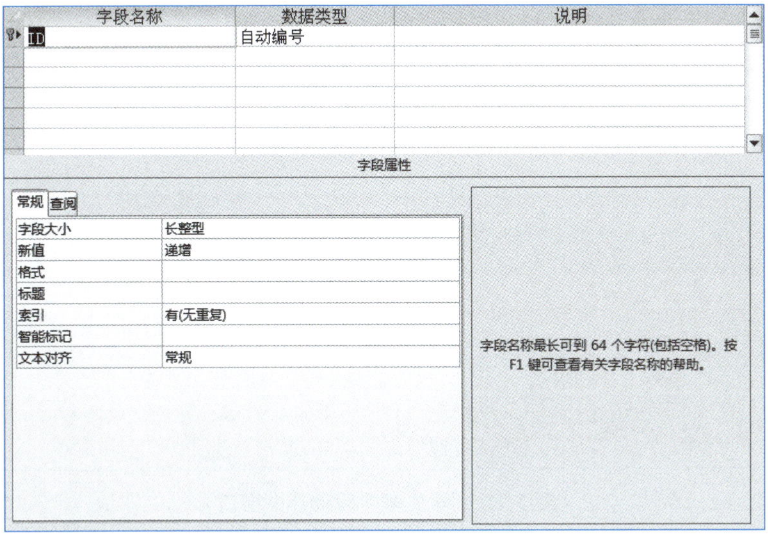

图 1.10　编辑工作区

5. 状态栏

状态栏可以帮助用户更好地了解Access 2016的当前状态和操作，状态栏位于窗口底部，提供操作提示和系统状态信息。根据不同的工作环境，可能会显示以下信息：

（1）操作信息：显示当前正在执行的操作或对象的简短说明。

（2）视图按钮：快速切换数据表视图、设计视图等。

（3）筛选指示器：指示器显示当前记录集是否应用了筛选。

（4）记录导航按钮：用于浏览数据库中的记录。

（5）新建记录按钮：用于在当前表格中添加新的记录。

五、Access 2016 数据库对象简介

Access 2016数据库由若干个数据库对象组成，包括表、查询、窗体、报表、宏和模块。不同的数据库对象在数据库中起着不同的作用，数据库可以看成是不同对象的容器。当打开一个数据库对象时，各种对象图标就会在导航窗格中显示。

1. 表

表又称为数据表，是数据库的基础，是数据库中用来存储数据的对象。它是整个数据库系统的数据源，也是数据库其他对象的基础，查询、报表和窗体都是从表中获得数据信息，以实现用户的某一特定的需求。

数据表是一个二维结构，或者说是一种关系，由行与列组成，其中的一列就是一个字段，一行就是一条记录。一个Access 2016数据库中可以有多个表，这些表之间常存在一定的关系，通过建立相应关系，可以将各个表的数据项关联起来，以方便应用。

在Access 2016中，用户可以通过表向导、表设计视图及SQL语句创建表，并且可以在表的设计视图中对表的字段、属性等进行修改、维护和加工处理等操作。

如图1.11所示内容就是利用表设计视图显示学生表的字段组成。

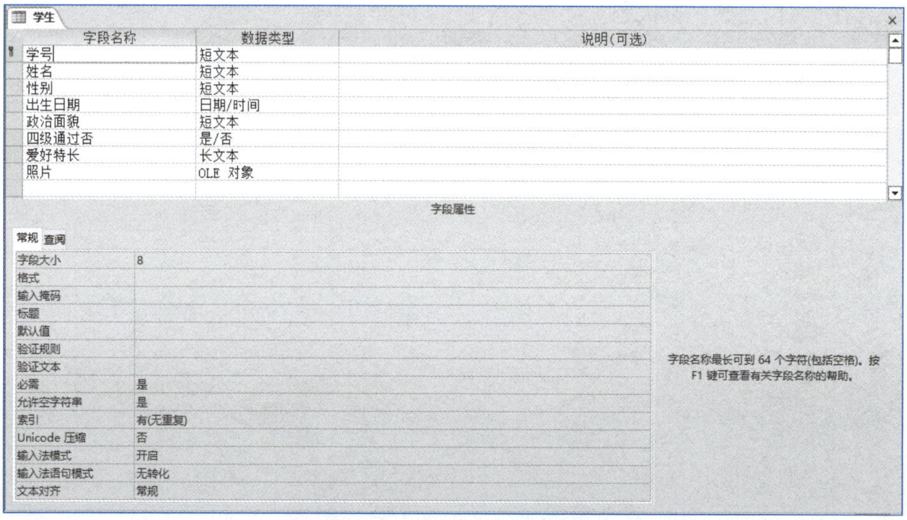

图 1.11 “学生表”设计视图窗口

2. 查询

在实际应用中，用户对数据库的主要需求之一就是从数据库中搜索符合特定要求的信息，这就是查询。查询就是按照一定的条件从一个或多个表中筛选出所需要的数据而形成的一个动态数据集，并在一个虚拟的数据表窗口中显示出来，如图1.12所示。这个动态数据集以表的形式显示，但它并不保存，只有在运行查询的时候才动态生成，随着数据源表内容的变化，查询的结果表也会动态的变化。

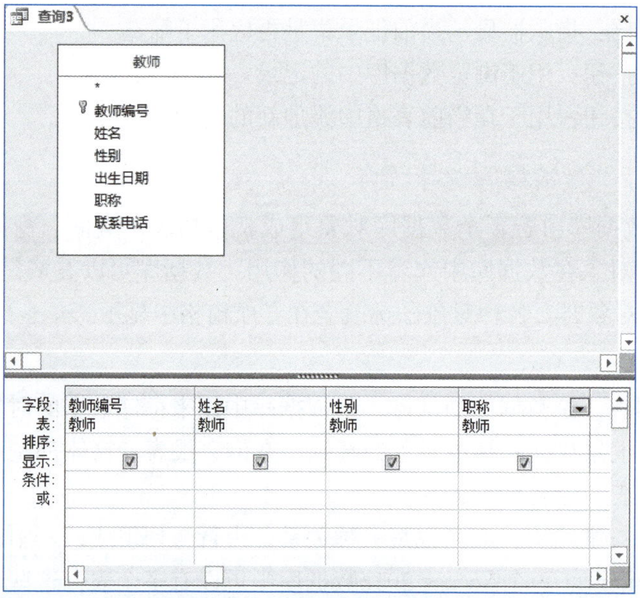

图 1.12 查询设计视图窗口

查询大体上可以分为选择查询和操作查询，选择查询指的是从表中检索出所需要的数据或进行计算的查询；操作查询则用于添加、更改或删除数据的查询。

查询的过程中可以包含条件，对于有条件的查询，用户在Access 2016查询设计器下方的QBE网格中定义查询准则，QBE窗格分成几列，每一列有一些行并且含有一个字段，字段来自查询表中，用户通过设置字段来控制查询的结果。

3. 窗体

窗体是用户和Access 2016应用程序之间交流的接口。它是数据库应用得最多的一个对象，可以提供非常直观的图形界面，方便用户的输入、编辑和显示数据表中的数据，如图1.13所示。

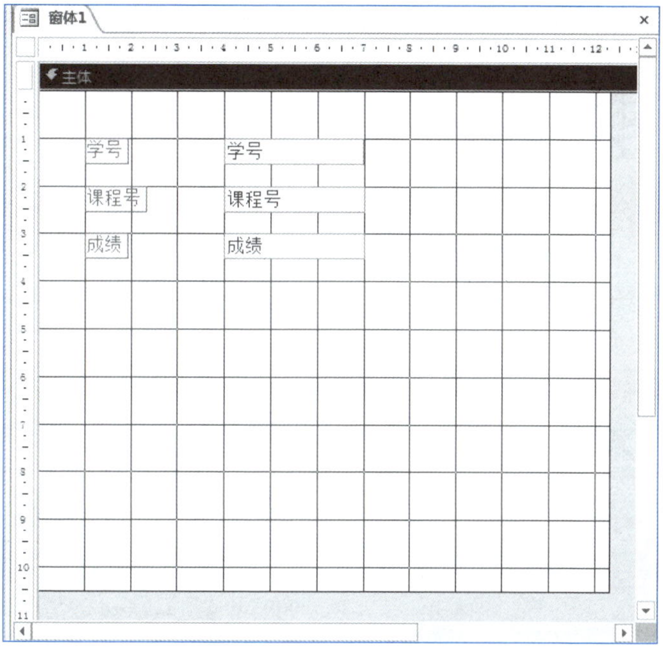

图 1.13　窗体设计视图窗口

窗体分为"绑定"型窗体和"未绑定"窗体。"绑定"型窗体可以用于输入、编辑、显示来自该数据源的数据，"未绑定"数据源的窗体仍然可包含操作应用程序所需要的命令按钮、标签或其他控件。

对于一个完善的数据库应用系统，用户常通过窗体对数据库中的数据进行各种操作，而不是直接针对表、查询等进行操作。

4. 报表

报表是Access 2016中数据库提供的一种信息输出手段，可以将数据库中的数据提取出来进行分析、整理和计算，并将数据以格式化的方式发送到打印机中。

理论上说，可以根据需求创建任何格式的报表，报表中的信息来源于一个或者多个表，也可以来源于查询。在报表中，不仅可以对输出的数据格式布局进行编辑，同时也可以对记录进行分组和排序等操作。

利用报表设计器可以完成报表的设计，并可以预览，如图1.14所示就是报表设计视图下的工作窗口。

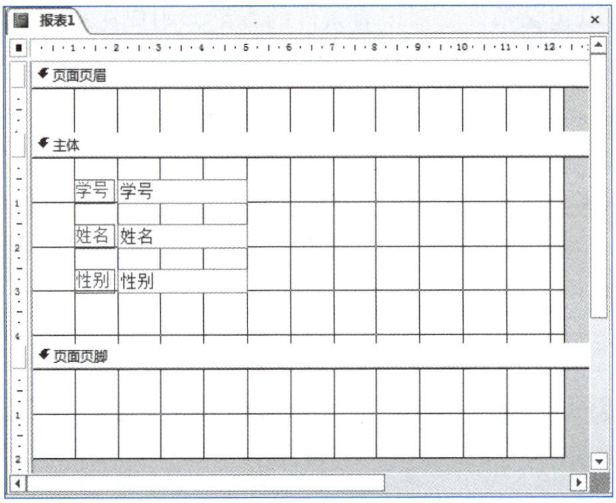

图 1.14　报表设计视图窗口

5. 宏

宏是一系列操作命令的集合，每一个操作都对应Access 2016的某项特定功能，如打开窗体、打开报表等，如图1.15所示就是宏设计窗口。

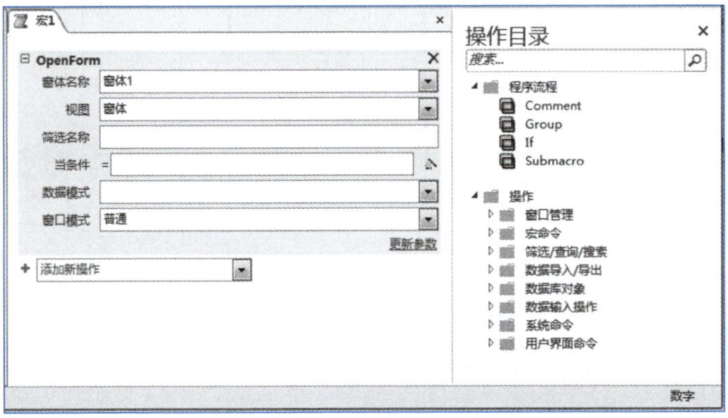

图 1.15　宏设计窗口

在Access 2016中可以将宏看成是一种简化的编辑语言，可以生成要执行的操作而无须在VBA模块中写代码。利用宏可以使大量的重复性操作自动完成，从而使维护和管理Access 2016数据库更加简单，但宏也可能会引发潜在的安全风险。

6. 模块

用户可以通过宏完成大多数的数据处理任务，但真正能够支持应用开发的还是VBA模块。

模块是VBA编程的主要对象，即由VBA程序设计语言编写的程序集合，或是一个函数过程。通过在Access 2016中编写VBA程序，用户可以编写出性能更好、运行效率更高的数据库应用程序。

数据库中有两种基本类型的模块：标准模块和窗体类模块。图1.16所示为按钮的类模块窗口。

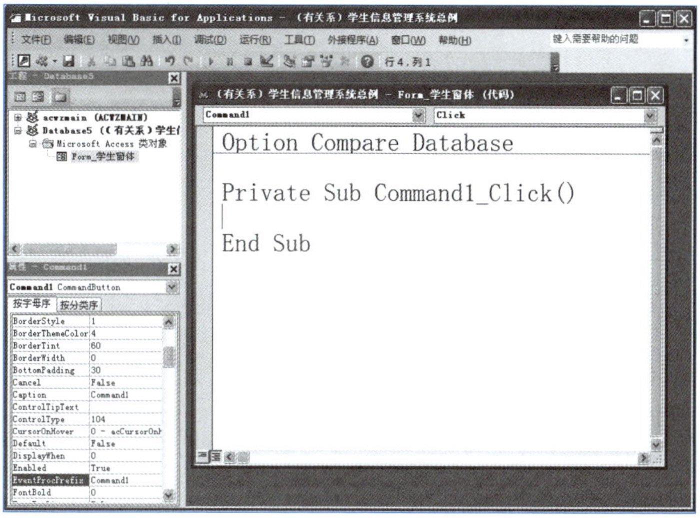

图 1.16　VBA 模块窗口

六、创建数据库

在Access 2016中，开发一个完整的数据库应用系统所需的所有元素都包含在数据库中，所以数据库的创建是一切工作的开始。

数据库的创建有两种方法，一是使用Access 2016提供的模板来创建，这称为快捷方法；另外是创建一个空数据库，用户自行设计表、窗体、报表和其他对象来创建数据库。无论哪一种方式，创建数据库后均会产生一个扩展名为.accdb的数据库文件。

1. 创建空白桌面数据库

例 1.1　创建“教务管理系统”数据库，并保存在D盘Access文件夹中。

操作步骤如下：

（1）启动Access 2016，在左侧窗体单击“新建”命令，在右侧窗格中单击“空白桌面数据库”选项，如图1.17所示。

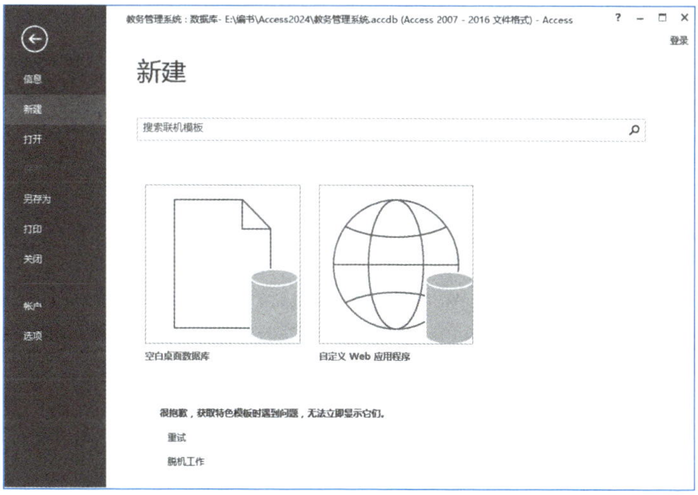

图 1.17　创建“空白桌面数据库”

（2）在“空白桌面数据库”对话框中的“文件名”文本框将默认的文件名“Database1.accdb”改为“教务管理系统”。

（3）单击其右侧文件夹浏览图标，修改存储位置为D盘Access文件夹。

（4）单击“创建”按钮，即可完成空数据库的创建。

2. 利用模板创建数据库

例 1.2 利用模板创建“联系人管理数据库.accdb”数据库，保存在D盘Access文件夹中。

操作步骤如下：

（1）启动Access 2016。

（2）在启动窗口中的左侧列表，单击“新建”按钮，可以看到Access 2016提供的可用模板，如图1.18所示。

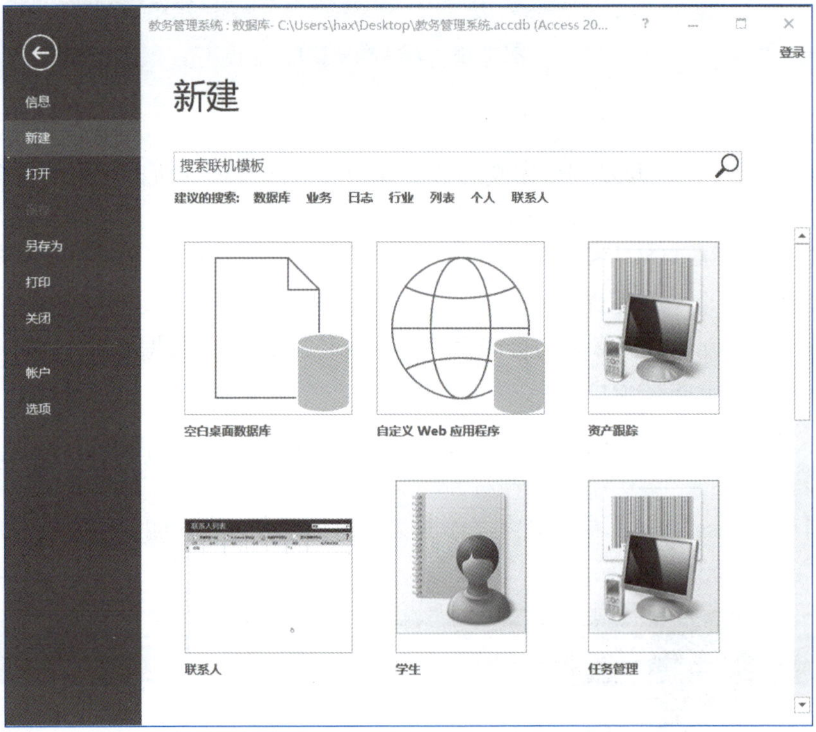

图 1.18 “可用模板”窗口

（3）单击“联系人”选项，保存位置在默认Windows操作系统所安装时确定的“我的文档”中或Documents文件夹中。

当然用户可以自己指定文件名和文件保存的位置，如果要更改文件名，直接在文件名文本框中输入新的文件名，如要更改数据库的保存位置，单击“浏览”按钮，在打开的“文件新建数据库”对话框中，选择数据库的保存位置。

（4）单击“创建”按钮，开始创建数据库。

（5）数据库创建完成后，自动打开“联系人数据库”，如图1.19所示。

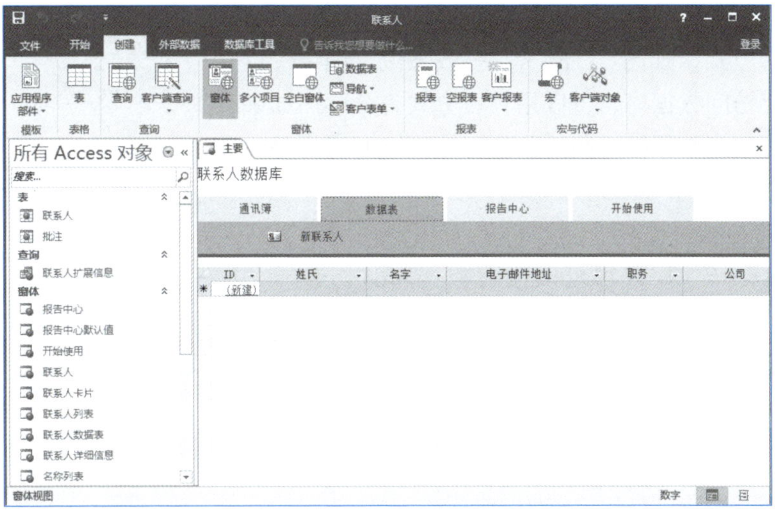

图 1.19　联系人数据库

七、数据库的操作

在Access 2016中，数据库文件经常会被打开或者关闭，这也是数据库最基本的操作。例如，在数据库中添加对象、修改其中某对象的内容、删除某对象等，在进行这些操作之前应先打开数据库，操作结束后要关闭数据库。

数据库创建好后，就可以对其进行各种操作，在进行这些操作之前要先打开数据库。打开数据库的常用方法有两种：

（1）在资源管理器中双击扩展名为.accdb的数据库文件。

（2）在启动Access 2016后，选择“文件”→“打开”命令，弹出图1.20所示的“打开”对话框，选择目标地址数据库文件也可以打开数据库文件。

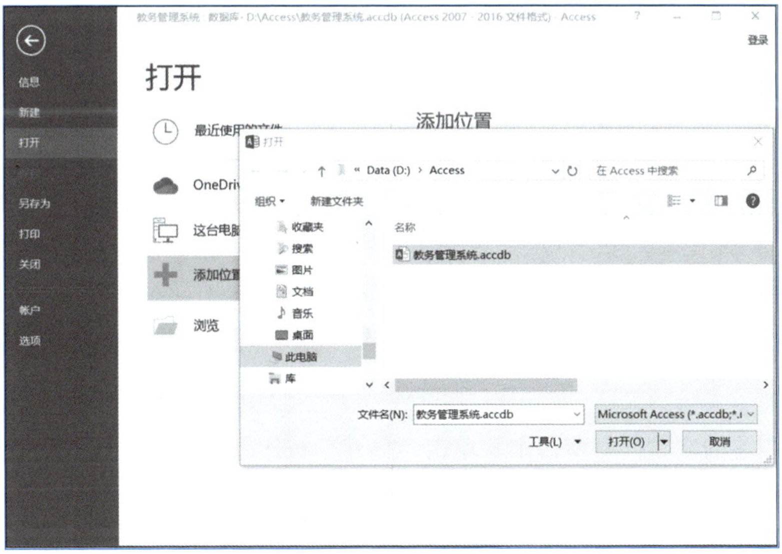

图 1.20　“打开”对话框

单击“打开”按钮右边的向下箭头，将显示打开数据库文件的四种方式，如图1.21所示。一般来说，如果仅仅有一个用户需要访问数据库，可以用独占方式打开。而如果有多个用户需要访问数据库，则用共享方式，同时考虑每一个用户的访问权限。

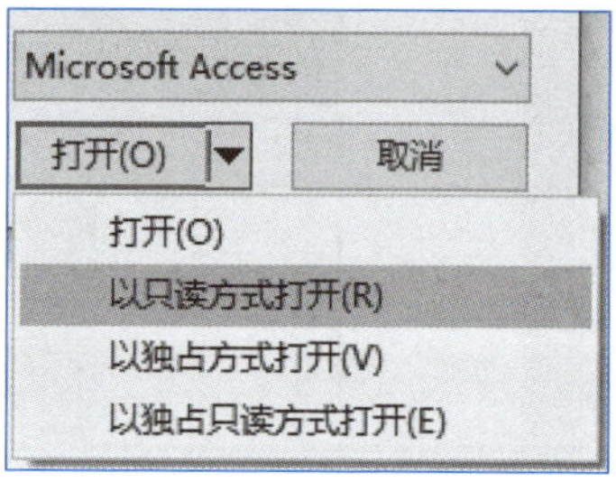

图 1.21 打开数据库的方式

- “打开”方式：常用于数据库在多用户环境中进行共享访问，其他用户都可以读写数据库时，选择“打开”选项。
- “以只读方式打开”：常用于打开数据库后只能进行只读访问，可以查看数据库但不可以编辑数据库。
- “以独占方式打开”：当以独占方式打开数据库时，其他用户在试图打开数据库时就会收到“文件已在使用”的消息。
- “以独占只读方式打开”：当以此方式打开数据库时，其他用户仍能打开该数据库，但是被限制为只读方式。

（3）在“文件”选项卡中打开最近使用的数据库文件。

动手实践

创建一个空“教务管理系统”数据库，体会并总结创建数据库的注意事项。请按以下要求完成相关操作：

（1）启动Access 2016，进入系统首页窗口。

（2）在系统首页界面中，单击“空白桌面数据库”图标，打开“创建空白桌面数据库”对话框，如图1.22所示。

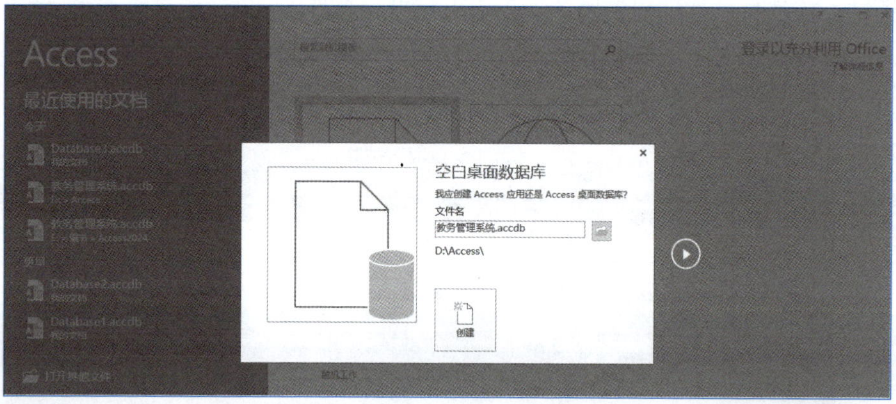

图 1.22 “空白桌面数据库”对话框

（3）在创建的空数据库窗口中，单击“创建”按钮，进入Access 2016系统窗口，如图1.23所示。

（4）在Access 2016系统窗口中，首先关闭所有的数据库对象，然后，单击“文件”菜单。

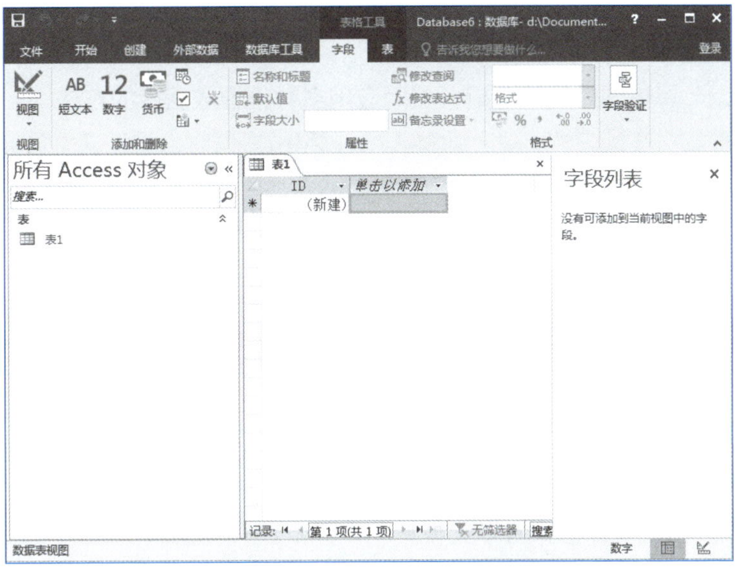

图 1.23　Access 2016 系统窗口

（5）在“文件”菜单中，选择“另存为”命令，弹出“另存为”窗口，单击“数据库另存为”选项，如图1.24所示。选择“数据库文件类型”为“Access数据库（*.accdb）”。

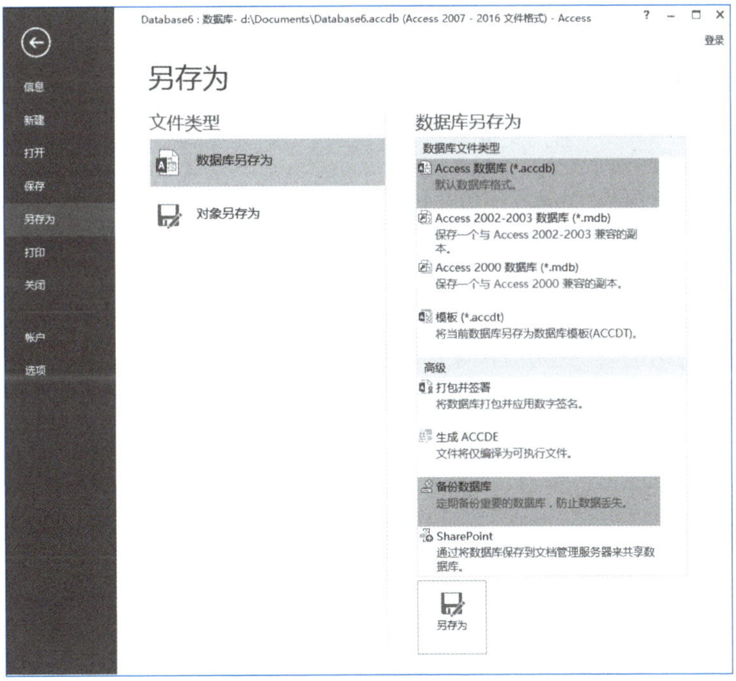

图 1.24　“另存为”窗口

（6）单击“另存为”按钮，首先确定数据库的文件名、数据库保存的位置，然后在“另存为”对话框中，单击“保存”按钮，一个空白桌面数据库的创建工作就完成了。

润物无声

具体问题具体分析，灵活应用多种创建数据库的方法

创建数据库是所有操作的前提。根据Access 2016提供的模板可以方便的创建与已有模板类似的数据库，但未必能够满足用户的应用需求。大多数情况下，先创建一个空白数据库，再根据用户需求创建表、查询、窗体等各种数据库对象。

知识巩固

一、选择题

1. 在Access 2016中，数据库和表的关系是（　　）。

   A. 数据库和表各自存放在不同的文件中

   B. 表也叫数据表，它等同于数据库

   C. 一个数据库可以包含多个表

   D. 一个数据库只能包含一个表

2. Access 2016在同一时间，可打开（　　）个数据库。

   A. 1　　B. 2　　C. 3　　D. 4

3. 以下不属于Access 2016对象的是（　　）。

   A. 表　　B. 文件夹　　C. 窗体　　D. 查询

4. 在Access 2016数据库中，专门用于打印的对象是（　　）。

   A. 数据表　　B. 查询　　C. 窗体　　D. 报表

5. 以下叙述中，正确的是（　　）。

   A. Access 2016只能使用系统菜单创建数据库应用系统

   B. Access 2016 不具备程序设计能力

   C. Access 2016 只具备了模块化程序设计能力

   D. Access 2016 具有面向对象的程序设计能力

6. 以下Access 2016对象中，用来检索和查询数据的是（　　）。

   A. 表　　B. 查询　　C. 文件夹　　D. 窗体

7. 用Access 2016创建的数据库文件，其扩展名为（　　）。

   A. .adp　　B. .dbf　　C. .accdb　　D. .frm

8. 在Access 2016中，空数据库是指（　　）。

   A. 没有查询的数据库　　B. 没有窗体的数据库

   C. 没有任何数据库对象的数据库　　D. 表中没有数据的数据库

二、填空题

1. 在Access 2016中，所有数据库对象都存放在一个扩展名为________的数据库文件中。

2. 空数据库是指该文件中________。

3. Access 2016数据库中对象有________、________、________、________、________和________。

4. 在建立数据库应用系统之前，首先要创建一个空白________。

5. Access 2016数据库文件的扩展名是________。

任务三　数据库的维护

创建好Access 2016数据库后，随着业务的发展、系统功能的扩展以及运行环境的改变等，需要对数据库进行维护，以确保数据库的性能、可靠性和安全性。

任务情境

小李：贺老师，数据库已经建好了，我想复制一份数据库，以备不测。应该如何操作呀？

老贺：你的安全意识很强啊！我们可以使用数据库的备份功能完成这一任务。

小李：我还有一个问题，我能不能对数据库设置密码，以防止不法分子偷窥我的数据？

老贺：也是可以的。我们可以用设置密码的方法做到这一点。

小李：Access 2016数据库功能这么强大，我迫不及待地想体验一把！

任务描述

针对创建好的Access 2016“教务管理系统”数据库，使用Access 2016提供的备份和设置密码等功能，对“教务管理系统”数据库进行备份，并设置密码。实现以上案例，要求掌握的知识：

（1）Access 2016数据库的备份方法。

（2）Access 2016数据库的密码设置的方法。

经过本任务的学习后，读者将掌握上述知识点并可对数据库进行基本的维护。

知识链接

一、Access 2016 数据库维护的主要任务

以下是Access 2016数据库一些关键的维护任务。

（1）数据备份。定期备份数据库文件以防数据丢失。可以使用手动备份或设置自动备

份计划。保存多个备份版本，以便在数据损坏或错误时能够恢复到之前的状态。

（2）数据库压缩和修复。定期使用“压缩和修复数据库”功能，以减少数据库文件的大小并修复内部碎片。此操作可以提高数据库性能和响应速度。可以在数据库选项中设置自动压缩和修复功能，每次关闭数据库时自动执行。

（3）数据完整性和一致性。设置数据验证规则和输入掩码，确保数据输入的准确性和一致性。定义表之间的关系，并启用参照完整性规则，以防止孤立记录和不一致数据。

（4）安全性管理。根据用户角色设置不同的访问权限，限制对敏感数据的访问和修改。为数据库设置密码，防止未经授权的访问。使用Access 2016的加密功能进一步保护数据库文件。

（5）性能优化。创建和维护索引以提高查询速度。定期检查和优化索引。优化复杂查询的设计，使用适当的索引和筛选条件，提高查询执行效率。将数据库拆分为前端（用户界面和应用逻辑）和后端（数据存储），以提高多用户环境下的性能。

（6）数据库文档和记录。维护一个数据字典，记录表、字段、索引、关系和其他数据库对象的信息，便于理解和维护数据库结构。记录对数据库结构和配置的更改，以便在需要时进行审计和回溯。

（7）更新和升级。确保 Access 2016 和操作系统都安装了最新的更新和补丁，以修复已知问题和提升安全性。在需要时，将数据库迁移到新版本或更强大的数据库管理系统，以满足增长的数据需求和性能要求。

（8）数据清理和归档。定期清理不需要的数据，删除重复记录和过时的信息，保持数据库简洁。对于不常用的历史数据，进行归档存储，减少数据库的活跃数据量，提升性能。

（9）数据库监控。监控数据库性能指标，如查询执行时间、响应时间等，及时发现和解决性能问题。记录数据库的操作日志，监控用户活动和异常情况，确保数据库的安全性和可靠性。

（10）技术支持和培训。定期检查和解决数据库用户遇到的问题，提供必要的技术支持。为数据库用户提供培训，确保他们了解正确的使用方法和数据输入规范，减少人为错误。

通过执行以上数据库维护任务，可以确保Access 2016 数据库的高效运行、数据安全和可靠性，满足业务需求。

二、Access 2016 数据库的备份

备份Access 2016 数据库是一项重要的维护任务，可以保护用户的数据免受丢失或损坏的风险。常用的备份策略有以下几种。

（1）定期备份。根据数据的重要性和更新频率，制订定期备份计划，如每天、每周或每月备份一次。

（2）多重备份位置。将备份文件存储在多个位置，例如，本地磁盘、外部硬盘、网络存储或云存储。

（3）验证备份文件。定期检查和验证备份文件，确保其完整性和可用性。

（4）备份日志记录。记录每次备份的时间和位置，以便于跟踪和管理。

以下是备份 Access 2016 数据库的方法和步骤：

（1）打开数据库：启动Access 2016 并打开想要备份的数据库文件。

（2）访问“另存为”选项：单击左上角的“文件”菜单。

（3）选择“另存为”：在“文件”菜单中，单击“另存为”选项，然后选择“数据库另存为”下的“高级”标签下的“备份数据库”选项，如图1.25所示。

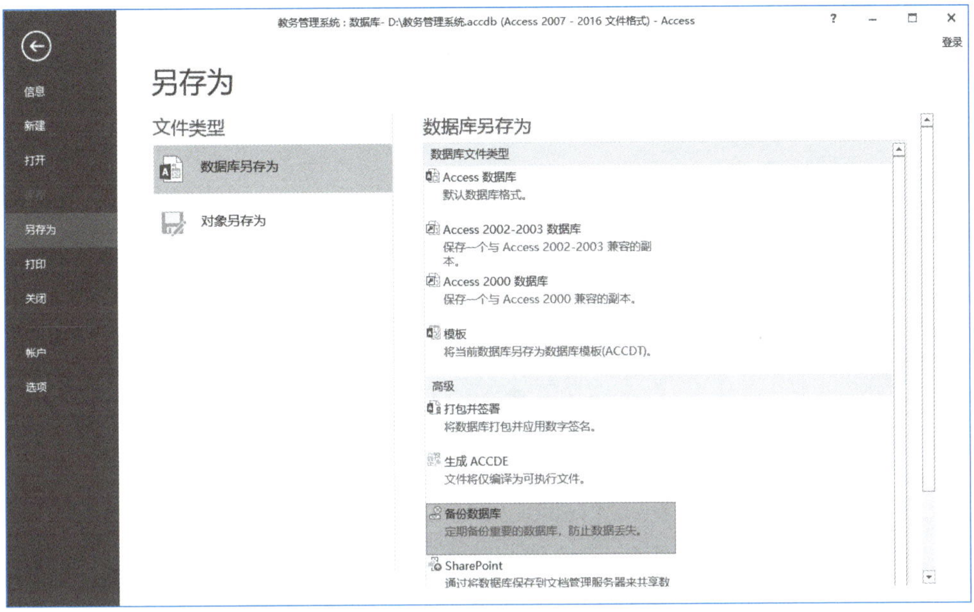

图 1.25　使用“另存为”进行备份

（4）选择备份位置和名称：在弹出的“另存为”对话框中，选择备份文件的存储位置。建议选择一个安全且定期备份的目录。为备份文件命名，建议使用包含日期的文件名以便于识别，例如，“DatabaseBackup_2024-07-06.accdb”。

（5）保存备份文件：单击“保存”按钮完成备份。

三、Access 2016 数据库的密码设置

为Access 2016 数据库设置密码是保护数据库数据安全的重要措施。设置密码的注意事项如下：

（1）密码复杂性：选择一个足够复杂的密码，包括大小写字母、数字和特殊字符，以增强安全性。

（2）密码长度：建议密码长度不少于 8 个字符，越长越安全。

（3）定期更换密码：为了进一步提高安全性，定期更换数据库密码。

（4）保存密码：确保妥善保存密码，避免忘记密码导致无法访问数据库。

以下是设置数据库密码的方法和步骤：

（1）启动Access 2016，打开要加密的“教务管理系统”数据库时，在“打开”对话框中，单击“打开”按钮旁边的箭头，然后选择“以独占方式打开”选项，如图1.26所示。

（2）打开“文件”菜单，单击“用密码进行加密”选项，如图1.27所示。

（3）在弹出的“设置数据库密码”对话框的“密码”和“验证”文本框内输入要设置的加密密码，单击“确定”按钮，即可完成对数据库的加密，如图1.28所示。

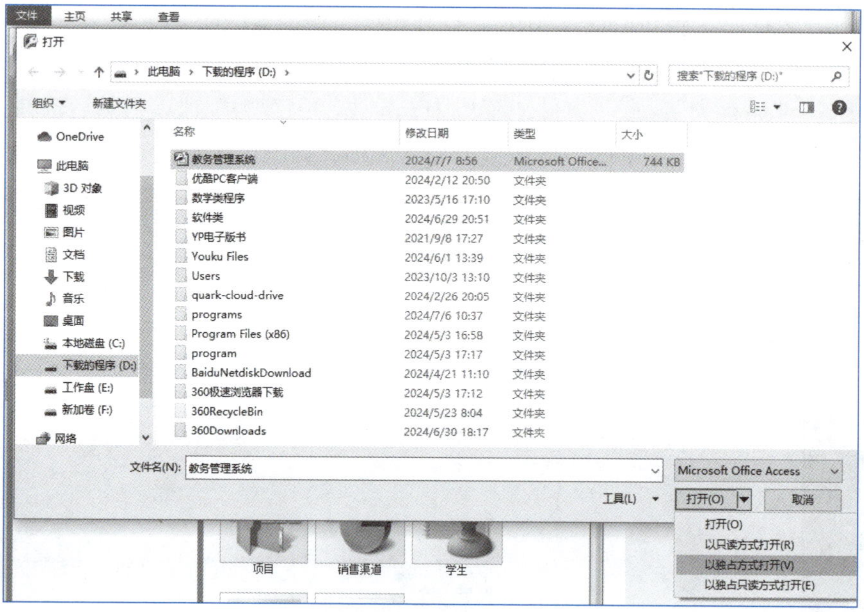

图 1.26 在“打开”对话框中选择“以独占方式打开”选项

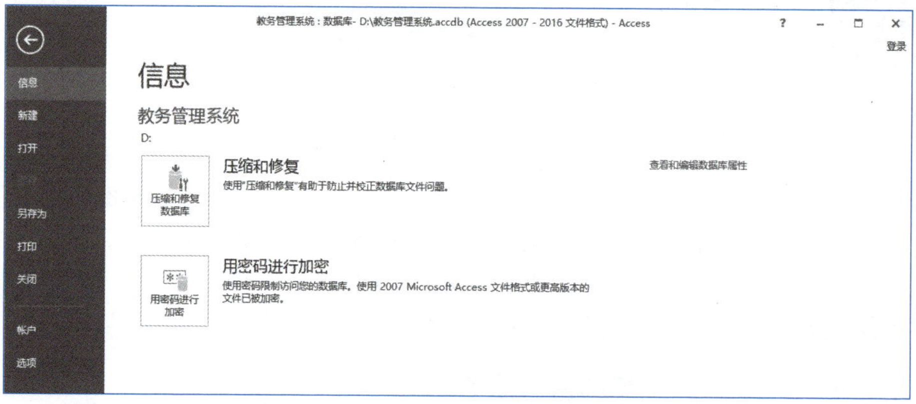

图 1.27 “用密码进行加密”数据库界面

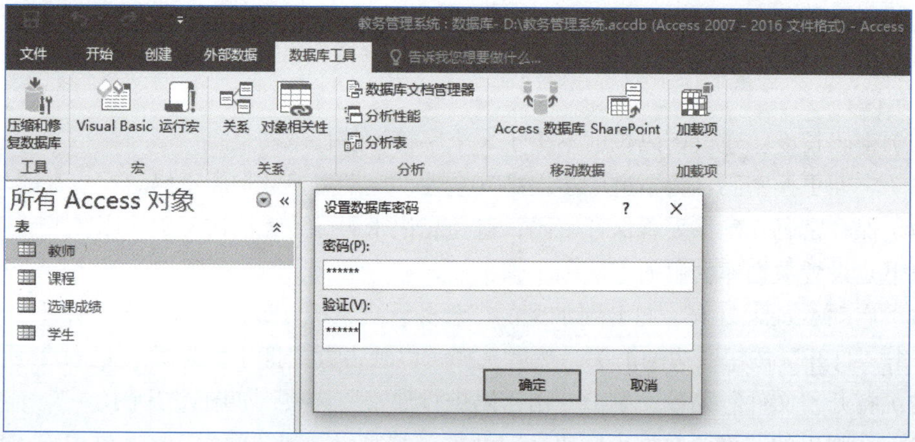

图 1.28 “设置数据库密码”对话框

对于已经设置密码的数据库，可以移除或更改数据库密码，其步骤如下：

① 打开加密的数据库：启动 Access 2016应用程序，打开加密的数据库，系统会提示输入密码，输入正确的密码后，单击“确定”按钮。

② 访问“文件”菜单：单击左上角的“文件”菜单。

③ 选择“解密数据库”：在“信息”选项卡中，选择“解密数据库”按钮。

④ 输入现有密码：在“解除数据库密码”对话框中，输入当前密码，单击“确定”按钮。

⑤ 重新加密（如果需要）：如果要更改密码，可以重新加密数据库并设置新密码。按照前述步骤再次设置新的数据库密码。

通过上述步骤，就可以为数据库设置、移除或更改密码，确保数据的安全和访问控制。

润物无声

行百里者，半九十

创建数据库只是数据库系统生命周期的一部分。一个数据库系统交付使用后，大量的工作是对数据库系统的维护。数据库系统的维护对于确保系统的安全性、完整性、性能和可用性具有至关重要的意义。通过定期维护和优化，可以提高数据库系统的效率和稳定性，保护数据安全，支持业务的持续发展，提升用户满意度，并降低运营成本。良好的数据库维护实践是确保数据库系统长期健康运行的基础。

知识巩固

一、选择题

1. 下列各项中，属于数据库系统的特点是（　　）。

A. 存储量大　　B. 存取速度快　　C. 数据共享　　D. 操作方便

2. 下列说法不正确的是（　　）。

A. 数据库减少了数据冗余

B. 数据库避免了一切数据重复

C. 数据库中的数据可以共享

D. 如果冗余是系统可控制的，则系统可确保更新时的一致性

3. 设置数据库的默认文件夹，要选择的选项是（　　）。

A. 编辑　　B. 工具　　C. 视图　　D. 文件

4. 下列（　　）不是“导航窗格”的功能。

A. 打开数据库文件　　B. 打开数据库对象

C. 删除数据库对象　　D. 复制数据库对象

5. 不能退出Access 2016的操作方法是（　　）。

A. 按【Alt+F4】组合键　　　　B. 双击标题栏的控制按钮

C. “文件”→“关闭”命令　　　D. 单击Access 2016主窗口中的“关闭”按钮

6. Access 2016数据库系统是（　　）数据库系统。

A. 层次　　B. 关系　　C. 窗体　　D. 网络

二、填空题

1. 在Access 2016中，建立数据库文件可以选择“文件”选项中的________命令。

2. 在Access 2016窗口从________菜单项中选择“打开”命令可以打开一个数据库文件。

3. Access 2016是________组件的组成部分。

4. Access 2016是一个典型的________数据库管理系统。

项目小结

本项目以教务管理系统数据库的设计为例，通过使用Access 2016软件，设计了教务管理系统数据库中的4张表（学生、课程、选课成绩、教师），并设计了这4张表之间的关系。然后，创建了教务管理系统数据库，最后针对创建好的数据库，进行了备份和密码的设置。

项目二 表的设计与创建

表是Access 2016数据库中最基本的对象，是数据库中用来存储和管理数据的对象，是整个数据库工作的基础，也是查询、窗体与报表对象的数据主要来源。表设计的好坏，直接关系到数据库的整体性能，也制约着其他数据库对象的设计和使用。

项目内容

- 任务一　创建数据表
- 任务二　建立表间关系及数据的导入导出
- 任务三　数据表的格式化

项目目标

知识目标：掌握数据表的结构组成，数据类型，字段属性，数据表的创建方法，编辑、修改数据表，创建表间的关系，数据表的导入和导出，数据表的格式化操作。

能力目标：培养学生数据存储和管理能力。

素养目标：培养学生具有理想信念、团队合作、敬业精神。

任务一　创建数据表

可以把数据库的设计与创建比作设计房子和建房子的过程。房子建好了，要向房间里放物品（数据），但是此时房间中空空的，物品不能直接堆在地上，而是应该先有存放物品的家具（数据表结构）。接下来建家具，即创建数据表结构。在数据库中，数据表是按照行和列结构存放数据。

任务情境

小李：贺老师，数据库已经建好了，数据库维护也做好了准备，接下来要创建数据表了吧？

老贺：对！数据库创建好之后，就像仓库的壳建好了，接下来要往仓库中放货物了，那货物能一股脑都放进去吗？

小李：不能，那样的话，东西胡乱摆放，货物越多，以后想找的时候就费劲了。

老贺：你说对了，所以一般仓库中都有货架，各货架有不同的名称或者不同的结构。

那你想想，对应数据库应该怎么做?

小李：那就是创建不同的数据表，而且还要给数据表设置不同的表结构。

老贺：是的，赶紧行动吧。

任务描述

使用Access 2016软件在“教务管理系统”数据库中创建一个“学生”表描述学生基本信息，包括学号、姓名、性别、出生日期、政治面貌、四级通过否、爱好特长和照片等信息，如图2.1所示。

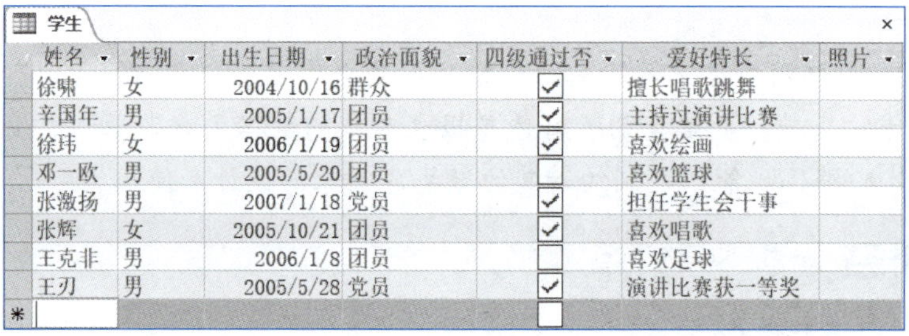

姓名	性别	出生日期	政治面貌	四级通过否	爱好特长	照片
徐啸	女	2004/10/16	群众	☑	擅长唱歌跳舞	
辛国年	男	2005/1/17	团员	☑	主持过演讲比赛	
徐玮	女	2006/1/19	团员	☑	喜欢绘画	
邓一欧	男	2005/5/20	团员	☐	喜欢篮球	
张激扬	男	2007/1/18	党员	☑	担任学生会干事	
张辉	女	2005/10/21	团员	☑	喜欢唱歌	
王克非	男	2006/1/8	团员	☐	喜欢足球	
王刃	男	2005/5/28	党员	☑	演讲比赛获一等奖	

图 2.1 “学生”表

实现以上案例，要求掌握的知识：

（1）表的构成及表结构设计。

（2）表中字段的数据类型。

（3）Access 2016数据库表的创建方法。

（4）表的主键、索引、属性设置等。

知识链接

一、表的构成

在Access 2016中，表对象是一个满足关系模型的二维表。它是由表名、表中若干字段、表中主关键字以及表中的具体数据项构成的。通常把表名、表中字段的属性、表中主关键字段的定义视为对表结构的定义，把对表中数据的定义视为对表中记录的定义。

若想将表2-1的全部信息输入到计算机中，就要定义表名、表结构并输入表数据。

表 2-1 “学生”表

学号	姓名	性别	出生日期	政治面貌	四级通过否	爱好特长	照片
24010001	徐啸	女	2004/10/16	群众	True	擅长唱歌跳舞	
24010002	辛国年	男	2005/1/17	团员	True	主持过演讲比赛	
24010003	徐玮	女	2006/1/19	团员	True	喜欢绘画	
24020001	邓一欧	男	2005/5/20	团员	False	喜欢篮球	
24020002	张激扬	男	2007/1/18	党员	True	担任学生会干事	
24020003	张辉	女	2005/10/21	团员	False	喜欢唱歌	
24030001	王克非	男	2006/1/8	团员	True	喜欢足球	
16040001	王刃	男	2005/5/28	党员	False	演讲比赛获一等奖	

二、表结构的设计

表结构就是表头，它直接决定了表中数据以何种格式存储。设计表结构先要设计有哪些字段，并给字段取名。

1. 字段名的命名规则

（1）可以是汉字、字母、数字、空格及特殊字符的任意组合，但不能用句号（。）、感叹号（！）、单引号（'）和方括号([])。

（2）不能以空格或控制符号（从0～31的ASCII值）开头。

（3）不超过64个字符。

2. 字段类型

字段类型就是字段列中数据的存储数据类型，它决定了Access 2016将以什么方式存储该字段的内容，即该字段将能存储什么性质的数据。

Access 2016提供了多种数据类型，例如：

（1）短文本：用于保存字符串，默认255个字符，是默认数据类型。例如，姓名、电话号码。

（2）长文本：早期Access版本中的"备注"数据类型，用于保存解释性的长度较大的字符串（超过255个字符），在用户界面下最多可输入65 535个字符，以编程方式最大可输入2 GB的字符存储。例如，简历、摘要可定义为长文本型。长文本型字段不能排序和索引。

（3）数字：用于保存能够进行算术运算的数值数据（涉及货币计算的除外）。例如，价格、数量、分数等。由于数字型数据表现形式和存储形式的不同，数字字段数据类型又分为字节、整型、长整型、单精度型、双精度型等，其长度由系统设置，见表2-2。在Access 2016中，数字型的默认字段类型为长整型。

表 2-2 数字型的子类型

类 型	取 值 范 围	小 数	字 节
字节	0 ～ 255	无	1
整型	-32 768 ～ 32 767	无	2
长整型	-2 147 483 648 ～ 2 147 483 647	无	4
单精度	-3.4×10^{38} ～ 3.4×10^{38}	7 位	4
双精度	-1.797×10^{308} ～ 1.797×10^{308}	15 位	8
同步复制 ID	全局唯一标识符	N/A	16
小数	$-9.99\cdots \times 10^{27}$ ～ $9.99\cdots \times 10^{27}$	28 位	12

（4）货币：用于存储货币数据。Access 2016会根据用户输入的数据自动添加货币符号和千位分隔符。默认两位小数。

（5）日期/时间：用于存储日期、时间或日期时间组合的。8字节存储空间。具体格式可由用户自己选择。

（6）自动编号：其值由Access 2016自动按照记录添加时的顺序指定一个唯一的顺序编号（不允许用户输入或改变其值）。一个表中只能有一个该类型字段。

（7）是/否：用于存储逻辑判断的结果。真值可以用True或Yes或On表示，假值可以用

False或No或 Off表示。

（8）OLE对象：用于存储比较特殊的多媒体数据。如图形、图像、音频、视频、动画及其他软件的文件内容。

（9）超链接：存储超级链接地址。如常用的网址或E-mail地址。

（10）查阅向导：用于输入值比较固定的数据，数据输入时使用组合框从列表中选择输入，而列表内容由用户创建时指定。

（11）附件：可以将图像、电子表格文件、文档、图表和其他类型的支持文件附加到数据库的记录，这与将文件附加到电子邮件非常类似。还可以查看和编辑附加的文件，具体取决于数据库设计者对附件字段的设置方式。

（12）计算：通过同一表中其他字段计算而得的字段。

注意：对于某一数据而言，可以使用的数据类型可能有多种，可根据字段的用途和性质来选择一种最合适的类型。如果在表中输入数据后需要更改字段的数据类型，保存表时由于要进行大量的数据转换处理，等待时间会比较长。如果字段中的数据类型与更改后的数据类型设置发生冲突，则有可能丢失其中的某些数据。

3. 表结构的定义

设计表结构就是分别确定表中所包含字段的字段名、字段类型、字段属性以及表的主键等。根据Access 2016中字段类型以及表2-1所含的数据语义，可以将表2-1的字段属性进行定义。表2-3是“学生”表结构。

表 2-3 “学生”表结构

字 段 名	数 据 类 型	字 段 长 度	备　注
学号	短文本	8	主键
姓名	短文本	10	—
性别	短文本	1	—
出生日期	日期 / 时间	系统默认长度	—
政治面貌	查阅向导	—	—
四级通过否	是 / 否	—	—
爱好特长	长文本	—	—
照片	OLE 对象	—	—

三、表的创建

创建表的工作包括构造表中的字段、字段命名、定义字段的数据类型和设置字段的属性等内容。

在Access 2016中，为数据库创建表主要有三种方法：一是使用“表”视图创建表；二是使用“表设计”视图创建表；三是使用“SharePiont列表”创建表，其中使用“SharePiont列表”创建表是通过SharePoint网站，实现本地数据库与网站数据库之间的导入与链接，在此不做过多介绍。除了这三种方法外，从“外部数据”选项卡中的“导入并链接”方法也可在数据库中创建表或向表中添加记录。

1. 使用“数据表视图”创建表结构

本书以“教务管理系统”数据库为例创建数据表，如果没有创建“教务管理系统”数据库，请创建该数据库。如果已创建该数据库，先打开数据库，如图2.2所示。

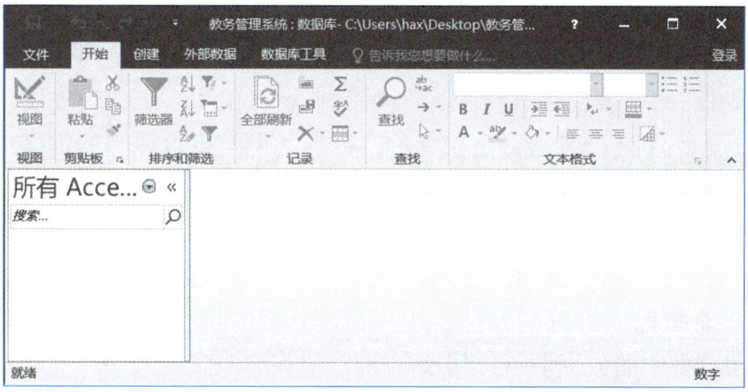

图 2.2 “教务管理系统”数据库窗口

使用表视图创建“学生”表的过程如下：

（1）单击“创建”选项卡“表格”组中的“表”按钮，此时创建了名为“表1”的新表，且在功能区加载了“表格工具”的“字段”和“表”选项卡，如图2.3所示。

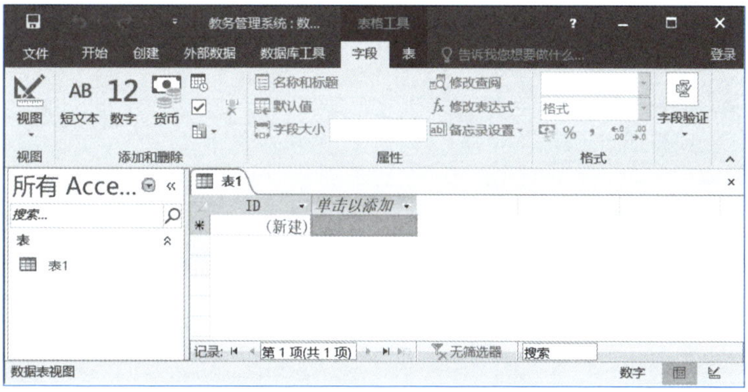

图 2.3 使用数据表视图创建表的窗口

（2）选中ID字段列，单击“表格工具/字段”选项卡下“属性”组中的“名称和标题”按钮，弹出“输入字段属性”对话框，输入名称为“学号”，单击“确定”按钮。

（3）单击“格式”组中“数据类型”下拉列表，选择“短文本”；再在“属性”组中设置“字段大小”为8。

（4）单击数据表视图中“学号”字段后的“单击以添加”下拉列表，选择字段的数据类型为“短文本”，将反显的默认字段名称“字段1”修改为“姓名”，按回车键确认修改，再选中该字段后，修改字段大小为10。依次重复（4）操作设置其他字段。

（5）在窗口的左上角，单击“保存”按钮，弹出“另存为”对话框，输入表名为“学生”，单击“确定”按钮后，就完成了学生表结构的创建工作，此时在导航窗格中就出现了“学生”表取代了“表1”。

2．使用表“设计视图”创建表结构

使用设计视图创建表的工作主要是定义表字段的属性。字段属性的定义主要包括字段名称、字段类型、字段的大小、格式、验证规则、验证文本与输入掩码等。

使用表设计视图创建“教师”信息表的过程如下：

（1）单击“创建”选项卡“表格”组中的“表设计”按钮，此时，在导航窗格的右侧将创建名为“表1”的新表，且打开图2.4所示的表设计视图，又称为表设计器。表设计器主要包括两部分，上半部分是进行字段名称、数据类型与字段说明的定义；下半部分是对字段属性进行定义，该部分由“常规”与“查阅”两个选项卡组成。“常规”选项卡主要完成字段常规属性，如字段大小、格式、输入掩码等的定义。在默认情况下，“查阅”选项卡只有“显示控件”一个属性，且通常显示控件的默认值是“文本框”。所谓文本框，就是只能提供一个可输入方框的控件，用户在设计表时可把显示控件设为列表框和组合框。列表框和组合框中的数据源可以用表/查询、值列表与字段列表，这些对象用于控制记录输入时的字段，输入控件中数据来源的定义。例如，如果用户要为“性别”字段设置输入选择列表框，可以在“查阅”选项卡中将“显示控件”设置为“列表框”，“行来源类型”选择“列表值”，“行来源”设置为“男”“女”。

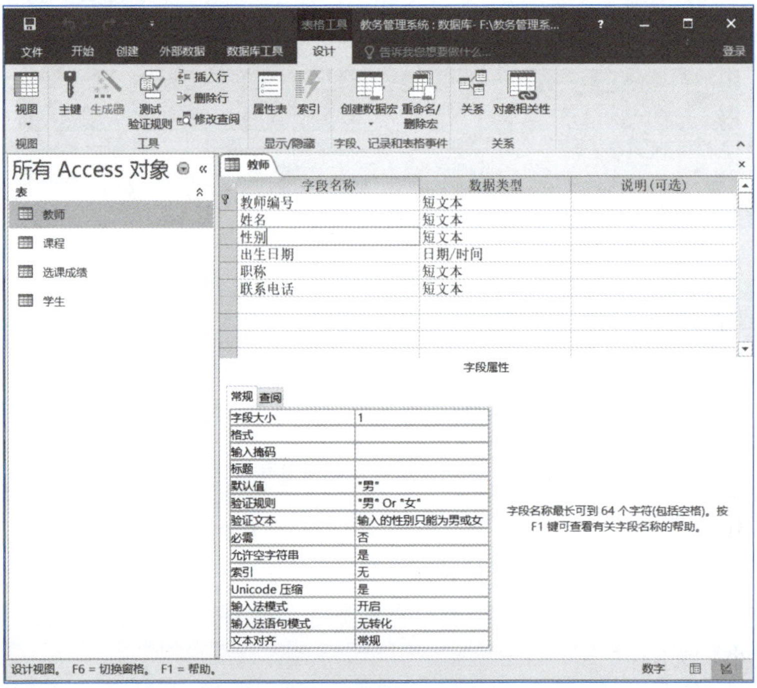

图 2.4　表设计视图

（2）在设计视图中的“字段名称”栏中输入字段的名字。在“数据类型”栏中选择相应的数据类型。“说明”栏可以不输入，但是推荐用户在这里输入对字段的描述。这样，不但可以帮助用户维护数据库，而且当用户在创建了相关的表单时，这些描述信息会自动提示在表单的状态栏中。

除了上述三个属性外，字段还有一些常规属性，这里介绍“字段属性”窗格中“常

规”选项卡中的常用项的含义。

① 字段大小：对于短文本类型，表示字段的长度；对于数字类型则表示数字的精度或范围。

② 格式：用于设置当前字段的显示和打印格式，不影响数据的存储。如设置教师表中工作时间字段为短日期显示格式。

③ 输入掩码：是一种输入格式，由字面显示字符和掩码字符组成，用于定义数据的输入格式。主要用于“短文本”和“日期/时间”型数据。

假如定义了“教师”表中“联系电话”字段，使其书写格式为前5位为“0551-”，后8位为数字。则输入掩码属性设置为“0551-”00000000。

④ 标题：字段在显示时的列标题，若不指定，则显示字段名。

⑤ 默认值：字段默认输入的内容。如设置学生表中性别字段默认值为女。

⑥ 验证规则：用来限制输入数据所必须遵守的规则，限制字段的取值范围，确保输入数据的合理性。如将学生表中年龄字段取值范围设在14～25。

⑦ 验证文本：当输入的数据不符合验证规则时，系统将提示的出错信息。

⑧ 必填字段：指定字段内容是否必须填写。

⑨ 索引：索引是在数据库表中对一个或多个列的值进行排序的结构。使用索引可以获得对数据库表中特定信息的快速访问。如设置学生表中姓名字段为有重复索引。

（3）为表创建主键。右击“教师编号”字段，弹出快捷菜单，执行“主键”命令。

（4）单击快速访问工具栏中的“保存”按钮，在弹出的“保存”对话框中输入表名为“教师”，单击“确定”按钮后，就完成了“教师”表结构的创建工作。此时，在导航栏里就出了“教师”表。

3. 利用“数据表视图”输入表数据

表结构定义完成后，便可向表中输入数据，即记录的添加，这个操作需在“表”视图窗口完成。各种类型数据的输入方法如下：

（1）短文本和长文本型：数据直接输入。

（2）数字型：直接输入，又分为字节型、整型、长整型、单精度型和双精度型，注意各类型的取值范围。

（3）货币型：直接输入数值，货币符号和千位分隔符自动输入。

（4）日期/时间型：直接输入，但年、月、日之间用符号“-”或“/”分隔，且必须合法。

（5）自动编号型：系统按记录输入的顺序自动编号输入，且不允许改变。

（6）是/否型：选中（打勾）为“是”，未选中为“否”。

（7）超链接型：必须是一个网页地址或E-mail地址，直接输入。

（8）OLE对象型：右击该字段→插入对象→使用“插入对象”对话框定位对象并将其添加到该字段中。OLE对象的输入分嵌入和链接，默认为嵌入，若指定链接，请选中“链接”项。嵌入是当源文件中数据改变时不影响表中数据；链接是表中数据随着源文件的改变而变化。

（9）查阅向导型：在组合框中选择或直接输入。

用于值较为固定的字段，如“教师”表中的“性别”“学历”“职称”等字段。创建时须指定其列表值（来源于其他表或自行输入）。

四、数据表操作

1. 表的视图

视图是用户操作时的界面，Access 2016有数据表视图和设计视图两种。

1）数据表视图

在数据表视图中可以完成表中数据的所有操作，如输入、编辑、浏览、排序和筛选等。在导航窗格中双击表默认打开的视图即为数据库表视图，显示表结构及所有记录的界面，如图2.5所示。

学生

学号	姓名	性别	出生日期	政治面貌	四级通过否	爱好特长	照片	单击以添加
24010001	徐啸	女	2004/10/16	群众	☑	擅长唱歌跳舞	Package	
24010002	辛国年	男	2005/1/17	团员	☑	主持过演讲比赛		
24010003	徐玮	女	2006/1/19	团员	☑	喜欢绘画		
24020001	邓一欧	男	2005/5/20	团员	☐	喜欢篮球		
24020002	张激扬	男	2007/1/18	党员	☑	担任学生会干事		
24020003	张辉	女	2005/10/21	团员	☑	喜欢唱歌		
24030001	王克非	男	2006/1/8	团员	☐	喜欢足球		
24040001	王刃	男	2005/5/28	党员	☑	演讲比赛获一等奖		
*					☐			

图 2.5 “学生”数据表视图

2）设计视图

可以在表的设计视图中创建和修改表结构，提供详细的字段设置，如图2.4所示。

切换不同视图的方法有：

方法一：双击打开表后，单击“开始”选项卡或“表格工具”→“字段”选项卡中最左端图标“视图”组中的黑色倒三角，展开视图选项。

方法二：打开表后，在表名上右键，弹出快捷菜单，选择不同视图。

方法三：打开表后，在状态栏最右侧单击不同视图的图标，依次是数据表视图和设计视图。

2. 主键操作

主键又叫主关键字或主码，是数据表中一个或者多个字段的组合。主键的作用是区分表中各条数据记录，使得设置为主键的字段数据不出现重复或者空值。在关系数据库管理系统中，每个表都有一个主键，以保证实体完整性。

主键选择是否合理，直接影响表的性能。设置主键可以防止表中出现重复数据，即当记录的主键值重复时将会出现系统提示，不允许插入重复记录。可以根据实际情况，设置自动编号字段、单个字段或者多个字段组合作为表的主键。

1）自动编号

将自动编号字段指定为表的主键是创建主键的最简便方法。如果在保存新建的表之前没有设置主键，此时Access 2016将询问是否要创建主键，如图2.6所示，单击“是”按钮，将自动添加自动编号字段为表的主键。

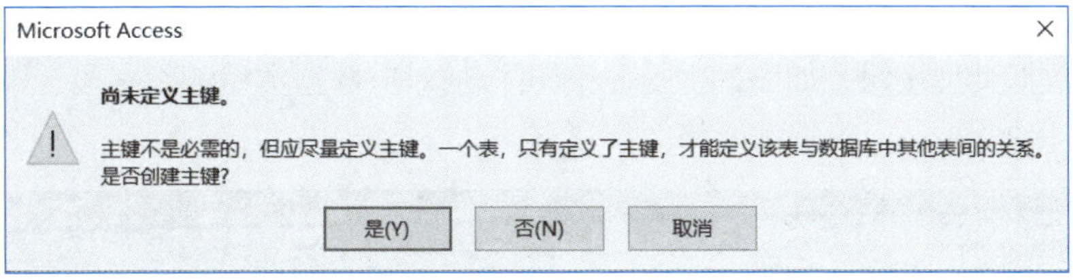

图 2.6　定义主键

2）单字段主键

在表中，如果某个字段不包含重复值（唯一）和空值（NULL），可以将该字段指定为主键，例如，“学生”表中的“学号”字段。

3）多字段主键

在不能保证任何字段都包含唯一值时，可以将两个或更多的字段组合指定为主键，例如，“选课成绩”表（学号、课程号、成绩），需要把“学号”和“课程号”两个字段组合起来作为主键，才能唯一标识一条记录。

在Access 2016中，打开表设计视图，选定需要设置为主键的字段（按下【Shift】键可选连续多个字段，按下【Ctrl】键可选不连续的多个字段），单击“表格工具”→“设计”选项卡→“工具”组→“主键”。

3. 常用表操作

1）修改表结构

表创建后不可避免地要修改表结构，例如，修改字段名、插入或删除字段等。

（1）修改字段名有以下三种方法。

方法一：打开表设计视图，直接更改字段名。

方法二：打开数据表视图，找到需要修改的字段名，双击或右键单击标题行字段名称，选择“重命名字段”命令后修改。

方法三：打开数据表视图，光标移至需要修改的字段列上，单击“表格工具”→“字段”选项卡→“属性”组→“名称和标题”按钮，弹出“输入字段属性”对话框，在“名称”对应框中输入修改后的字段名。

（2）插入新字段有以下两种方法。

方法一：打开表设计视图，单击“表格工具”→“设计”选项卡→“工具”组→“插入行”按钮，如图2.7所示；或者右击设计视图上半区域，弹出快捷菜单，选择“插入行”命令。

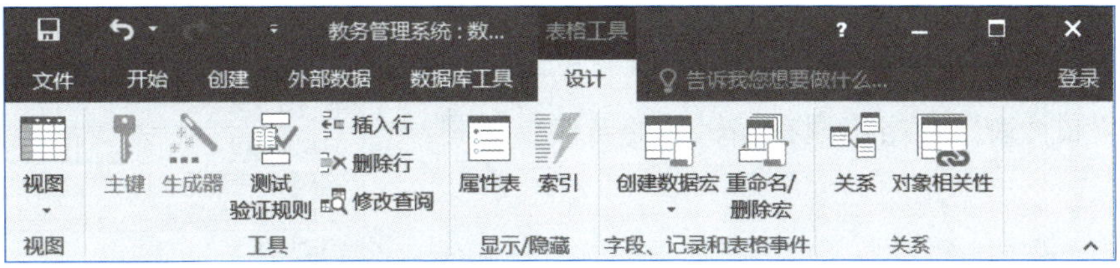

图 2.7　“表格工具”→“设计”选项卡

方法二：打开数据表视图，单击“表格工具”→“字段”选项卡→“添加和删除”组→任意一种数据类型按钮，如图2.8所示，即可添加对应数据类型的新字段，默认字段名为“字段1”“字段2”……，根据需要修改字段名。

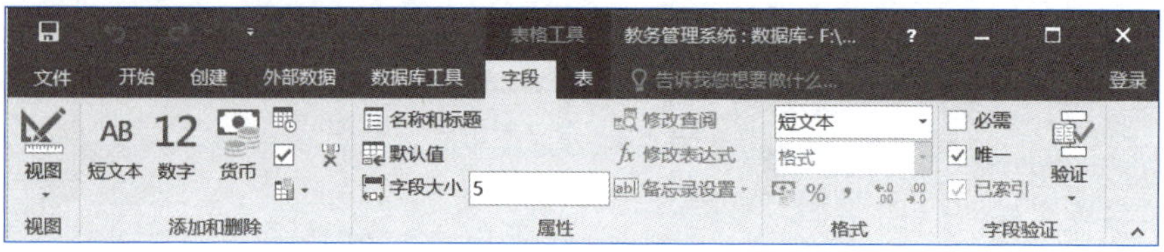

图 2.8 “表格工具”→“字段”选项卡

（3）删除已有字段有以下两种方法。

方法一：打开表设计视图，单击“表格工具”→“设计”选项卡→“工具”组→“删除行”按钮，如图2.7所示；或者右击设计视图上半区域，弹出快捷菜单，选择“删除行”命令。

方法二：打开数据表视图，单击“表格工具”→“字段”选项卡→“添加和删除”组→“删除”按钮，如图2.8所示；或者右击字段名称，弹出快捷菜单，选择“删除字段”命令。

（4）改变字段位置。在使用数据表视图查看数据时，往往需要移动某些列来观察一些字段以更好地分析、使用数据。需要把一些列放在一起观察，这样就需要改变Access 2016数据表中的字段顺序。在Access 2016数据表视图中重新排列字段，需要先选中想要移动的数据列，全部字段列的数据记录都变高亮显示后，左击此列到新的位置。可以每次只选择并拖动一列，也可以选择拖动多列。

在数据表视图下更改了字段位置，只是改变了显示布局，表结构的字段次序并没有发生改变。如果想永久改变表结构字段次序，需要打开表设计视图，选中想要更改的字段，左击拖动到新的位置。

2）使用“属性表”窗格设置表属性

Access 2016表属性适用于整张表，而不是针对某个字段，可以设置打开表的默认视图、子数据表是否展开，是否按某种排序方式显示数据、是否自动应用筛选条件等。

打开属性表的方法如下：

（1）打开表的设计视图。

（2）单击“表格工具”→“设计”选项卡→“显示/隐藏”组→“属性表”。

（3）“属性表”窗格出现在编辑区的右侧，如图2.9所示。

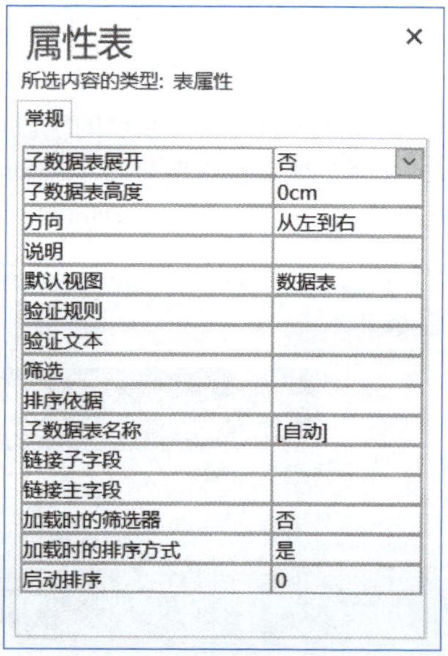

图 2.9 “属性表”窗格

3）重命名表

（1）打开数据库，在导航窗格选中需要重命名的表（表不能打开）。

（2）右击，弹出快捷菜单，选择“重命名”命令；或直接按【F2】键，修改表名称。

4）复制表

如果需要新建的表和已经创建的表结构类似，或者想在已经创建好的表上做一些练习和修改，又担心会破坏表，这时，可以通过复制表来完成工作。

（1）打开数据库，在导航窗格选中需要复制的表。

（2）单击“开始”选项卡→“剪贴板”组→“复制”；或者，右击，打开快捷菜单，选择“复制”命令；或者，按【Ctrl+C】键，复制源数据表。

（3）单击“开始”选项卡，→“剪贴板”组→“粘贴”；或者，右击鼠标，打开快捷菜单，选择“粘贴”命令；或者，按【Ctrl+V】键。弹出“粘贴表方式”对话框。

（4）在“表名称”文本框中输入复制表的名称，并根据需要在下面的三个“粘贴选择”中选择其中一个。

（5）单击“确定”按钮，完成表的复制操作。

5）删除表

为了避免数据丢失，在删除表之前最好备份表或数据库。

（1）打开数据库，在导航窗格中选中需要删除的表（表不能被打开）

（2）单击“开始”选项卡→“记录”组→“删除”；或者，右击，打开快捷菜单，选中“删除”命令；或直接按【Del】键。弹出删除表对话框，单击“是”按钮，选中的表将被删除。

注意：如果删除的表与其他表建立了关系，则应先删除与其他表的关系，才能删除该表。

五、字段属性

在设计表结构时，用户要认真地设计表中每一个字段的属性，如字段名称、数据类型、字段大小，还要考虑对字段显示格式、输入掩码、标题、默认值、验证规则及验证文本等属性进行定义。通过设置合适的字段属性，可以防止不正确数据的录入、定义字段显示外观和行为特征等。

打开表设计视图，上半区域设置“类型属性”，包括字段名称、数据类型、说明，下半区域设置“常规”和“查阅”属性。字段的“常规”属性用于设置字段大小、小数位数、显示格式、输入掩码、默认值、验证规则和验证文本、索引等。“常规”属性随字段的数据类型不同而有所不同。字段“查阅”属性只针对“查阅向导…”型字段，设置行来源、列表显示格式等。

1. 类型属性

（1）字段名称：直接输入具有一定含义的简洁字段名称，同一表中，字段名称不重复。

（2）数据类型：位于设计视图网格第二列，从下拉列表中选择合适的数据类型。

（3）说明：为字段增加文字说明，描述字段的含义、设计目的、数据特点等，增强表设计的可读性，该属性属于注释内容，对表结构和表表性能无任何影响。

2. 常规属性

1）字段大小

使用“字段大小”属性可以设置“短文本”“数字”或“自动编号”类型的字段中可保存数据的最大容量。

（1）“短文本”数据类型，其“字段大小”可设置为1～255的任何一个数字作为字段最大长度，即输入字符数不允许超出最大字符数。

（2）“数字”数据类型，其“字段大小”属性的设置及其值范围参考表2-2，根据实际数据的表达范围和表达需要选择合适的“数字”子类型。

（3）“自动编号”数据类型，其“字段大小”属性可设为“长整型”或“同步复制ID”，其中，“同步复制ID”也称为“全球统一定位符（GUID）”，是有Windows计算得到的全球唯一码，是一个32位的十六进制数。通常设置为“长整型”。

对“字段大小”属性有以下几点说明：

（1）在设置一个字段的“字段大小”属性时，并不是设置的越大越好，而应坚持“够用即可”原则，或者说应该使用尽可能小的“字段大小”，因为较小的数据需要的内存少，处理的速度更快。

（2）如果在一个已包含数据的字段中，将“字段大小”的值由大变小时，可能会产生丢失数据现象。例如，如果把某一“短文本”类型字段的“字段大小”从255改为50，则超过50个字符以外的数据都会丢失。

（3）如果“数字”类型字段中的数据大小不适合新的“字段大小”设置，则小数位数可能被四舍五入，或得到一个Null值。例如，如果将单精度数据类型变为整型，则小数值将四舍五入为最接近的整数，而且如果值大于32 767或小于–32 768都将成为空字段。

（4）在设计表视图中，保存对“字段大小”属性的更改之后，无法撤销由更改该属性所产生的数据更改。

2）格式

“格式”属性用于指定字段的数据显示格式，在输入数据后改变数据的显示方式，不影响数据值。

“格式”有系统格式和自定义格式两种类型。系统格式是使用系统提供的格式，适合于大多数应用领域对数据的一般要求；自定义格式适合于熟练用对某些有特殊要求的字段数据进行细致的格式设置。

在Access 2016 提供的12种数据类型中，自动编号、数字、货币、日期/时间、是/否和计算6种数据类型既可以用系统格式设置，又可以进行自定义格式设置；而短文本、长文本和超链接3种数据类型只可以使用自定义格式设置；OLE对象和附件没有“格式”属性。

（1）“数字”型。包括自动编号、数字、货币和计算型。

① 系统格式。系统提供“常规数字”“货币”“欧元”“标准”“百分比”“科学记数”，用户可以直接在“格式”属性下拉列表中选择。

② 自定义字段格式。自定义的数字格式可以有1～4个节，使用分号作为每一节的分隔符，每一节都包含不同数值的格式设置。一般格式为正数的格式；负数的格式；零值的格

式；空值（NULL）的格式。

例如，$0.00;($0.00);"Zero";"No data"，表示数值大于0时，以$符号开头保留两位小数的形式显示，输入12.3，显示为$12.30；数值小于0时，以$符号开头保留两位小数并加上小括号，输入-12.3，显示为（$12.30）；数值等于0时，显示Zero；空值显示No data。在实际的使用中，不一定要设置所有小节内容，可以只设置正数格式，如“$0.00”，正数将按照设置格式显示，其他则直接显示。

上例是通过占位符“0”来设置格式，Access 2016还提供了其他占位符方便用户设置更加灵活的格式，见表2-4。

表 2-4　“数字”型格式占位符

符　号	说　明
0	数字占位符，显示一个数字或 0。如 0000.00，12.3 显示为 0012.30
#	数字占位符，显示一个数字或不显示。如 ####.##，12.3 显示为 12.3
.	小数分隔符
,	千位分隔符。如 ##,###.00 ，12345 显示为 12,345.00
$	在该位置显示字符“$”
%	数字将乘以 100，并附加一个百分号。如 0.0%，0.234 显示 23.4%
E- 或 e-	科学记数法，只对负指数使用符号。如 #.###E-00，0.12345 显示为 1.235E-01,12.345 显示为 1.235E01
E+ 或 e+	科学记数法，只对正指数使用符号。如 #.###E+00，0.12345 显示为 1.235E-01,12.345 显示为 1.235E+01
“文本”	用双引号括起来的任何文本。如 0.00”元”，输入值 12.345 显示 12.35 元
[颜色]	用于向格式中某个部分的所有值应用颜色。必须用方括号括起颜色的名称并使用下列名称之一：黑色、蓝色、蓝绿色、绿色、洋红色、红色、黄色或白色。如 0.00[绿色];0.00[红色]，输入整数显示为绿色，输入负数显示为红色

（2）日期/时间型的常用格式。

① 常用字段格式。系统提供的格式和示例如图2.10所示。

② 自定义字段格式。“日期/时间”型字段的自定义格式可以包含两部分：日期格式 时间格式。用户可以通过Access 2016定义的符号来自定义格式，比如格式：yyyy/mm/dd hh:nn，输入2016-4-30 5:30，显示为2016/04/30 05:30。常用符号含义见表2-5。

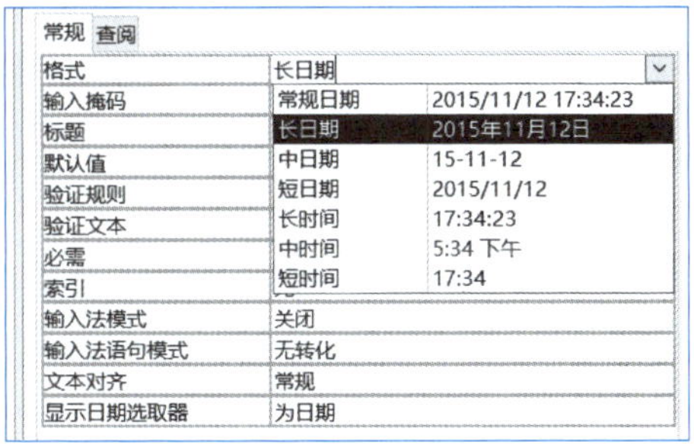

图 2.10　日期 / 时间数据类型的常用字段格式选项

表 2-5　日期 / 时间数据类型的常用自定义格式符号

符　号	说　明
/	日期分隔符
:	时间分隔符
y	一年中的日期数（1 ～ 366）
yy	年的最后两个数字（01 ～ 99）
yyyy	完整的年份值（0100 ～ 9999）

续表

符　号	说　明
m	月份。m，以一位或两位数显示（1 ～ 12）；mm，以两位数显示（01 ～ 12）；mmm，月份名称的前三个字母（Jan ～ Dec）；mmmm，月份的全称（January ～ December）
d	日期。d，以一位或两位数显示；dd，以两位数显示；ddd，星期名称的前三个字母（Sun ～ Sat）；dddd，星期名称的全称（Sunday ～ Saturday）
w	星期。w，一周中的日期（1 ～ 7）；ww，一年中的周（1 ～ 53）
q	季度，用 1 ～ 4 显示
h	小时。h，以一位或两位数显示（0 ～ 23）；hh，以两位数显示（00 ～ 23）
n	分钟。n，以一位或两位数显示（0 ～ 59）；nn，以两位数显示（00 ～ 59）
s	秒。s，以一位或两位数显示（0 ～ 59）；ss，以两位数显示（00 ～ 59）
AM/PM	末尾为 AM 或 PM 表示 12 小时制的时间，如 4:00PM。还可用 am/pm、A/P 或 a/p

（3）是/否类型。

① 常用字段格式选项。系统提供“真/假”“是/否”“开/关”三种格式，如True、Yes、On或–1表示“是”，用False、No、Off或0表示“否。”但Access 2016使用一个复选框类型的控件作为“是/否”数据类型的默认控件，用户浏览到的是☑和□，因此，首先要将复选框变为文本框，格式设置才有效。可通过设计视图下，字段属性中的“查阅”选项卡设置。

② 自定义字段格式。显示控件设为文本框，可以输入两个文本信息，中间用分号分隔，分别表示“是”和“否”对应的信息。例如，“是/否”类型字段“四级通过否”，设置格式：“未通过”;“已通过”，当值为“是”时，显示“已通过”，值为“否”时，显示“未通过”。

（4）短文本与长文本类型的自定义格式。

“短文本”和“长文本”字段的自定义格式最多有两节，用分号分隔，第一节表示有文本的字段格式；第二节表示零长度字符串及NULL值得字段格式（默认值）。

例如，文本型字段格式设置为@;“None”，输入字符时，显示输入的字符，如果没有输入字符，显示“None”、其中，@为短文本型字段占位符，Access 2016还提供了其他短文本与长文本字段的占位符，含义说明见表2-6。

表 2-6　短文本与长文本类型的自定义格式占位符

符号	说　明	设 置 示 例	输 入 数 据	显　示
@	在该位置可以显示任意可用的字符，不足规定长度，自动在数据前补空格，右对齐	（@@@@）-（@@@@@@@@）	055166886888	（0551）-66886888
&	不足规定长度，自动在数据后补空格，左对齐	（&&&&&&&&）	6299680	（6299680 ）
>	所有字母变为大写	>	Axhu	AXHU
<	所有字母变为小写	<	axhu	axhu

3）标题

字段标题是字段的别名，在数据表视图中，它是字段列标题显示的内容，在窗体和报表中，它是该字段标签所显示的内容。

如果某一字段没有设置标题，系统将字段名称当成字段标题。因为可以设置字段标题，用户在定义字段名称时，可以用简单的符号，这样大大方便了对表的操作。

4）输入掩码

输入掩码用于设置字段的输入格式，强制用户按指定格式输入数据，输入掩码主要用于短文本类型和日期/时间型字段，也可以用于数字型和货币型字段。

输入掩码和格式的区别是：“格式”是用来数据输出格式的属性，“输入掩码”是用来控制数据输入格式的属性。但要注意：如果同时使用“格式”和“输入掩码”属性，它们的结果不能相互冲突。

设置“输入掩码”属性有两种方法，一是用向导设置，二是手动设置。

（1）用向导设置输入掩码（以设置邮政编码为例）。

① 打开表设计视图。

② 选中要设置的字段，单击“常规”属性中“输入掩码”属性设置框右侧的...按钮，打开“输入掩码向导”对话框，如图2.11所示。

③ 在“输入掩码向导”对话框中，选择“邮政编码”，单击“下一步”按钮，弹出确认对话框，“占位符”可选其他符号，默认下划线。

④ 查看无误后，单击“完成”按钮，关闭向导对话框。

⑤“输入掩码”属性框内容为：000000；0；_。

⑥ 保存，“邮政编码”输入掩码设置完成。

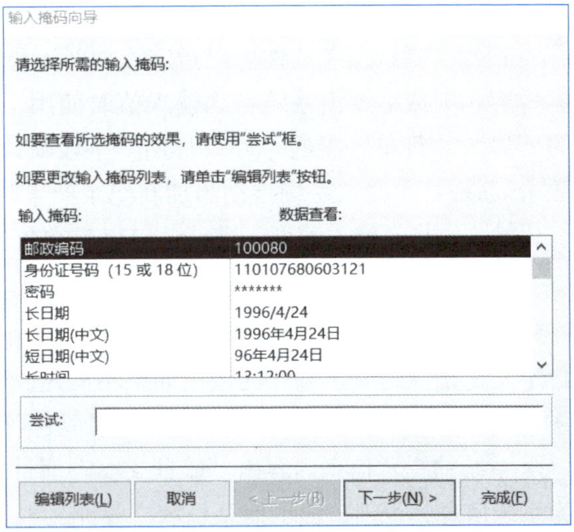

图 2.11 “输入掩码向导”对话框

（2）手工设置输入掩码。

“输入掩码向导”只能够处理“短文本”或“日期/时间”字段类型，而对于数字和货币字段来说，必须手工来输入掩码。手工设置输入掩码要求直接在字段的“输入掩码”属性框中输入定义格式。输入掩码的定义最多可以包含三节，各个节之间使用分号分隔，例如，（999）0000-0000；0；“”。表2-7和表2-8分别给出输入掩码每节的含义和设置字符。

表 2-7 输入掩码每节的含义

节	含 义
第一节	输入掩码本身
第二节	确定是否保存原义显示字符。0，以输入的值保存原义字符；1 或空白，只保存输入的非空格字符
第三节	显示在输入掩码处的非空格字符。可以使用任何字符。" "（双引号、空格、单引号）代表一个空格。如果省略该节，默认为下划线（_）

表 2-8 输入掩码设置字符

符 号	说 明	掩 码 示 例	数 据 示 例
0	必选项，只能输入 0～9 的数字	000-000000	正确输入 010-881128 错误输入：01-0881128，因为“-”前必须输入 3 个数字，后面必须输入 6 个数字
9	可选项，0～9 的数字或空格	（999）99999	（10）8811；（010）88118
L	必选项，字母	LL0000	AH5381
?	可选项，字母或空格	??-0000	A-5381;AH5381
A	必选项，字母或数字	AA-9999	3U-5381
a	可选项，字母或数字或空格	aa-9999	H-538;H8-538
&	必选项，任一字符或空格	&&&&&	AH1*H
C	可选项，任一字符或空格	CCCCC	HAX

5）默认值

使用“默认值”属性可以指定添加新记录时自动输入的值。通常表中某字段大部分数据内容相同或需要由系统自动输入值时使用。例如，“学生”表的“性别”字段默认值设为“男”；“订单”表的“订单日期”字段默认值设为Now()（Now()是返回当前时间的函数），新增订单时，系统自动添加新纪录产生时间为“订单日期”。设置默认值的目的在于简化输入，提高输入速度。默认值可以是常数、表达式或函数。

6）验证规则和验证文本

定义字段的“验证规则”属性，是给表输入数据时设置的字段值的约束条件，即用户自定义完整性约束。输入的数据如果不满足验证规则的表达式，系统将显示提示信息，并强迫光标停留在该字段所在的位置，直到数据符合字段验证规则为止。

系统的提示信息内容由“验证文本”属性决定。如果“验证文本”未设置，提示信息为系统信息，否则，提示信息显示“验证文本”设置内容。

“选课成绩”表的“成绩”字段属性设置如图2.12所示，“验证规则”限制用户只能输入0～100（包含0和100）的数字，如果输入数值不在这个范围，系统将弹出提示对话框，显示“验证文本”设置的内容，如图2.13所示，要求用户重新输入。

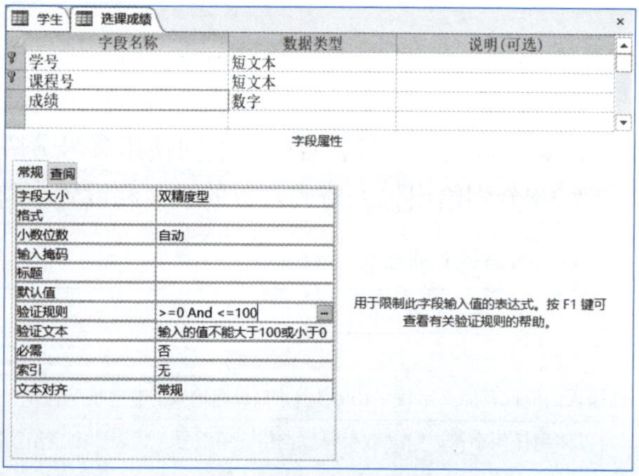

图 2.12 “成绩”字段属性

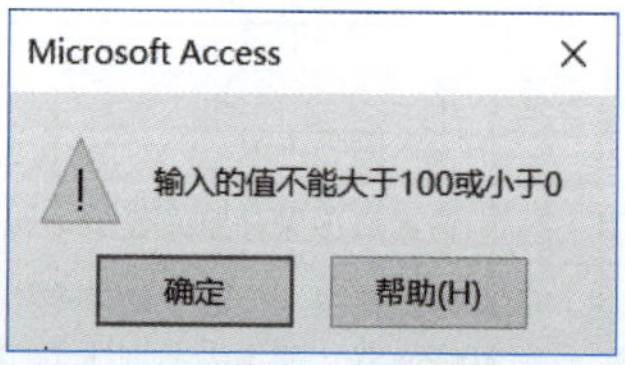

图 2.13 系统提示对话框

可以直接输入“验证规则”属性内容，也可以单击右侧…按钮，打开“表达式生成器”对话框完成设置。

7）新值

针对自动编号类型，决定自动编号字段是随着每个新值递增，还是使用随机数。

（1）递增：从1开始，并为每条新记录增加1。

（2）随机：每条新记录分配一个随机值。值的字段大小从为长整型，范围从–2 147 483 648 ~ +2 147 483 647。

8）小数位数

针对数字或货币类型，指定保留小数位数。

9）必需

指定字段的值是否必填，即Null值是否有效。

10）允许空字符串

仅适用短文本、长文本和超链接表字段，指定字段是否允许输入零长度字符串。

3. 查阅属性

单击字段属性设置的“查阅”选项卡标签，打开查阅属性设置。查阅属性仅对于那些需要以列表框或组合框的形式辅助用户输入数据值的字段才有意义。

例如，“学生”表的“政治面貌”字段记录了每个学生的所属政治面貌类别，该字段的值是“党员”“团员”“群众”中的一种。通过设置相关属性，用户不需要输入“政治面貌”字段数据，而是从列表框中选择。这样既简化了输入，又能保证数据的准确性。

（1）显示控件，用来显示该字段的控件类型。

① 文本框（或复选框）：是系统默认选项（是/否型字段默认为复选框，其他类型字段默认为文本框），显示已经由用户输入的内容，如图2.14中的“姓名”字段。“显示控件”设置为“文本框”或“复选框”的字段相当于禁用查询。

② 组合框：在关闭时显示所选的值，在打开时显示可用的值列表。

③ 列表框：在打开的窗口中显示值列表。“组合框”和“列表框”具体操作见窗体设计项目。

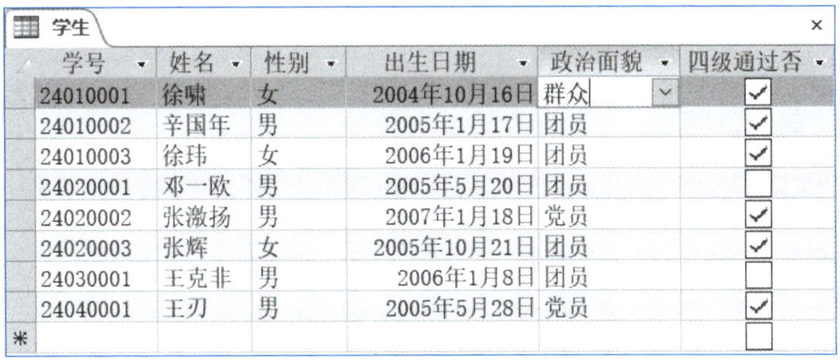
学生

学号	姓名	性别	出生日期	政治面貌	四级通过否
24010001	徐啸	女	2004年10月16日	群众	☑
24010002	辛国年	男	2005年1月17日	团员	☑
24010003	徐玮	女	2006年1月19日	团员	☑
24020001	邓一欧	男	2005年5月20日	团员	☐
24020002	张激扬	男	2007年1月18日	党员	☑
24020003	张辉	女	2005年10月21日	团员	☑
24030001	王克非	男	2006年1月8日	团员	☐
24040001	王刃	男	2005年5月28日	党员	☑
*					☐

图 2.14　“学生”表部分数据

（2）行来源类型，选择填充查阅字段的类型。

① 表/查询：查阅字段数据来自数据库中的表或查询。

② 值列表：查阅字段数据来自于用户设定的值。

③ 字段列表：查阅字段数据来自于表或查询字段的名称。

（3）行来源，根据选择的行来源类型，具体指定为查阅字段提供数据的表、查询或值列表。

①“行来源类型”属性为“表/查询”或“字段列表”时，此属性设置为表名或查询名，或者是SQL语句。

②“行来源类型”属性为“值列表”时，此属性设置为由分号分隔的值列表。

如图2.15所示“学生”表“政治面貌”字段的查阅属性设置如下：

- 显示控件：组合框。
- 行来源类型：值列表。
- 行来源："党员";"团员";"群众"。

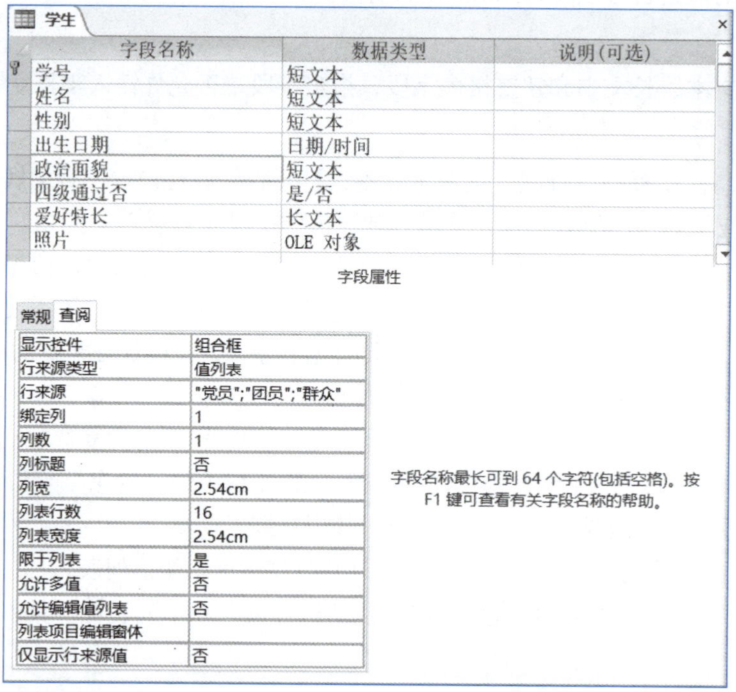

图 2.15 “政治面貌”字段查阅属性设置

动手实践

建立一个名为Sample1.accdb的空数据库。请按以下要求完成相关操作：

（1）在Sample1.accdb数据库中建立“课程”表，表结构见表2-9。

表 2-9 “课程”表结构

字段名称	数据类型	字段大小	格式
课程编号	短文本	8	—
课程名称	短文本	20	—
学时	数字	整型	—

续表

字段名称	数据类型	字段大小	格　式
学分	数字	单精度型	—
开课日期	日期/时间	—	短日期
必修否	是/否	—	是/否
简介	长文本	—	—

（2）根据“课程”表的结构，判断并设置主键。

（3）在“课程”表中，设置“学时”字段的相关属性，使其输入的数据大于0。

（4）在“课程”表中，设置“学分”字段的默认值为3。

（5）在“课程”表中输入记录见表2-10。

表 2-10　“课程”表记录

课程编号	课程名称	学时	学分	开课日期	必修否	简介
2018001	Access	56	3	2019/9/1	√	公共课

润物无声

工匠准则：理想信念

凡事预则立，不预则废。任何事情，事前有准备就可以有成果，没有准备就要失败，而做好规划是关键。一个健全完善的数据库离不开充分的规划设计，在此阶段要充分理解和详细分析需求，才能设计出合适的数据结构。就如我国的计算机事业迅速发展，离不开总设计师的规划设计。下面介绍的人物是“中国巨型计算机之父”金怡濂。

金怡濂，1929年出生，中国高性能计算机领域著名专家，中国巨型计算机事业开拓者，“神威”超级计算机总设计师。金怡濂回忆，在他小时候，他父亲带他去电话局的机房，满屋子嘀嗒作响的机器让他觉得复杂又神奇。自那时起，他就朦胧地有了长大后像父亲一样当个工程师的想法。就是儿时的这个想法，指引着他一步一步走进计算机科学的殿堂，成为中国高性能计算机领域的著名专家。他主持研制成功多种当时居国内领先地位的大型计算机系统，在这个过程中他提出了具体设计方案，做出了很多关键性决策，解决了许多复杂的理论问题和技术难题，对中国计算机事业尤其是并行计算机技术的发展贡献卓著。

知识巩固

选择题

1. 在Access 2016的数据类型中，不能建立索引的数据类型是（　　）。

　A. 短文本　　B. OLE对象　　C. 日期/时间　　D. 数字

2. 下列关于自动编号型字段的叙述，错误的是（　　）。

　A. 每次添加新记录时，系统会自动插入一个唯一的顺序号

　B. 自动编号型字段中的值与记录是永久的连接

C. 可以对自动编号型字段的值重新编排

D. 自动编号型字段占4个字节的存储空间

3. 在以下关于“输入掩码”的叙述中，错误的是（　　）。

A. 在定义字段的输入掩码时，既可以使用输入掩码向导，也可以直接使用占位符或者字面字符

B. 定义字段的输入掩码，是为了设置密码

C. 输入掩码中的字符“0”表示必须输入0～9中的一个数字

D. 直接使用字符定义输入掩码时，可以根据需要将字符组合起来

4. Access 2016提供的数据类型中不包括（　　）。

A. 长文本　　B. 文字　　C. 货币　　D. 日期/时间

5. 在数据表视图中，不能（　　）。

A. 设置字段的输入掩码　　B. 修改字段的名称

C. 删除一个字段　　D. 删除一条记录

6. 若“短文本”类型的字段大小设置为20，则最多可输入的汉字数和英文字符数分别是（　　）。

A. 10、10　　B. 10、20　　C. 20、20　　D、20、40

7. 要求某个字段必须输入数字0～9，该字段输入掩码应使用的占位符是（　　）。

A. 0　　B. C　　C. A　　D. 9

8. 下列关于主键字段的叙述，错误的是（　　）。

A. 数据库中的每个表都必须有一个主键字段

B. 主键字段值是唯一的

C. 主键可以是一个字段，也可以是一组字段

D. 主键字段中不允许出现重复值或空值

9. 下列关于货币数据类型的叙述中，错误的是（　　）。

A. 货币型字段在数据表中占8个字节的存储空间

B. 货币型字段可以与数字型数据混合计算

C. 向货币型字段输入数据时，系统自动将其设置为5位小数

D. 向货币型字段输入数据时，不必输入人民币符号和千位分隔符

10. 如果要限制输入数据的范围，可以设置的字段属性是（　　）。

A. 字段大小　　B. 默认值

C. 输入掩码　　D. 验证规则

任务二　建立表间关系及数据的导入与导出

通常一个数据库中包括多个表，这些表很少是孤立存在的，尤其是在一个设计良好的数据库中，各表之间基于相同属性的字段存在着联系，在Access 2016中把这种联系称为表间关系。建立表间关系，不仅建立了表之间的关联，还保证了表间数据操作的同步性和数据参照完整性，避免意外删除或更改相关联数据，避免出现孤立记录。

在数据表视图中，对于已经设置了表间关系的主表，左侧记录选择器旁多了一个“+”图标，可展开查看对应子表数据。

任务情境

小李：贺老师，“学生”表和“选课成绩”表都已经建好了，如何通过“学生”表能找到某学生的成绩呢？

老贺：小李你的提问非常好，我们刚刚建立的是一个个独立的数据表，其实这些表之间是有关联关系的，那你知道“学生”表与“选课成绩”表之间是哪种联系方式吗？

小李：一个学生往往是要选修多门课程的，每门课程就有一个成绩，所以一个学生会有多个成绩，所以“学生”表与“选课成绩”表之间是一对多的关系。

老贺：在Access 2016中，联系方式里的一对一和多对多的联系方式如何实现呢？

小李：多对多是通过转换成两个一对多方式实现的。

老贺：是的，那赶紧行动吧。

任务描述

在“教务管理系统”数据库中建立“学生”表和“选课成绩”表之间的关系，建立“课程”表和“选课成绩”表之间的关系，如图2.16所示。

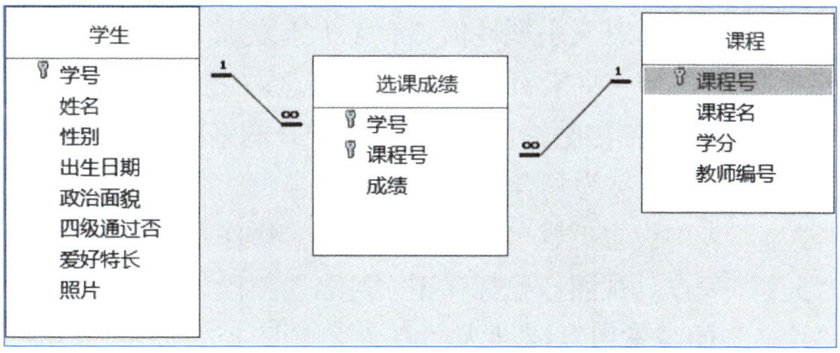

图 2.16　学生、课程和选课成绩表关系

知识链接

一、索引

1. 什么是索引

字段的索引与书的目录类似。一本书的目录会按某些规则列出本书所包含的全部主

题，以及每个主题所在的页码，读者通过目录可以很快找到需要的内容。同样，在一张记录非常多的数据表中，如果没有建立索引，数据库系统只能按照顺序查找所需要的记录，这将会耗费很长的时间来读取整张表。如果事先为数据表创建了有关字段的索引，在查找记录时，就会快的多。

创建索引是为了提高数据记录的搜索速度，但在追加、删除或更新数据时，必须更新受影响的表中的所有索引以反映变化，会占用一定时间。因此，需要权衡整体性能，创建合理的索引。

在数据表中创建索引的原则是确定经常依据哪些字段查找信息和排序，对于Access 2016数据表中的字段，不同字段值的数量多，而且符合下列所有条件，推荐对该字段设置索引。

（1）字段的数据类型为短文本型、数字型、货币型或日期/时间型。

（2）常用于查询的字段。

（3）常用于排序的字段。

2. 索引操作

在Access 2016中，按照功能将索引分为以下几种类型。

1）唯一索引

索引字段的值不能相同，既没有重复值。若给该字段输入重复值，系统会提示操作错误，若已有重复的字段要创建索引，不能创建唯一索引。

2）普通索引

索引字段的值可以相同，即有重复值。主要作用就是加快查找和排序的速度。一个表中可以有多个普通索引。

3）主索引

当把字段设置为主键后，该字段就是主索引，索引属性值为“有（无重复）”。

唯一索引与主索引相似，其索引属性值“有（无重复）”，只是一个表中只能有一个主索引，而唯一索引可以有多个，主索引字段决定处理记录的顺序。

Access 2016可以对单个字段或多个字段来创建记录的索引。基于单个字段的索引称为单索引，基于多个字段的索引称为复合索引。

例如，在“学生”表中设置“姓名”为普通索引。操作步骤如下：

（1）打开“学生”表设计视图，光标移至“姓名”字段。

（2）设置“姓名”的“索引”属性为“有（无重复）”，如图2.17所示；或者，单击“表格工具”→“设计”选项卡→“显示和隐藏”组→“索引”，打开“索引”设置对话框，如图2.18所示，添加索引Ind_Name（索引名称可自己命名），设置索引字段为“姓名”。

（3）保存设置。如果取消索引，可以选中索引字段后，设置“索引”属性为“无”，也可以打开索引设置对话框，选中需要删除的索引，按【Del】键。

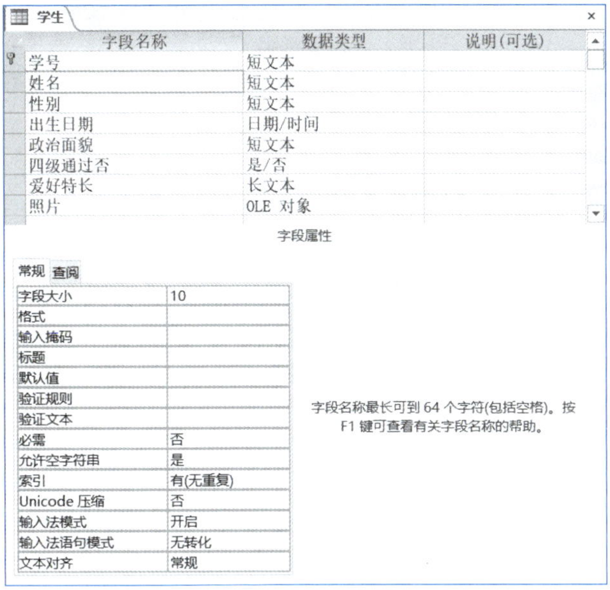

图 2.17　“学生”表中“姓名”字段设置索引

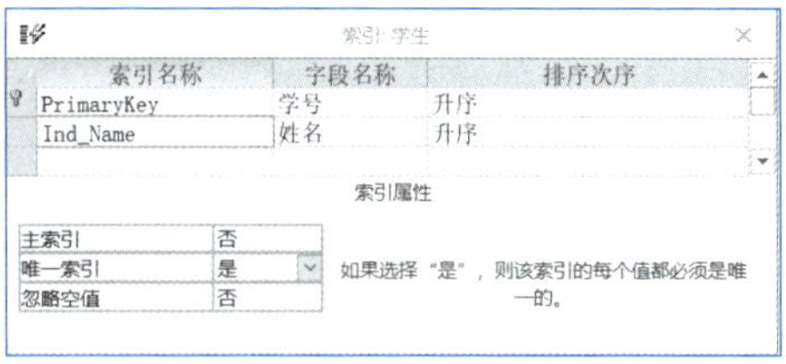

图 2.18　“索引”设置对话框

二、表间关系

1. 表间关系类型

Access 2016提供的关系创建功能可以创建一对一和一对多的关系，不能直接创建多对多的关系，多对多的关系由多个一对多的关系实现。

1）一对一关系

在一对一关系中，第一个表中的每条记录在第二个表中只有一个匹配记录，而第二个表中的每条记录在第一个表中只有一个匹配记录。这种关系并不常见，因为多数以此方式相关的信息都存储在一个表中，可以使用一对一关系将一个表分成许多字段，或出于安全原因隔离表中的部分数据，或存储仅应用于主表的子集的信息。在标识此类关系时，这两个表必须共享一个公共字段。

两个表之间若想建立“一对一”关系，一是要确定两个表的关联字段；二是要定义“主”表中该字段为主键或唯一索引（字段值无重复），三是要定义另一个表中与“主”表相关联的字段为主键或唯一索引（字段值无重复）；最后确定两个表具有“一对一”的关系。

2）一对多关系

一对多的关系是数据库中最常见的一种关系，它是指一个表中的一条记录可以对应另一个表的多条记录。在一对多关系中，表的“一”方通常为表关系的主键字段，并且该表称为主表；表的“多”方为一个表的一个字段，该字段称为表关系的外键。

在“教务管理系统”数据库中，一个学生可以选修多门课程，因此，在表关系的一对多中，“一”方应该为“学生”表中的字段“学号”，而“多”方应该为“选课成绩”表中的字段“学号”。

两个表之间若想建立“一对多”关系，一是要确定两个表的关联字段；二是要定义“主”表中该字段为主键或唯一索引（字段值无重复）；三是要定义另一个表中与“主”表相关联的字段为普通索引（字段值有重复）；最后确定两个表具有“一对多”的关系。

3）多对多关系

在多对多关系中，第一个表中的一条记录能与第二个表中的多条记录匹配，并且第二个表中的一条记录也能与第一个表中的多条记录匹配。要建立具有多对多关系的两个表之间的关联，只能通过先构造定义第三个表（称为连接表），再通过第三个表分别和原先的两个表建立一对多关系。也就是说，一个多对多关系最终将转化为通过使用第三个表的两个一对多关系。这两个一对多关系，第三个表都作为表关系的“多”方。因此，第三个表中至少应该包括两个字段，这两个字段作为表关系的外键。

2. 创建表间关系

在“教务管理系统”数据库中，创建“学生”表和“选课成绩”表一对多的关系，并实施参照完整性。

“学生”表和“选课成绩”表的共有字段是表示学生的字段，分别是“学生”表中的“学号”和“选课成绩”表中的“学号”。设置表间关系的具体操作如下：

（1）确保共有字段都已创建索引，一方“学生”表“学号”是主键或唯一索引，多方“选课成绩”表“学号”是普通索引。

（2）单击“数据库工具”选项卡→“关系”组→“关系”按钮，如果是第一次打开“关系”窗口，那么会出现“显示表”对话框，否则，单击“关系工具”→“设计”选项卡→“关系”组→“显示表”，打开“显示表”对话框。

（3）选中“学生”和“选课成绩”表，单击“添加”按钮，添加表对象至“关系”窗口，关闭“显示表”对话框。

（4）在“关系”窗口，将“学生”表中的“学号”字段拖到“选课成绩”表的“学号”字段位置，弹出“编辑关系”对话框，如图2.19所示。

（5）在“编辑关系”对话框中，选中“实施对照完整性”复选框，单击“创建”按钮，返回“关系”窗口，“学生”表和“选课成绩”表一对多的关系已创建，如图2.20所示。

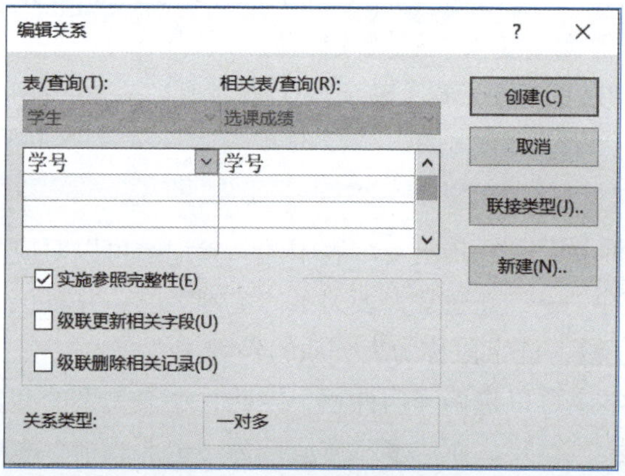

图 2.19 “编辑关系”对话框

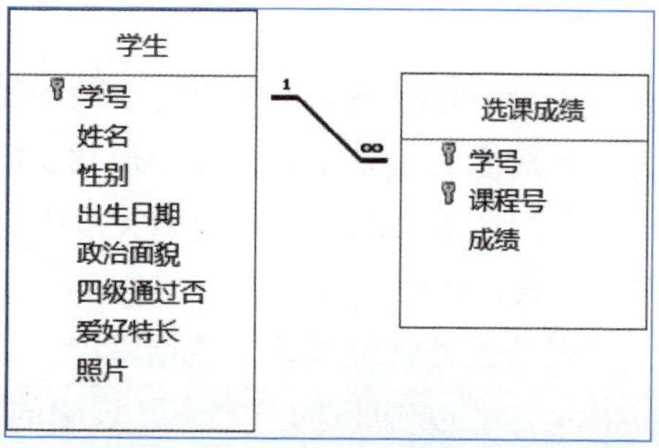

图 2.20 一对多关系示例

（6）单击“关系工具”→“设计”选项卡→“关系”组→“关闭”，保存设置，结束数据库中表间关联关系的建立。此时，以数据表视图打开“学生”表，就会发现每条记录左边有个加号，单击即可查看到每位学生的成绩。

注意：图2.19中“级联更新相关字段”复选框选中后当主表的连接字段值改变时，子表对应的字段值将自动改变；“级联删除相关记录”复选框选中后当主表记录删除时，子表与之对应的记录也将由系统删除。因此，使用这两个选项要慎重，避免不必要的数据更改和丢失。默认为未选中。

3. 更改表间关系

具体操作步骤如下：

（1）打开数据库。

（2）单击“数据库工具”选项卡→“关系”组→“关系”，打开“关系”对话框。

（3）双击要更改的两个表之间的关系连线；或选中关系连线，右击，弹出快捷菜单，选择“编辑关系”命令，打开“编辑关系”对话框，进行更改。

（4）单击“确定”按钮，完成表间关系的更改。

4. 删除表间关系

具体操作步骤如下：

（1）打开数据库。

（2）单击“数据库工具”选项卡→“关系”组→“关系”，打开“关系”对话框。

（3）选中要删除的两个表之间的关系连线，按【Del】键；或右击，弹出快捷菜单，选择“删除”命令，弹出系统提示框，单击“是”按钮，即可删除表间关系。

三、数据的导入与导出

Access 2016数据库有多种方法实现与其他应用项目的数据共享，既可以直接从某个外部数据源获取数据来创建新表或追加到已有的表中（即数据的导入），也可以将表或查询中的数据输出到其他格式的文件中（即数据的导出）。外部数据源可以是一个文本文件、电子表格文件（如Excel）或其他数据库文件，也可以是另一个Access 2016数据库文件等。

1. 从外部数据导入数据

由于导入的外部数据的类型不同，导入的操作步骤也会有所不同，但基本步骤是类似的。在Access 2016数据库和Excel电子表格之间相互导入和导出是非常常见的操作，下面以Excel电子表格为例，说明导入数据的操作过程。

例2.1 将D盘ACCESS文件夹下“教师.xlsx”文件中的数据导入到“教务管理系统”数据库中，要求第一行包含列标题，教师编号为主键，其余选项默认。

操作步骤如下：

（1）启动“教务管理系统”数据库，单击“外部数据”选项卡，在“导入并链接”命令组中单击“Excel”命令按钮，弹出图2.21所示的“获取外部数据”对话框。

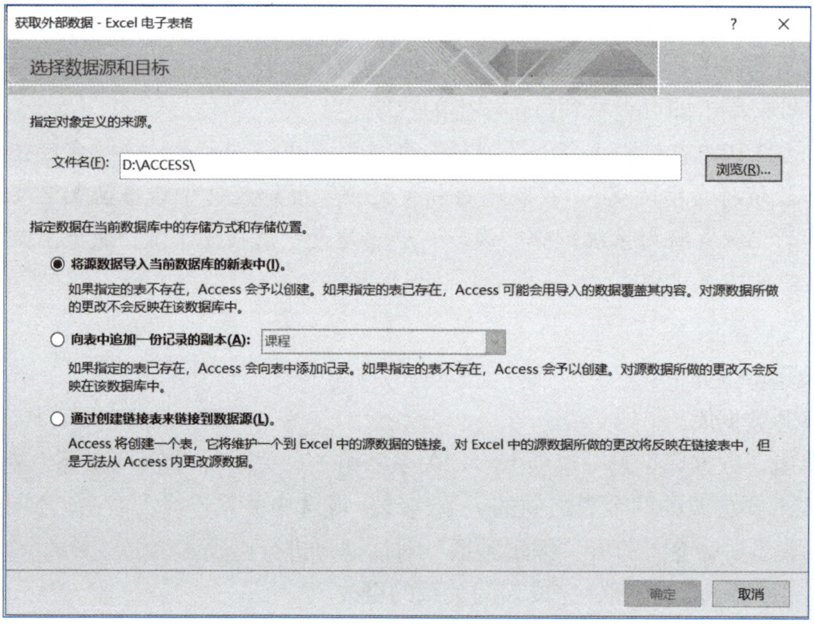

图 2.21 “获取外部数据”对话框

（2）在“获取外部数据”对话框中，单击“浏览”按钮指定数据源为“D:\ACCESS\教师.xlsx”，选中“将源数据导入当前数据库的新表中”单选按钮，并单击“确定”按钮。

（3）弹出“导入数据表向导”第一个对话框，要求选择工作表或区域，如图2.22所示，这里选择“教师”工作表，单击“下一步”按钮。

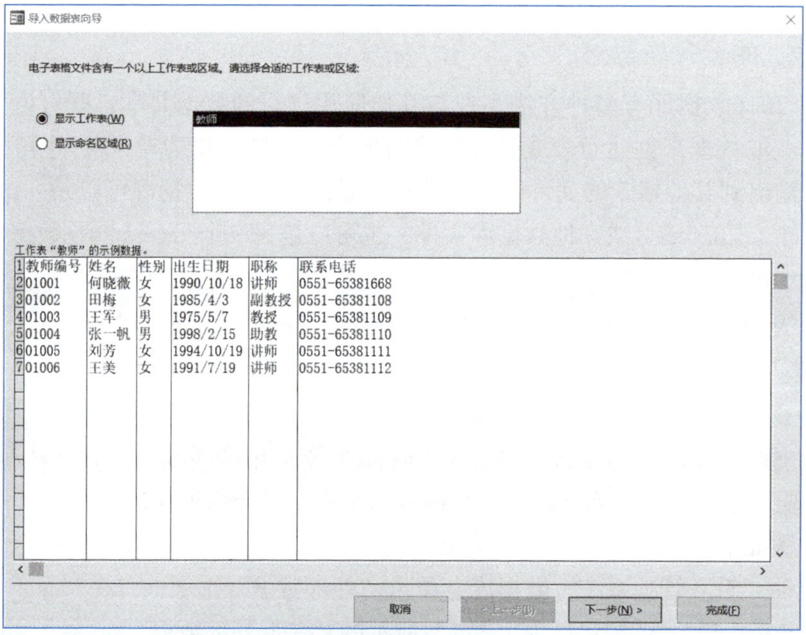

图 2.22 选择工作表

（4）弹出“导入数据表向导”第二个对话框，要求确定指定的第一行是否包含列标题，本例选中“第一行包含列标题”复选框，如图2.23所示，然后单击“下一步”按钮。

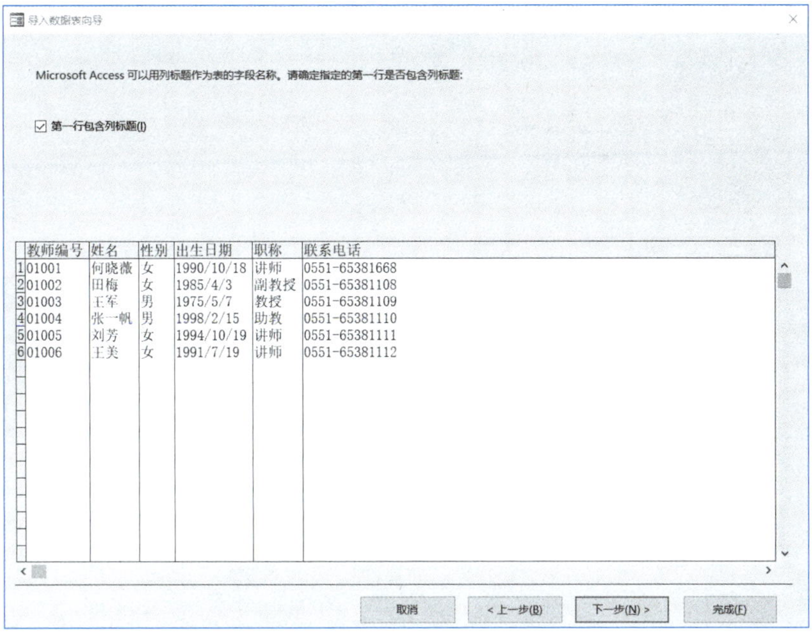

图 2.23　指定第一行包含列标题

（5）弹出“导入数据表向导”第三个对话框，要求指定字段信息，包括设置字段数据类型、索引等，这里选择默认选项，如图2.24所示，然后单击“下一步”按钮。

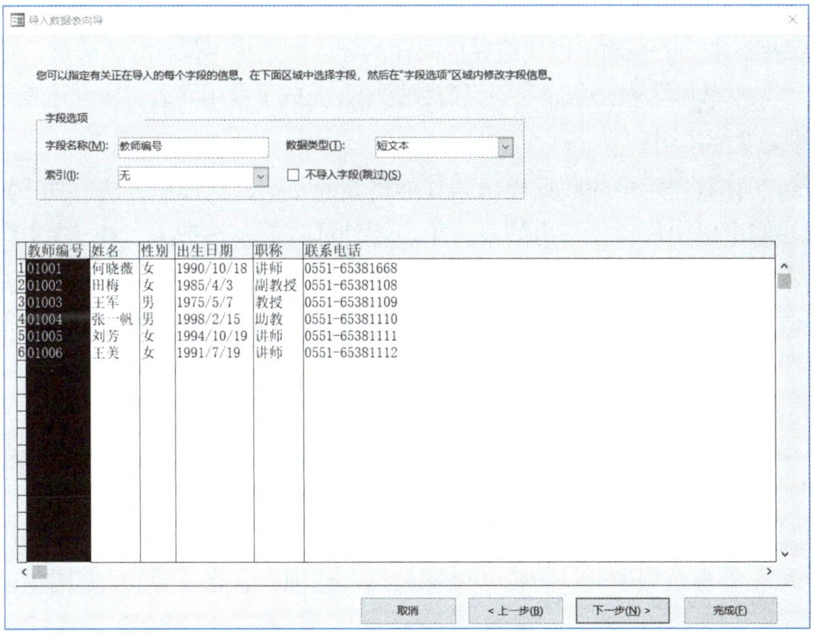

图 2.24　设置字段信息

（6）弹出“导入数据表向导”第四个对话框，要求对新表定义一个主键，如选中“我自己选择主键”单选按钮，则可以选定主键字段。这里选择“教师编号”，如图2.25所示，然后单击“下一步”按钮。

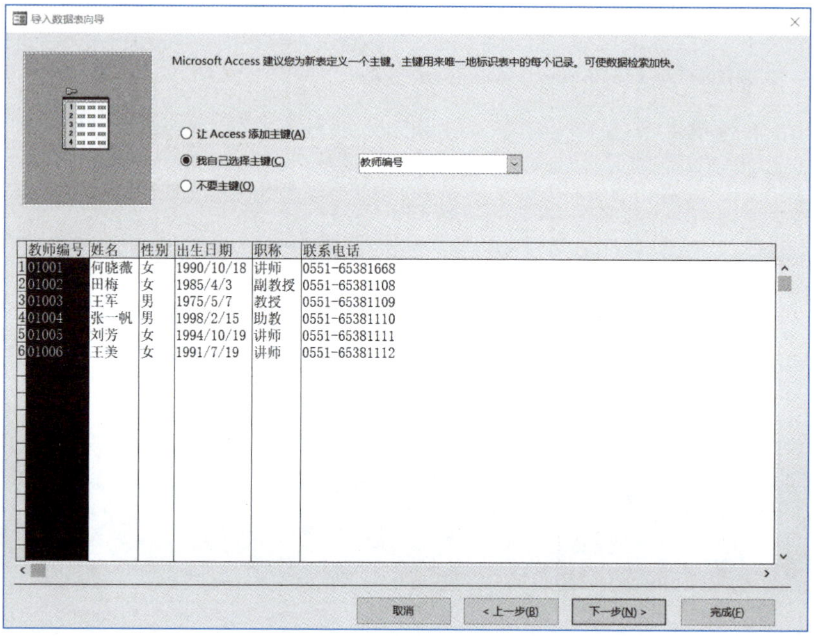

图 2.25 设置主键

（7）弹出“导入数据表向导”第五个对话框，在“导入到表”文本框中，输入表的名称“教师”，然后单击“完成”按钮。

（8）最后，弹出的“保存导入步骤”对话框，对于经常进行相同导入操作的用户，可以把导入步骤保存下来，下一次可以快速完成同样的导入。这里不保存导入步骤，单击“关闭”按钮即可。至此，“教师”表完全导入到当前数据中，完成了使用导入方法创建表的过程。

2. 表中数据的导出

将Access 2016数据库中的数据导出到其他格式的文中，其操作方法有如下两种。

（1）在导航窗格中选择要导出的表，单击“外部数据”选项卡，在“导出”命令组中选择文件的类型，再在弹出的对话框中选择存储位置和文件名，最后单击“确定”按钮。

（2）在导航窗格中选择要导出的表，右击，并在快捷菜单中选择“导出”命令，在弹出的菜单中选择文件的类型，再在弹出的对话框中选择存储的位置和文件名，最后单击“确定”按钮。

例 2-2 将“教学管理系统”数据库中的“选课成绩”表导出为“成绩.txt”文件，保存路径为“D:\Access”，第一行包含字段名称，其余选项默认。

操作步骤如下：

① 启动教学管理数据库后，单击“外部数据”选项卡，在“导出”组中单击“文本文件”命令按钮。

② 弹出“导出-文本文件”对话框，在该对话框中单击“浏览”按钮，选择导出文件位置为D盘Access文件夹，文件名为成绩.txt，单击“保存”按钮后返回对话框。

③ 再单击“确定”按钮弹出导出文本向导，直接下一步后，勾选第一行包含字段名称复选框，再单击“下一步”按钮，确认导出到文件后单击“完成”按钮。

④ 保存导出步骤。文件导出结束后可查看导出文件数据。

动手实践

有一个Sample1.accdb数据库和一个参赛成绩.txt文件。请按以下要求完成相关操作：

（1）在Sample1.accdb数据库中创建一个“参赛成绩”表，结构见表2-11。

表 2-11　“参赛成绩”表结构

字段名称	数据类型	字段大小	备　注
届次	数字	整型	主键
参赛队	短文本	20	主键
成绩	短文本	6	

（2）在“参赛成绩”表中，设置“成绩”字段的验证规则为：“冠军”或“亚军”或“季军”或“四强”或“八强”，验证文本为：“参赛成绩填写不规范！”。

（3）在“参赛成绩”表中，添加两条记录（18，意大利，冠军）和（20，阿根廷，亚军）；设置字体为“楷体”，加粗。

（4）将“参赛成绩.txt”文件中的数据导入到“参赛成绩”表中，在向导对话框中选择“向表中追加一份记录的副本”复选框。

（5）通过相关字段建立“参赛成绩”表和“参赛队伍”表之间的关系，同时实施参照完整性并实现级联更新相关字段。

润物无声

工匠准则：团结合作

创建数据库时，一张表是不能完全描述全部的信息，往往是需要创建多个有关联的表，再创建表之间关系。就像一个人的力量是渺小的，但集聚团结众人的力量就能实现目标。下面要介绍的人物是我国分布式程序设计理论研究的先驱者周巢尘。

周巢尘，1937年11月生，我国分布式程序设计理论研究的先驱者和开拓者之一，国际著名计算机理论专家，第三世界科学院院士。长期从事分布式计算、理论计算机科学等方面研究。1981年，他与英国科学家合作提出了分布式计算系统正确性的组合式验证方法。1991年，他与英国及丹麦科学家合作建立了时段演算理论（duration calculus），在国际上首次将连续数学概念（积分）引入计算机科学，并基于区间时序逻辑，建立了实时系统形式设计和验证的逻辑方法，开创了实时系统形式设计的新途径。周巢尘院士为中国计算机事业的发展做出了卓越贡献，这些成就的取得离不开他对计算机事业的热爱，更离不开他对科研的执着与团结合作精神。

为了表彰他的成就和贡献，CCF奖励委员会决定将2018年“CCF终身成就奖”授予他。

知识巩固

选择题

1. 假设表A与表B建立“一对多”关系，下述说法中正确的是（　　）。

   A. 表B中的一个记录能与表A中的多个记录匹配

B. 表A中的一个记录能与表B中的多个记录匹配

C. 表B中的一个字段能与表A中的多个字段匹配

D. 表A中的一个字段能与表B中的多个字段匹配

2. 建立表间关系时，关系连线中至少有一侧是（　　）字段。

A. 单主键　　B. 复合主键　　C. 单索引　　D. 复合索引

3. 一间宿舍可住多个学生，则宿舍和学生之间的实体联系属于（　　）。

A. 多对多　　B. 一对一　　C. 一对多　　D. 无联系

4. 下列关于主键字段的叙述，错误的是（　　）。

A. 数据库中的每个表都必须有一个主键字段

B. 主键字段值是唯一的

C. 主键可以是一个字段，也可以是一组字段

D. 主键字段中不允许出现重复值或空值

5. 下列各种类型的数据文件中，不可以导入到Access 2016数据库的是（　　）。

A. HTML文档　　B. 文本文件　　C. Word文档　　D. Excel文件

任务三　数据表的格式化

录入学生信息和相关数据后，便能够随时打开数据表查看数据，了解学生成绩等情况。用户浏览数据表数据时，Access 2016将会以默认的格式进行显示，用户可以通过设置数据表的格式来达到需要的显示效果，同时，还可通过排序与筛选来简单了解、分析数据业务状况。

任务情境

小李：贺老师，数据表视图部分字段显示宽度较小，不能显示完整数据是什么情况呢？

老贺：小李我正想跟你说这个问题。我们可以通过设置数据表的格式来达到需要的显示效果。

小李：哦。在数据表中浏览数据时，一些数据的仍不够直观，如当前最高成绩和最低成绩是多少，某一门课程成绩情况或某个人的成绩情况如何查看呢？

老贺：思考非常正确，这就需要了解数据排序或者筛选了。

小李：好的，我来边学边干吧。

老贺：那赶紧行动吧。

任务描述

在“教务管理系统”数据库中，将“学生”表中记录的文本格式设置“微软雅黑、12

号”，调整“学生”表中行高为16磅，对“选课成绩”表按照“成绩”从低到高进行排列，筛选出“课程号”为“c01”和“c02”的记录，将“学生”表中的“出生日期”字段隐藏。

知识链接

一、调整数据表的行高和列宽

在数据表中录入数据后，有时数据表单元格的内容无法全部显示出来，用户可以通过调整数据表的行高或列宽来改变单元格的大小，以显示字段全部内容。

将“教务管理系统”数据库中的各数据表的行高和列宽调整到合适的位置，可以使用以下常用的方法。

1. 拖动鼠标

鼠标指向行标记之间的位置时，当鼠标指针变成双向箭头状态，通过拖动鼠标调整数据表行高；指向列标记之间调整列宽。

2. 使用“记录”组的命令

使用“记录”组的命令可以精确调整数据表行高和列宽，如图2.26所示。

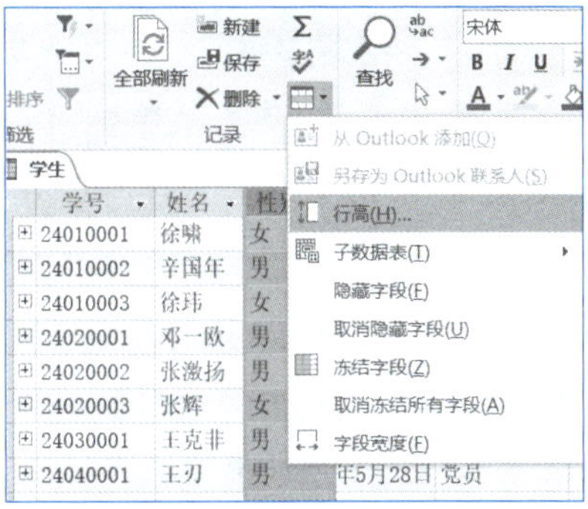

图 2.26 调整数据表行高和列宽

3. 使用快捷菜单

在“数据表”视图中，通过右击行标记或列标记，在弹出的快捷菜单中也可精确调整数据表行高和列宽。

提示：

（1）调整行高将改变所有行的高度，而调整列宽通常只改变单列的宽度。

（2）将光标置于数据表两列之间，当光标形状变成双向箭头时，双击可自动调整左边列为最佳匹配的宽度。

二、设置文本格式

Access 2016中记录默认使用“宋体、11号”文本格式，用户可以根据需要改变字体和字号。例如，将“学生”表中记录的文本格式设置“微软雅黑、12号”，操作结果如图2.27所示。

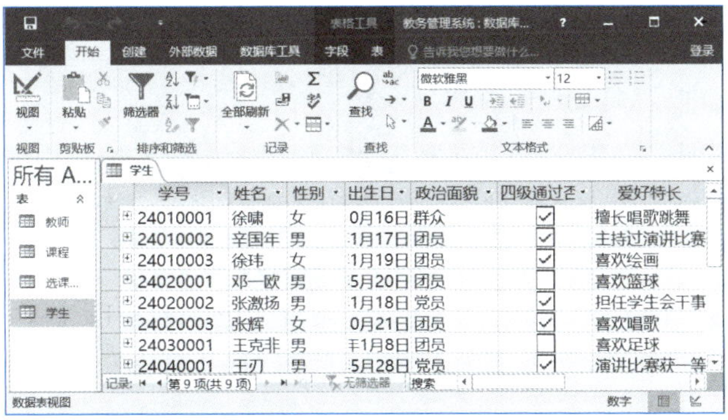

图 2.27 设置文本格式

三、使用排序

用户可以根据需要，将数据表中的数据按照某字段从大到小或者从低到高的顺序排列。例如，为了便于了解成绩状况，可以将“教务管理系统”数据库中的“选课成绩”表按照“成绩”从低到高进行排列，如图2.28所示。

1. 操作方法

（1）打开“选课成绩”数据表，并选中“成绩”一列。

（2）在“开始”选项卡“排序和筛选”组中单击“升序”按钮。

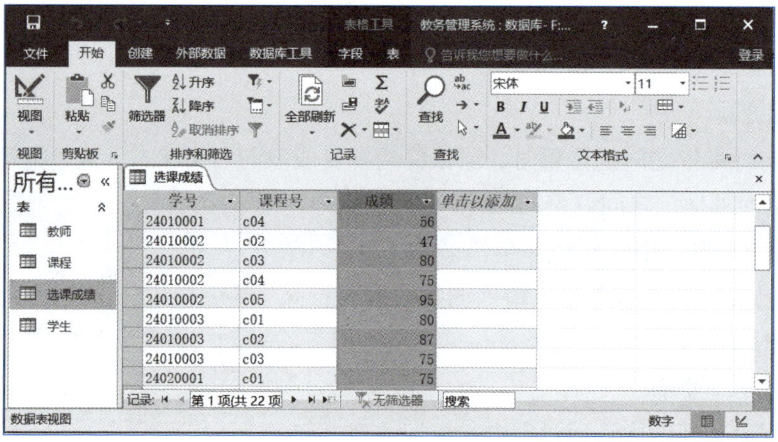

图 2.28 数据表排序

注意：

① 如果需要从高到低排序，则在“排序和筛选”组中单击“降序”按钮。

② 如果需要取消排序，则在“排序和筛选”组中单击“取消排序”按钮。

③ 排序还可以通过单击列标题的下拉菜单或快捷菜单来完成。

2. 排序规则

（1）英文按首字母顺序排序，大、小写视为相同，升序时按A～Z排序，降序时按Z～A排序。

（2）中文按汉语拼音首字母的顺序排序，升序时按A～Z排序，降序时按Z～A排序。

（3）数字按数值大小排序，升序时从小到大排序，降序时从大到小排序。

（4）日期和时间按先后顺序排序，升序时按从前到后的顺序排序，降序时按从后向前的顺序排序。

3. 排序注意事项

（1）按升序排序时，如果字段的值为空值，则包含空值的记录排列在记录最前面。

（2）若按多个字段排序，首先按第一个字段排序，当该字段具有相同值时，再按下一个字段排序，以此类推，直到按全部指定的字段排好序为止。

（3）数据类型为“长文本”“超链接”或“附件”的字段不能排序。

（4）在保存数据表时，Access 2016将保存排序次序，并在重新打开该表时，自动重新应用排序。

四、使用筛选

筛选是将符合用户指定条件的数据记录显示出来，而把其他记录隐藏起来。

1．使用公用筛选器

例如，在“教务管理系统”数据库的“选课成绩”数据表中，要筛选出“课程号”为“c01”和“c02”的记录，结果如图2.29所示。

图 2.29　“课程号”为“c01”和“c02”的记录

操作方法：

（1）打开数据表“选课成绩”表，并选中“课程号”一列。

（2）在字段标题中单击下拉按钮。

（3）在“筛选器”对话框中勾选要进行筛选的值。

（4）单击“确定”按钮。

注意：

① 筛选只改变视图中显示的数据，并不改变数据表中的原始数据。

② 应用筛选后，将鼠标悬停于列标题的筛选标记之上可以显示关于当前筛选条件的提示，如图2.30所示。

③ 若对已经筛选过的字段应用筛选，则在应用新筛选之前，移除上一个筛选。

④ 若要筛选某一范围内的值，则需要使用“文本筛选器”菜单列表命令，如图2.31所示。“文本筛选器”菜单列表命令取决于所选字段的数据类型和值。

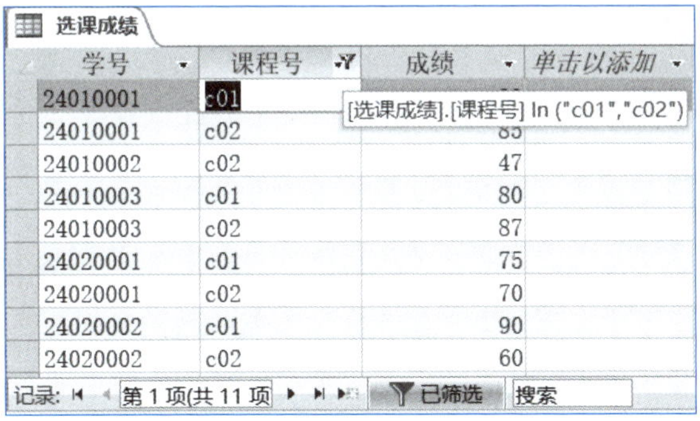

图 2.30　筛选条件提示

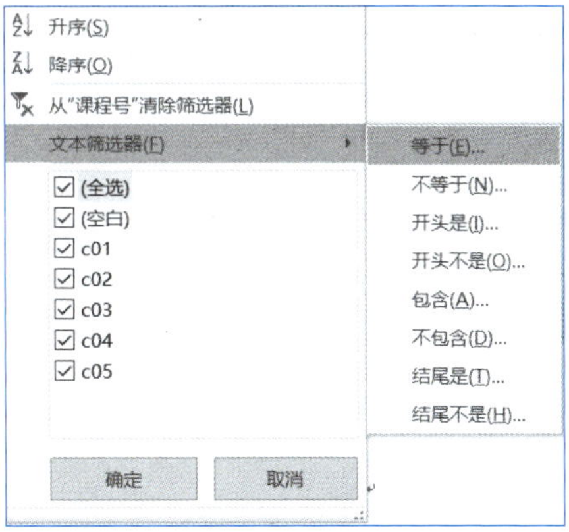

图 2.31　“文本筛选器”菜单列表

2．基于选定内容的筛选

如果在数据表中已经选择了要作为筛选依据的值，可以通过“选择”命令来进行快速筛选。例如，在“教务管理系统”数据库的“选课成绩”数据表中，要筛选出“课程号”为“c01”的记录，此时，可使用“选择”命令来筛选“课程号”为“c01”的记录，如图2.32所示。

操作方法：

（1）单击选择要筛选的课程号“c01”。

（2）在“开始”选项卡“排序和筛选”组中单击“选择”下拉按钮，选择“ 等于‘c01’(E)”选项。

3. 按窗体筛选

如果想要对数据表中的若干字段进行筛选，或者要查找特定记录，可以通过“按窗体筛选”来完成。

例如，在“教务管理系统”数据库的“选课成绩”数据表中，要筛选出“学号”为“24010001”并且“课程号”为“c01”或者“c02”的记录。

操作方法：

（1）在“开始”选项卡“排序和筛选”组中单击“高级”下拉按钮。

（2）在下拉菜单中单击“按窗体筛选”按钮。

（3）输入第一组筛选条件。

（4）选择“或”选项卡，输入第二组筛选条件，如图2.33所示。

（5）单击“切换筛选”按钮得到筛选结果。

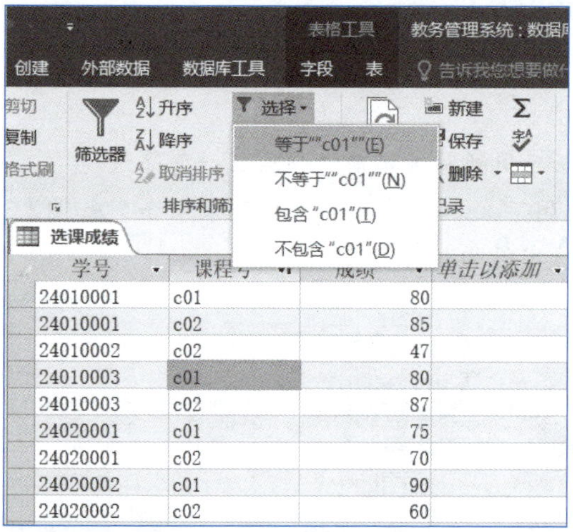

图 2.32 基于选定内容的筛选

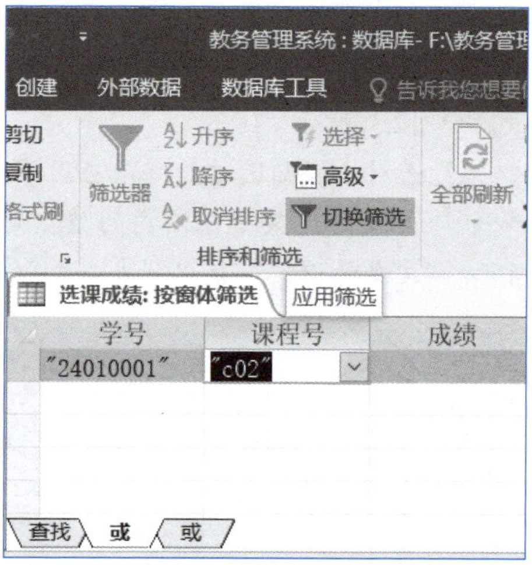

图 2.33 按窗体筛选

注意：

使用“按窗体筛选”时，“长文本”“超链接”“是/否”“OLE对象”数据类型字段的值不能作为筛选条件。

4. 高级筛选/排序

高级筛选是最灵活的一种筛选工具，用户需要编写自定义筛选条件。例如，在“教务管理系统”数据库中的“选课成绩”数据表中，要筛选出“成绩”为85分以上的“课程号”为“c01”的记录，并将“成绩”降序排序。

操作方法：

（1）在“开始”选项卡“排序和筛选”组中单击“高级”下拉按钮。

（2）在下拉菜单中单击“高级筛选/排序”命令。

（3）输入第一组筛选条件。

（4）输入第二组筛选条件，如图2.34所示。

（5）单击“切换筛选”按钮，得到筛选结果，如图2.35所示。

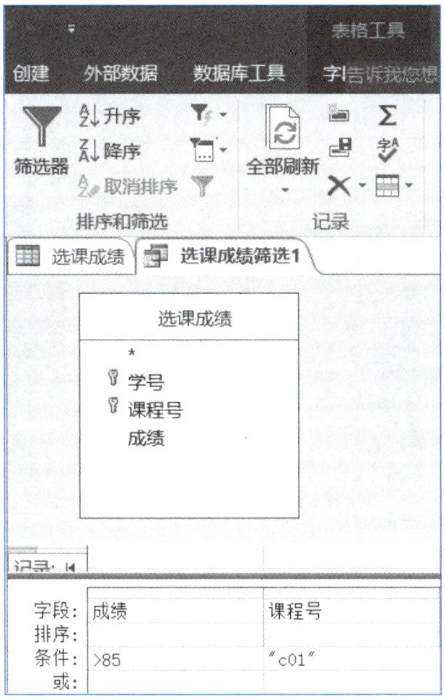

图 2.34　高级筛选 / 排序

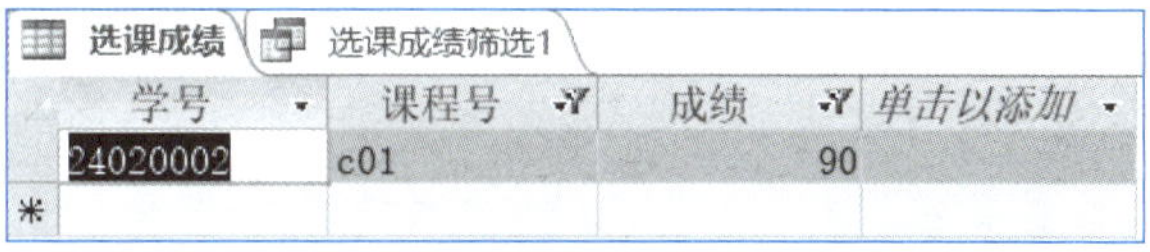

图 2.35　“高级筛选 / 排序”后的结果

5. 移除或重新应用筛选器

如果要切换到数据表的未筛选视图，则单击记录导航器栏上的“已筛选”按钮删除筛选器，还原为完整视图。当删除当前筛选器时，会从视图中的所有字段临时删除筛选器，如果要重新应用最近保存的筛选器，则单击记录导航器栏上的“未筛选”按钮。

6. 清除筛选器

如果不需要筛选器时，用户可以将筛选器清除。如果要从单个字段中清除筛选器，则单击已筛选列中列标题上的“筛选标记”，在下拉菜单中选择“从‘…字段’清除筛选器”命令。

如果要从数据表的所有字段中清除所有筛选器，则在“开始”选项卡“排序和筛选”组中单击“高级”下拉按钮，在下拉菜单中单击“清除所有筛选器”按钮。

7. 保存筛选器

如果希望下次打开数据表时能够使用已经设置的筛选器，则在关闭数据表时要保存筛选器。

五、隐藏字段和冻结字段

1. 显示或隐藏字段

如果数据表中的字段有很多，在数据表视图中就只能通过滚动才能浏览所有的字段。如果字段暂时不需要使用，可以将其隐藏。例如，要将“学生”表中的“出生日期”字段隐藏，只需右击“出生日期”字段，在弹出的快捷菜单中选择“隐藏字段”命令，如图2.36所示。

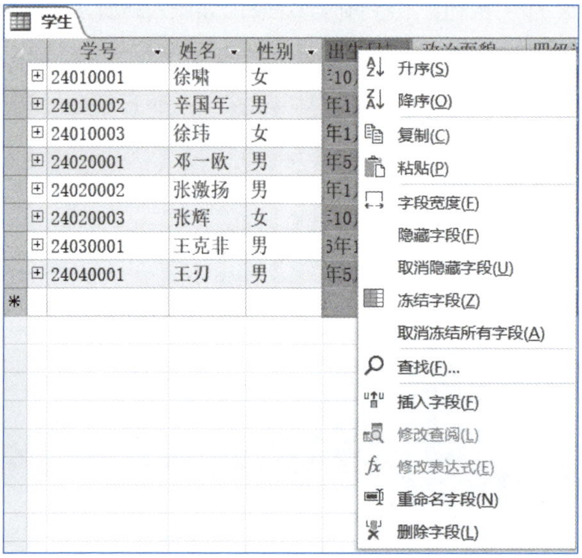

图 2.36　隐藏字段

注意：

如果要隐藏多个相邻的字段，可以按住【Shit】键来选择多个字段；如果要隐藏不相邻的字段，可以按住【Ctrl】键分别选择相应的字段进行隐藏。被隐藏的字段并没有被删除，只是暂时不显示，可根据需要取消隐藏字段。

操作方法：

（1）右击数据表任意字段标题。

（2）在弹出的快捷菜单中选择“取消隐藏字段”命令。

（3）在“取消隐藏列”对话框中勾选要显示的列。

（4）单击“关闭”按钮。

2. 冻结或解冻字段

此外，在左右滚动时，如果想将一些重要的字段始终固定在左侧，以方便识别记录，可以冻结一列或多列。例如，要将“学生”表中的“学号”和“姓名”两个字段冻结。操作方法：

（1）选中“学号”和“姓名”两列并右击。

（2）在快捷菜单中选择“冻结字段”命令，如图2.36所示。

字段被冻结后，在快捷菜单中选择“取消冻结所有字段”命令，即可取消对字段的冻结。任何冻结字段都将被移动到非冻结字段的左侧，取消冻结字段后，要使各字段回到原来的位置，还需要将它们拖动到所需的位置。

3. 显示字段汇总

在使用数据表时，有时需要对某些字段进行汇总，以方便计算合计、平均值等，这时，可以使用Access 2016的“合计”功能。例如，要对“选课成绩”表的“成绩”字段进行合计。

操作方法：

（1）在“开始”选项卡“记录”组中单击“合计”按钮。

（2）在“成绩”字段的新行下拉菜单中选择“合计”命令，如图2.37所示。

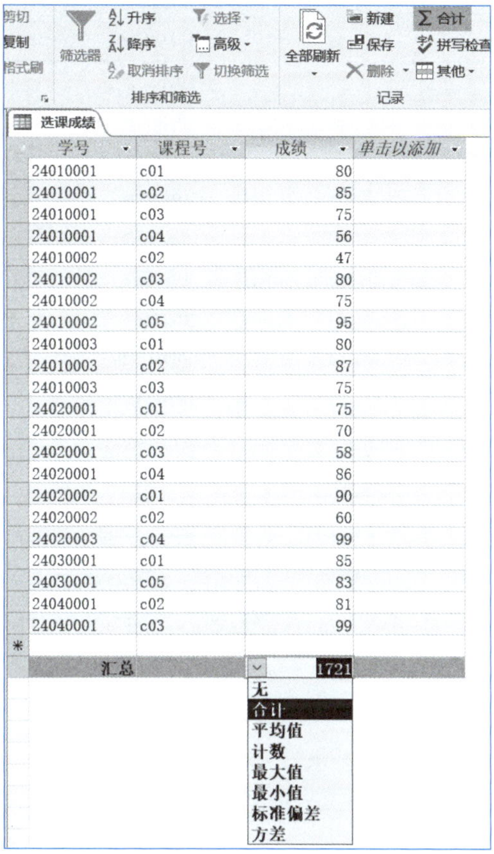

图 2.37　显示字段汇总

动手实践

有一个Sample1.accdb数据库，包含“教师”表和“教研室”表，见表2-12和表2-13。请按以下要求完成相关操作：

（1）在“教师”表中，设置字体为“隶书”，字号为14，行高为20；将“教工号”字段的大小修改为5；在“性别”和“出生日期”字段之间添加一个“是否党员”字段，数据类型为“是/否”。

（2）在“教师”表中，设置“姓名”字段为必须，并且不允许空字符串；设置“性别”字段的默认值为“女”，有效性规则为：“男”或“女”，有效性文本：请重新输入性别。

（3）在“教研室”表中，将“编号”字段设置为主键，名称修改为“教研室编号”。

（4）将“教研室”表导出到考生文件夹中，并命名为“教研室.txt”。

（5）通过相关字段建立“教师”表和“教研室”表之间的关系，同时实施参照完整性。

表 2-12 “教师”表

教工号	姓名	性别	出生日期	研究方向	教研室编号
08001	张文轩	男	1976/1/31	数据库	01
08002	李雨	男	1980/1/25	网络安全	02
08004	宁心雨	女	1981/2/5	数据库	02
08005	黄江河	男	1969/1/29	基础数学	03
08006	王帆	女	1978/1/27	概率统计	03
08008	张玉文	女	1969/2/13	数字签名	01
08009	张的雲	女	1992/10/2	数论	03
08010	乔树英	女	1982/2/3	图像处理	01
08011	陈德才	男	1989/11/21	数据挖掘	01
08012	徐洪旗	男	1988/2/8	拓扑学	03
08013	徐开国	男	1993/4/5	软件工程	02
08014	段永法	男	1989/12/24	信息安全	01
08015	张长德	男	1976/9/25	代数	03
08016	史成桂	男	1983/2/5	软件工程	02
08017	陈凤英	女	1987/3/28	大数据	01
08018	陈德珍	女	1988/8/18	物联网	02

表 2-13 “教研室”表

编号	名称	办公室	主任
01	软件	A302	张文轩
02	网络	A303	李雨
03	数学	A502	黄江河

润物无声

工匠准则：敬业

数据表的维护工作存在于数据表的整个生命周期，不断地进行重复性的维护工作是保持数据表完整的基础。这便要求我们具备“敬业”的工匠精神，在重复工作中不断提升探究问题、解决问题的能力。从平凡到优秀再到卓越，需要的只是坚持做好一件事。下面要介绍的人物是我国计算机普及和高校计算机基础教育的开拓者之一：谭浩强。

谭浩强被誉为“20世纪中国计算机普及永远绕不开的一面旗帜”。他所编写的《C语言程序设计》从1991年出版第一版，到2017年出版第五版，他在近30年的时间里不断改进、不断完善，把教材写成精品，成就了无数的学子。是什么让他开创了计算机书籍贴近大众的新风，把千百万群众带入计算机的大门？这应归功于他的敬业精神和创新精神。他不仅始终坚持全身心投入，精益求精，而且在内容安排、选取和表达等方面都有创新。2000年1月被《计算机世界》报组织的“世纪评选”评为我国“20世纪最有影响的十个IT人物”之一。

知识巩固

选择题

1. 关于改变数据表的外观，说法错误的是（　　）。

A. 隐藏的列将被删除　　B. 表的每一行的行高都相同

C. 表的每一列的列宽可以不同　　D. 冻结后的列将被固定在表的最左侧

2. 数据表中有“姓名”字段，若要将该字段固定在该表的最左方，应使用（　　）功能。

A. 移动　　B. 冻结　　C. 隐藏　　D. 复制

3. 在Access 2016中，如果不想显示数据表中的某些字段，可以使用（　　）功能。

A. 隐藏　　B. 删除　　C. 冻结　　D. 筛选

4. 在Access 2016 中对记录进行排序，（　　）排序。

A. 只能按1个字段　　B. 只能按2个字段

C. 只能按主关键字段　　D. 可以按多个字段

5. 要对数据表进行排序，（　　）。

A. 可以不选择字段　　B. 可选择不连续的字段

C. 可选择几个连续的字段　　D. 必须选择字段全部

6. 将文本字符串"25""15""66"8 按升序排序，排序结果是（　　）。

A. "8 " "15 " "25 " "66"　　B. "66""25""15 ""8"

C. "15" "25 " "66""g"　　D. 以上都不对

7. 不能进行排序的字段数据类型是（　　）。

A. 短文本　　B. OIE对象　　C. 数字　　D. 货币

8. 不属于数字筛选器的是（　　）。

A. 等于　　B. 大于　　C. 小于　　D. 最大值

9. 不属于筛选记录方法的是（　　）。

A. 按选定内容筛选　　B. 按窗体筛选

C. 按关键字段筛选　　D. 高级筛选

10. 如果要指定多个筛选条件进行筛选，则使用（　　）。

A. 按窗体筛选　　B. 按选定内容筛选　　C. 查找替换　　D. 以上都行

11. 在Access 2016 中，对数据表进行“筛选”操作的结果是（　　）。

A. 从数据中挑选出满足条件的记录

B. 从数据中挑选出满足条件的记录并生成一个新表

C. 从数据中挑选出满足条件的记录并输出到一个报表中

D. 从数据中挑选出满足条件的记录并输出到一个窗体中

项目小结

表是Access 2016数据库中最重要的数据库对象，存储着各种数据，是其他数据库对象操作的基础。表由表结构和表数据组成，本项目从围绕表结构创建、维护和表结构操作等内容展开。具体包含深入认识Access 2016表对象、创建/维护表的方法、表的字段属性设置、表数据操作以及索引、表间关系、表数据的导入导出和数据表的格式化操作。

项目三 查询的创建与使用

查询是Access 2016的一个重要的数据库对象。利用查询可以从表中按照一定的条件取出特定的数据，在取出数据的同时可以对数据进行统计、分析和计算，还可以根据需要对数据进行排序并显示出来。查询的结果可以作为窗体、报表等其他数据库对象的数据来源，也可以通过查询向多个表中添加和编辑数据。

项目内容

- 任务一　选择查询
- 任务二　参数查询和交叉表查询
- 任务三　操作查询
- 任务四　SQL查询

项目目标

知识目标：了解查询的功能和分类，SQL命令语法结构；理解交叉表查询，SQL命令的作用；掌握查询的视图和条件，查询设计器的使用方法，各类查询的创建与使用。

能力目标：培养数据管理和分析能力。

素养目标：培养严谨、精诚合作、精益求精、潜心钻研的工匠精神。

任务一　选择查询

在教务管理系统中，教师、教务管理员和学生都可以根据自己的需求查找相应的学生信息和成绩，这个功能的实现是通过查询完成的。在Access 2016中，查询分为选择查询、参数查询、交叉表查询、操作查询和SQL查询等。下面将完成“教务管理系统”数据库的数据查询。

任务情境

老贺：咱们的数据库基本完工了，就像仓库里已经按规则摆好了货物，现在有人想从仓库里拿东西，那怎么把它拿出来？

小李：按照他的要求条件找就好了。先找到对应的货架，然后从货架上找符合条件的货物。就像您之前说的仓库，想拿酱油就去调料的货架上找就行。

老贺：你说得太对了，其实对应到数据库，也是同样的道理，比如有人想从学校的教务平台上搜索出生日期在2005年1月1日以前的女生信息时，咱们后台就根据他的条件，在数据库的学生表里给他查找，然后把数据拿出来展示。这是所谓的选择查询。

小李：选择查询比较简单，我应该没问题的，而且我会多种选择查询方式呢。

任务描述

利用查询设计视图，从“教务管理系统”数据库的“学生”表中查询出所有女生的学号、姓名和出生日期。

知识链接

一、查询的基本概念

查询是Access 2016中非常重要的对象之一，查询就是找数据。即查询是根据一定的条件，从一个或多个表中提取数据并进行加工处理，返回一个新的数据集合。查询是关系数据库中的一个重要概念，利用查询可以让用户根据选择条件对数据库进行检索，筛选出一组满足指定条件的记录，从而构成一个新的数据集合，以方便用户对数据库进行查看和分析。查询的结果总是与数据源中的数据保持同步，是依据数据源中最新的数据提供查询结果，查询结果亦可作为其他查询、窗体、报表的数据源。

1. 查询的设计方法

在Access 2016中，创建查询的方法主要有两种：查询向导和查询设计。查询向导有效地指导用户如何创建查询，在创建查询的过程中只需要按照步骤做出选择，并以图形的方式显示查询结果。查询设计视图分为上下两部分，功能也更为丰富，上半部分显示查询的数据源及其字段列表，下半部分显示并设置查询中字段的属性；查询设计可以实现多种方式的查询，也可以修改已有的查询，还可以修改作为窗体、报表或数据访问页数据源的SQL语句。此外，在查询设计视图中所做的更改也会反映到相应的SQL语句中。

2. 查询的功能

查询可以实现以下几个主要功能：

（1）通过查询可以使用户方便的查看到自己感兴趣的数据，而将当前不需要的数据排除在外。用户可以只选择表中的部分字段或者根据指定条件查找所需的记录。

（2）使用查询时用户不但可以看到自己需要的数据，还可以对这些数据进行编辑，包括添加记录、修改记录和删除记录等。

（3）查询不仅可以找到满足条件的记录，而且还可以在建立查询的过程中进行各种统计和计算。

（4）查询的结果可以用于生成新表，也可以为窗体、报表和页等提供数据。

3. 查询的类型

在Access 2016中，根据数据源操作方式和操作结果的不同，可以创建五种类型的查询：选择查询、交叉查询、参数查询、操作查询（也称动作查询）及SQL查询。其中，选择查询是最常见的查询类型，它是按照规则从一个或多个表，或其他查询中检索数据，并按照所需的排列顺序显示出来；交叉表查询可以在一种紧凑的、类似于电子表格的格式中，显示来源于表中某个字段的合计值、计算值、平均值等；参数查询可以在执行时显示自己的对话框，提示用户输入信息。它不是一种独立的查询，只是在其他查询中设置了可变化的参数；操作查询是在一个操作中更改许多记录的查询，操作查询又可分为四种类型：删除查询、更新查询、追加查询和生成表查询；SQL查询是使用SQL语句创建的查询，经常使用的SQL查询包括联合查询、传递查询、数据定义查询和子查询等。注意，操作查询、SQL查询必须在选择查询的基础上创建。

4. 查询的准则

在实际查询中，并非只是简单的查找所需字段及记录，往往是要指定一定的条件进行查询。例如，查找平均分在80分以上的学生的信息。这就需要在设计查询的过程中定义相应的查询条件，即查询准则。查询条件通常是由运算符、常量、函数以及字段名和属性等组成的表达式。大多数情况下，查询准则就是一个关系表达式。

1）运算符

表达式中常用的运算符包括算术运算符、比较运算符、连接运算符、逻辑运算符、特殊运算符和通配符等。表3-1列出了一些常用的运算符。

表 3-1　常用运算符

类型	运算符	含义	示例	结果
算术运算符	+	加	1+3	4
	-	减，用来求两数之差或者是表达式的负值	4-1	3
	*	乘	3*4	12
	/	除	9/3	3
	^	乘方	3^2	9
	\	整除	17\4	4
	mod	取余	17 mod 4	1
比较运算符	=	等于	2=3	False
	>	大于	2>1	True
	>=	大于等于	"A">="B"	False
	<	小于	1<2	True
	<=	小于等于	6<=5	False
	<>	不等于	3<>6	True
连接运算符	&	字符串连接	"计算机"& 6	计算机 6
	+	当表达式都是字符串时，+ 与 & 相同；当表达式是数值表达式时，则为加法算术运算	"计算机"+"基础"	计算机基础
逻辑运算符	And	与	1<2 And 2>3	False
	Or	或	1<2 Or 2>3	True
	Not	非	Not 3>1	False
	Xor	异或	1<2 Xor 2>1	False

续表

类型	运 算 符	含 义	示 例	结 果
特殊运算符	Is(Not)Null	“Is Null”表示为空，“Is Not Null”表示不为空	—	—
	Like	判断字符串是否符合某一样式，若符合，其结果为 True，否则结果为 False	—	—
	Between A and B	判断表达式的值是否在指定 A 和 B 之间的范围，A 和 B 可以是数字型，日期型和文本型	—	—
	In(stringl,string2,…)	确定某个字符串值是否在一组字符串值内	In（"A,B,C"）等价于 "A"Or"B"Or"C"	—
通配符	*	匹配任意数量的字符，可以在字符串中的任意位置使用星号（ * ）	wh * 将找到 what、white 和 why	—
	?	匹配任意单个字母字符	B?ll 将找到 ball 和 bull	—
	[]	匹配方括号内的任意单个字符	b[ae]ll 将找到 bill 和 bull	—
	!	匹配方括号内的字符以外的任意字符	b[!ae]ll 将找到 bill 和 bull	—
	-	匹配一定字符范围中的任意一个字符，必须按升序指定该范围（从 A 到 Z，而不是从 Z 到 A ）	b[a-c]d 将找到 bad、bbd 和 bed	—
	#	匹配任意单个数字字符	1 # 3 将找到 103、113 和 123	—

2）函数

Access 2016为用户提供了丰富的不同用途的标准函数，灵活运用这些函数不仅可以简化许多运算，而且完善了Access 2016的许多功能，帮助用户完成各种工作。表3-2列出了一些常用的函数。

表 3-2 常用函数及说明

类 型	函 数	函 数 格 式	说 明
统计函数	总计	Sum(< 字符表达式 >)	返回字符表达式中的总和。字符表达式可以是一个字段名，也可以是一个含字段名的表达式，但所含字段应该是数字数据类型的字段
	平均值	Avg(< 字符表达式 >)	返回字符表达式中的平均值。平均值表达式可以是一个字段名，也可以是一个含字段名的表达式，但所含字段应该是数字数据类型的字段
	计数	Count(< 字符表达式 >)	返回字符表达式中的个数，即统计记录个数。字符表达式可以是一个字段名，也可以是一个含字段名的表达式，但所含字段应该是数字类型的字段
	最大值	Max(< 字符表达式 >)	返回字符表达式中值的最大值。字符表达式可以是一个字段名，也可以是一个含字段名的表达式，但所含字段应该是数字数据类型的字段
	最小值	Min(< 字符表达式 >)	返回字符表达式中值的最小值。字符表达式可以是一个字段名，也可以是一个含字段名的表达式，但所含字段应该是数字数据类型的字段

续表

类　型	函　数	函数格式	说　明
数值函数	绝对值	Abs(< 数值表达式 >)	返回数值表达式的绝对值
	取整	Int(< 数值表达式 >)	返回数值表达式的整数部分值，参考为负值时返回不大于等于参数值的第一个负值
		Fix(< 数值表达式 >)	返回数值表达式的整数部分值，参考为负值时返回小于等于参数值的第一个负值
		Round(< 数值表达式 > [,< 表达式 >])	按照指定的小数位数进行四舍五入运算的结果。[< 表达式 >] 是进行四舍五入运算小数点右边保留的位数
	平方根	Sqr(< 数值表达式 >)	返回数值表达式的算术平方根
	符号	Sgn(< 数值表达式 >)	返回数值表达式的符号值。当数值表达式大于 0，返回值为 1；当数值表达式值等于 0，返回值为 0；当数值表达式值小于 0，返回值为 −1
	判断	IIF(< 条件表达式 > 语句 1, 语句 2)	当条件表达式值为真时，执行语句 1，否则执行语句 2
字符串处理函数	字符串截取	Left(< 字符表达式 >, < 数值表达式 >)	返回一个值，该值是从字符表达式左侧第 1 个字符开始截取的若干字符。其中，字符个数是数值表达式的值。当字符表达式是 null 时，返回 null 值；当字符表达式为 0 时，返回一个空串；当字符表达式大于或等于字符表达式的字符个数时，返回字符表达式
		Rright(< 字符表达式 >, < 数值表达式 >)	返回一个值，该值是从字符表达式右侧第 1 个字符开始截取的若干字符。其中，字符个数是数值表达式的值。当字符表达式是 Null 时，返回 Null 值；当字符表达式为 0 时，返回一个空串；当字符表达式大于或等于字符表达式的字符个数时，返回字符表达式
		Mid(< 字符表达式 >, < 数值表达式 1>[,< 数值表达式 2>])	返回一个值，该值是从字符表达式最左端某个字符开始截取的若干个字符。其中，字符表达式 1 的值是开始的字符位置，数值表达式 2 是终止的字符位置。数值表达式 2 可以忽略，若忽略了数值表达式 2，则返回的值是从字符表达式最左端某个字符开始，截取到最后一个字符为止的若干字符
	删除空格	Ltrim(< 字符表达式 >)	返回去掉字符表达式开始空格的字符串
		Rtrim(< 字符表达式 >)	返回去掉字符表达式尾部空格的字符串
		Ttrim(< 字符表达式 >)	返回去掉字符表达式开始和尾部空格的字符串
日期函数	年份	Year(< 日期表达式 >)	返回日期表达式年份的整数
	小时	Hour(< 时间表达式 >)	返回时间表达式的小时数（0 ~ 23）
	日期	Date()	返回当前系统日期
	时间	Time()	返回当前系统时间
转换函数	字母	Ucase(< 字符表达式 >)	将字符表达式中小写字母转换成大写字母
		Lcase(< 字符表达式 >)	将字符表达式中大写字母转换成小写字母
	数值	STR(< 数值表达式 >)	将 < 数值表达式 > 的值转换为字符型的字符串
	字符	VAL(< 字符串表达式 >)	将 < 字符表达式 > 转换为数值型数据
	ASCII 掩码	Asc(< 字符串表达式 >)	将 < 字符表达式 > 中的第一个字符转换为 ASCII 码值
		Chr $(< 数值表达式 >)	将 < 数值表达式 > 中的 ASCII 码值转换为对应的字符

3）查询条件示例

查询条件是一个表达式，Access 2016将它与查询字段值进行比较以确定是否含有每个值的记录。查询条件可以是精确查询，也可以是利用通配符的模糊查询。表3-3列出了一些常用的查询条件示例。

表 3-3　查询条件示例

查询条件类型	字　段　名	条　　件	功　　能
数值	金额	<1000	查询金额小于 1 000 的记录
		Between 1000 And 5000	查询金额在 1 000 ～ 5 000 的记录
		>1000 And <5000	
文本	姓名	" 李平 "or" 王新 "	查询姓名为“李平”或“王新”的记录
		In(" 李平 "，" 王新 ")	
		Left([姓名]，1)=" 李 "	查询姓“李”的记录
		Like" 李 *"	
		Len([姓名])<=2	查询姓名为两个字的记录
		Not" 李平 "	查询姓名不是“李平”的记录
	职称	" 教授 "	查询职称为“教授”的记录
		" 教授 "or" 副教授 "	查询职称为“教授”或“副教授”的记录
		Right([职称]，2)=" 教授 "	
	班级	Left([学号]，6)	查询学号前 6 位作为班级号的记录
日期	工作时间	Between#1990-1-1# And #1990-12-31#	查询 1990 年参加工作的记录
		Year([工作时间])=1990	
		<Date()-10	查询 10 天前参加工作的记录
		Between Date() And Date()-30	查询 30 天之内参加工作的记录
		Year([工作时间])=1990 And Month([工作时间])=4	查询 1990 年 4 月参加工作的记录
	出生日期	Year([出生日期])=1992	查询 1992 年出生的记录
字段的部分值	姓名	Not" 李 *"	查询不姓“李”的记录
	课程名称	Left([姓名]，1)<>" 李 "	
		Like"* 计算机 *"	查询课程名称中包含“计算机”的记录
		Like" 计算机 "	查询课程名称以“计算机”开头的记录
		Left([课程名称]，3)=" 计算机 "	

5. 查询视图

查询视图主要用于设计、修改查询或按不同方式查看查询结果，在Access 2016中提供了三种视图方式，分别是设计视图、数据表视图和SQL视图，下面主要对前三种视图做详细介绍。三种视图切换可从功能区切换也可从查询的状态栏右下角切换，如图3.1所示。

1）设计视图

查询的设计视图可用来创建和修改查询，利用它可以实现多种结构复杂、功能完善的查询。查询的设计视图由上、下两个窗格构成，即表/查询显示窗格和查询设计网格（也称为QBE网格），如图3.2所示。

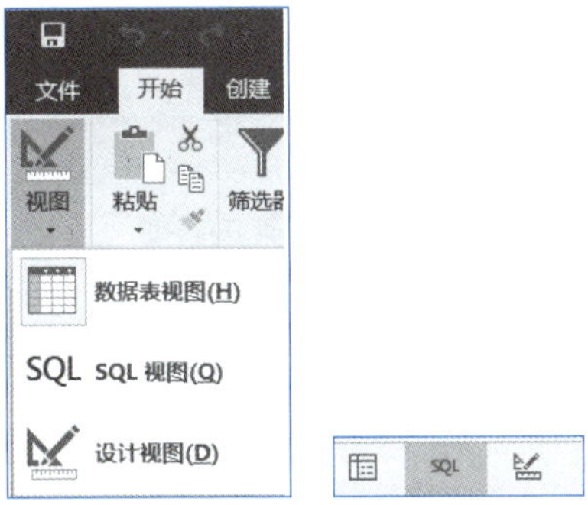

图 3.1　三种视图

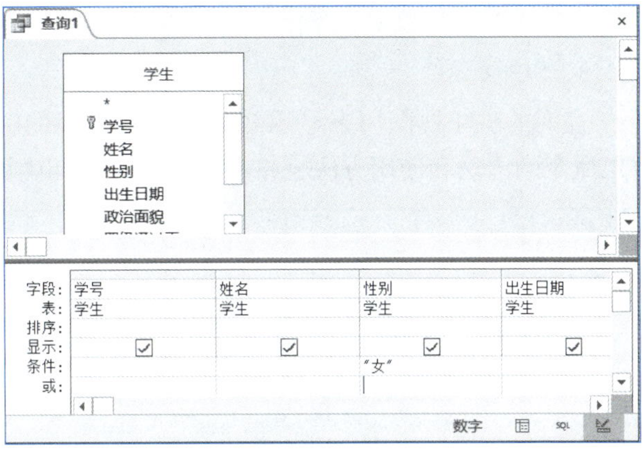

图 3.2　设计视图

（1）表/查询显示窗格。

表/查询显示窗格中显示的是当前查询所包含的数据源（包括表和查询）以及表之间的关系。我们可以在“显示表”对话框中选择所需的数据源，如图3.3所示。

图 3.3　“显示表”对话框

（2）查询设计网格。

查询设计网格是用来显示查询字段、查询准则等信息，其中每一行都包含查询字段的相关信息，列是查询的字段列表。关于设计网格中行的具体功能说明如下：

- 字段：可以在此次输入或从下拉框中选择字段名，也可以在显示表中双击要显示的字段名，还可以单击右键，在弹出的快捷菜单中选择“生成器”命令来生成表达式。
- 表：字段所在的表或查询的名称。
- 排序：查询字段的排序方式，包括升序、降序、不排序三种方式，默认空白为不排序。
- 显示：利用复选框确定该字段是否在查询结果中显示。
- 条件：输入查询准则，也可以右击，在弹出的快捷菜单中选择“生成器”命令来生成表达式。
- 或：用于多个值的查询准则的输入，与条件行是“或”的关系。

2）数据表视图

数据表视图是以行和列的格式显示查询结果数据记录的窗口，是一个查询完成后查询结果的显示方式，如图3.4所示。在这个视图中，可以进行字段编辑、数据添加、删除、查找等操作，也可以设置行高、列宽及单元格风格，同时还可以对查询进行排序、筛选等。

具体的操作方法和数据表操作一样。

3）SQL视图

查询的SQL视图用来显示或编辑打开查询的SQL视图窗口，如图3.5所示。关于其中SQL命令的语法和使用方法，将在本项目任务四中详细介绍。

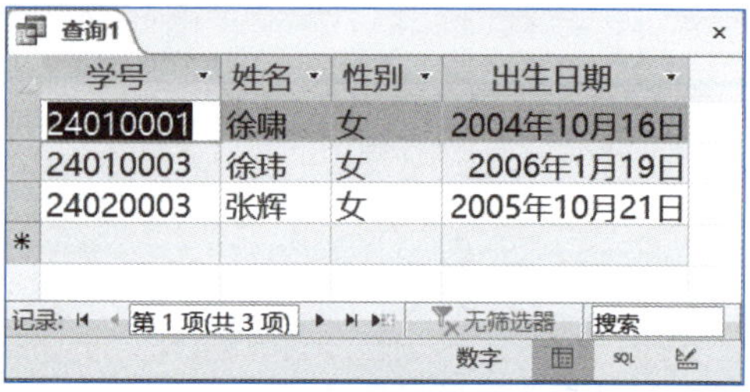

图 3.4 数据表视图

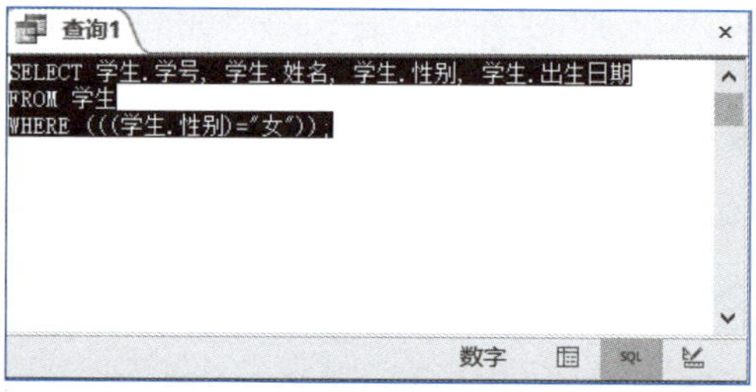

图 3.5 SQL 视图

二、创建选择查询

创建查询首先要有数据源，可以是一个表或一个查询，也可以是多个表或多个查询。选择查询的创建可通过查询设计器或者查询向导实现。

1. 使用向导创建查询

使用查询向导创建选择查询，就是通过Access 2016系统提供的查询向导的引导，完成创建查询的整个过程。在Access 2016中，提供四种向导查询的设计器，分别是“简单查询向导”“交叉表查询向导”“查找重复项查询向导”“查找不匹配项查询向导”，它们创建查询的方法基本相同，用户根据自身需求进行选择即可。

一般操作步骤如下：

（1）打开数据库文件。

（2）在数据库窗口中，选择“创建”选项卡。

（3）在“查询”组中，单击“查询向导”按钮，进入“新建查询”对话框。

（4）选择“简单查询向导”选项。

（5）在向导对话框中选择查询数据源及相应的选项，确定查询名称。

（6）保存查询，结束查询的创建。

例3.1 使用“简单查询向导”，将数据库“教务管理系统”中的表“学生”“选课成绩”表作为数据来源，创建“学生成绩信息”查询。

操作步骤如下：

（1）打开数据库文件“教务管理系统”。

（2）在“教务管理系统”数据库窗口中，选择“创建”选项卡。

（3）在“查询”组中，单击“查询向导”按钮，进入“新建查询”对话框，如图3.6所示。

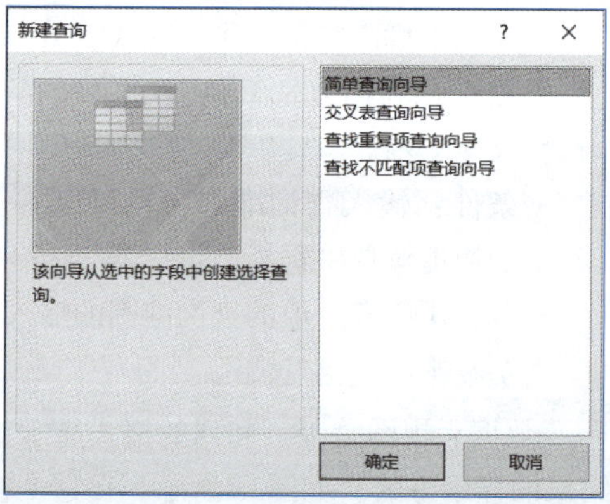

图 3.6 “新建查询”对话框

（4）选择“简单查询向导”选项，单击“确定”按钮，进入“简单查询向导”对话框。

（5）在“简单查询向导”对话框中，选择数据源表“学生”，在“可用字段”列表框中选择“学号”和“姓名”，添加到“选定字段”列表框中，如图3.7所示。

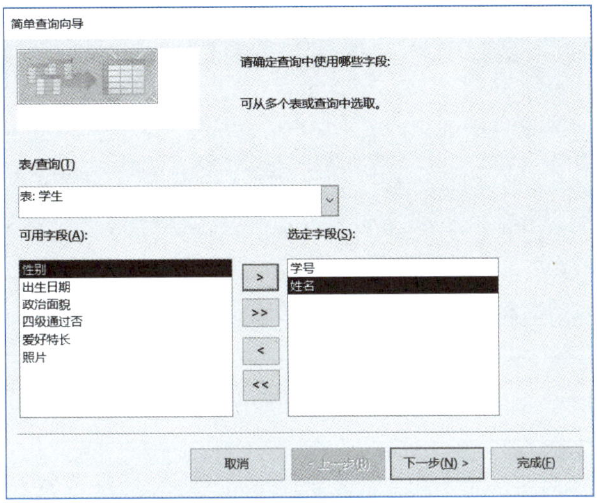

图 3.7　添加“学生”表可用字段

（6）在该对话框选择数据源表“选课成绩”，在“可用字段”列表框中选择“课程号”和“成绩”字段，添加到“选定字段”列表框中，结果如图3.8所示。

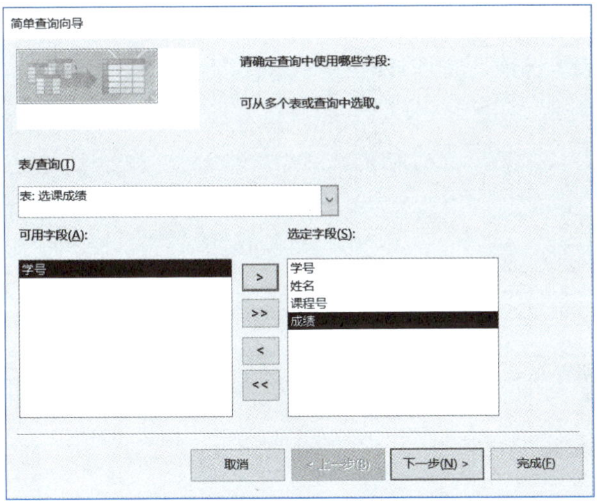

图 3.8　添加“成绩”表可用字段

（7）单击“下一步”按钮，进入图3.9所示的对话框，确定查询采用明细查询还是汇总查询，当前选择默认的明细查询方式。

（8）单击“下一步”按钮，进入图3.10所示的对话框，请为查询指定标题，即查询对象名称，当前指定为“学生成绩信息”，其他选项默认。

（9）单击“完成”按钮，结束查询的创建，结果如图3.11所示。从查询结果可以看到每个学生的学号、姓名、课程号及成绩的信息。

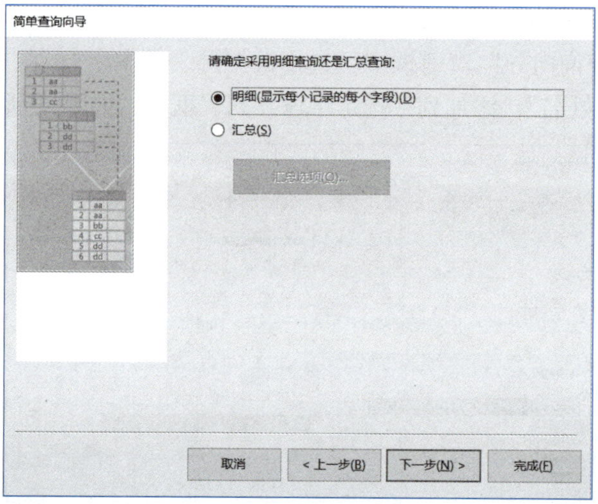

图 3.9　确定查询方式

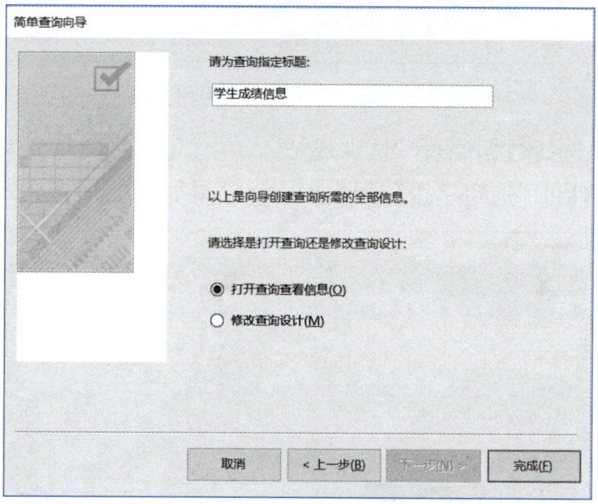

图 3.10　指定查询标题

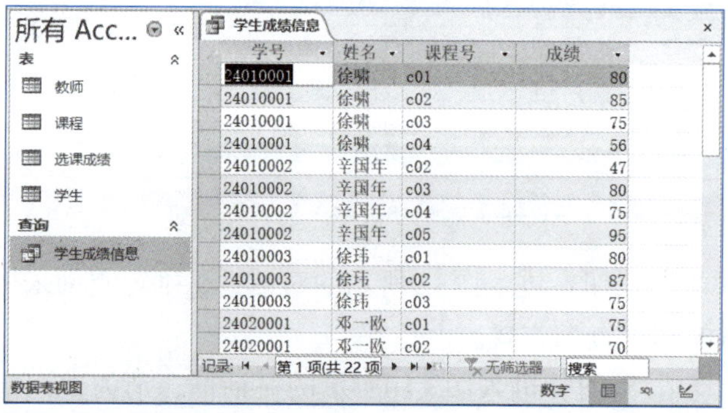

图 3.11　“学生成绩信息”查询

2. 使用查询设计器创建查询

使用查询设计器创建查询，完全由用户自主设计查询，不受Access 2016系统的约束，比使用查询向导创建查询更加灵活。使用查询设计器创建查询可以是简单的选择查询，也可以是复杂的选择查询。

一般操作步骤如下：

（1）打开数据库文件。

（2）在数据库窗口中，选择“创建”选项卡。

（3）在“查询”组中，选择“查询设计”按钮，打开查询设计器窗口，并弹出“显示表”对话框。

（4）在“显示表”对话框中，选择可以作为数据源的表或查询，将其添加到查询设计器窗口中。

（5）在“查询设计”窗口中，完成“字段”“表”“排序”“显示”“条件”等的设置。

（6）运行并保存查询，结束查询的创建。

例3.2 使用“查询设计器”，将数据库“教务管理系统”中的“学生”表作为数据源，创建查询“学生爱好特长”，显示“学号”“姓名”“爱好特长”三个字段，并按姓名升序排序。

操作步骤如下：

（1）打开数据库文件“教务管理系统”。

（2）在“教务管理系统”数据库窗口中，选择“创建”选项卡。

（3）在“查询”组中，选择“查询设计”按钮，打开查询设计器窗口，并弹出“显示表”对话框，如图3.12所示。

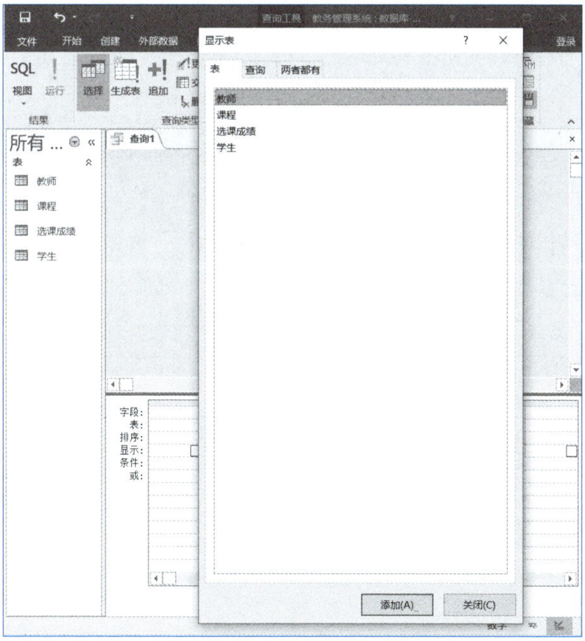

图 3.12　“显示表”对话框

（4）在“显示表”对话框中，选择可作为数据源的“学生”表，将其添加到查询设计器窗口，如图3.13所示。

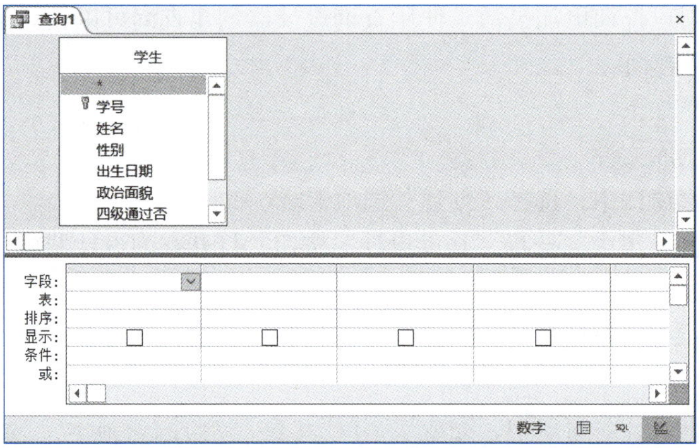

图 3.13 查询设计器窗口

（5）选择所需字段，单击“字段”列表下拉按钮，或双击数据源中显示的字段，或拖动字段到字段设计网格内，如图3.14所示。

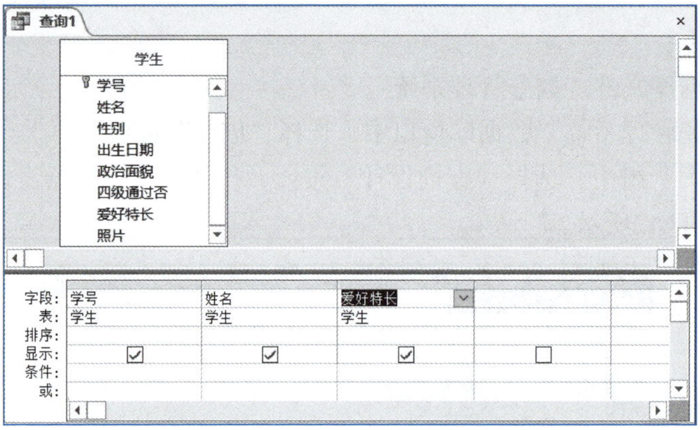

图 3.14 选择所需字段

（6）在“字段设计网格”列表框中“排序”单击“姓名”字段，打开下拉列表选择“升序”，如图3.15所示。

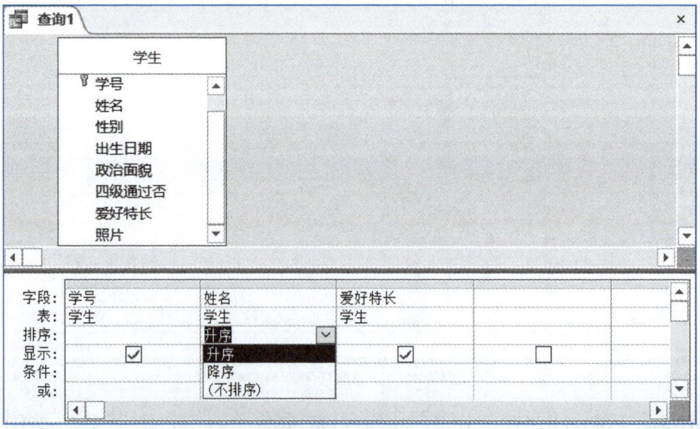

图 3.15 设置排序

（7）单击窗口左上角的“保存”按钮，弹出“另存为”对话框，如图3.16所示，输入查询名称“学生爱好特长”，单击“确定”按钮结束查询的创建，结果如图3.17所示。

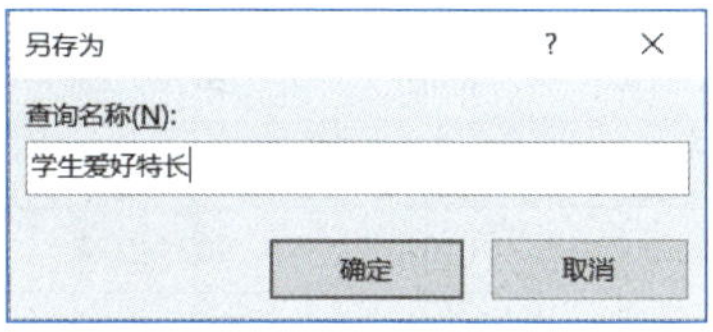

图 3.16 保存查询

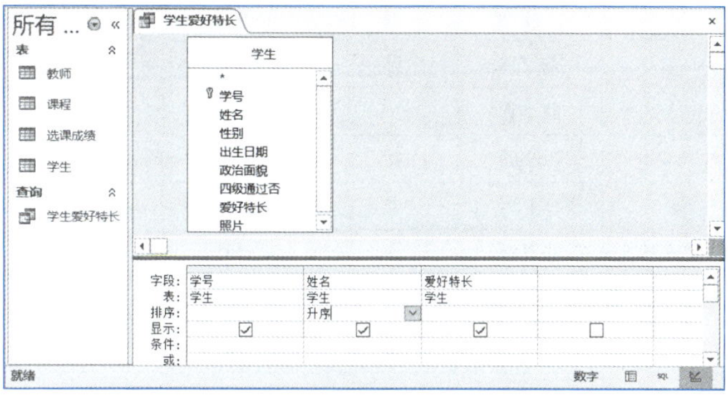

图 3.17 “学生爱好特长”查询

（8）单击“结果”组中的“运行”按钮或者“数据表视图”按钮，查看查询结果如图3.18所示。从查询结果可以看出，通过对字段个数的控制、输出顺序的约束，可以获得与原始数据不同的结果。

注意：查询结果以工作表的形式显示出来，虽与基本表外观相似，但它并不是一个基本表，而是符合查询条件的记录集合，是“虚表”。其内容是动态的。

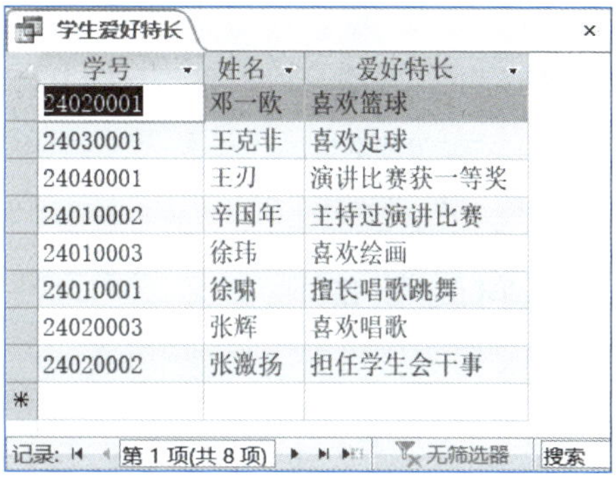
学生爱好特长

学号	姓名	爱好特长
24020001	邓一欧	喜欢篮球
24030001	王克非	喜欢足球
24040001	王刃	演讲比赛获一等奖
24010002	辛国年	主持过演讲比赛
24010003	徐玮	喜欢绘画
24010001	徐啸	擅长唱歌跳舞
24020003	张辉	喜欢唱歌
24020002	张激扬	担任学生会干事

记录: 第 1 项(共 8 项) 无筛选器 搜索

图 3.18 查询“学生爱好特长”结果

动手实践

请按以下要求完成相关操作：

（1）从“教务管理系统”数据库的“学生”表中查询出所有女生的学号、姓名和出生日期。

（2）有一个Sample2.accdb数据库，已经设计“客房信息”表、“入住登记”表，见表3-4和表3-5。

创建并运行以下查询：

创建一个名为SQ1的选择查询，查找2023年客房入住的信息，依次显示“姓名”“性别”“房号”“入住时间”四个字段，并按“入住时间”降序排序。

表 3-4 “客房信息”表

房　号	房　型	房　价	备　注
8502	单人间	¥180.00	—
8503	标准间	¥216.00	—
8601	单人间	¥180.00	—
8608	标准间	¥280.00	早餐
8801	标准间	¥260.00	—
8808	豪华套间	¥888.00	早餐

表 3-5 “入住登记”表

编　号	姓　名	性　别	身份证号	入住时间	房　号	退房时间
1	王建钢	男	340801××××××××2314	2017/12/7	8801	2017/12/9
2	刘红兵	男	231409××××××××3218	2018/11/8	8808	2018/11/11
3	赵小青	女	310908××××××××2217	2018/12/6	8502	2018/12/10
4	冯小丽	女	456005××××××××2450	2019/12/10	8801	2019/12/15
5	李亚男	男	342222××××××××0018	2019/8/15	8801	2019/8/17
6	张春雨	女	342201××××××××112X	2019/10/6	8502	2019/10/9
7	李刚	男	340802××××××××0031	2023/1/22	8503	2023/1/24
8	刘红兵	男	231409××××××××3218	2023/2/12	8503	2023/2/13
9	赵飞云	女	234501××××××××0221	2022/12/12	8503	2022/12/15
10	王建钢	男	340801××××××××2314	2021/11/12	8502	2021/11/14
11	王建钢	男	340801××××××××2314	2022/7/4	8502	2022/7/9
12	柳桃红	女	350902××××××××0031	2021/10/4	8601	2021/10/16
13	柳桃红	女	350902××××××××0031	2022/5/12	8608	2022/5/13
14	柳桃红	女	350902××××××××0031	2023/1/1	8608	2023/1/4

润物无声

工匠准则：严谨

在某一数据表中找到自己想要的信息，可以通过查询功能完成。查询精确度越高，就越能快速找到想要的数据，越能提高工作效率。今天是一个瞬息万变、信息量非常大的时代，我们只有快速而准确地查找自己想要的信息，才能高效地完成任务。巧妙而严谨的设置各种查询条件，灵活运用高效查询功能，都源于计算机软件的出现。下面介绍的人物是我国计算机科学和软件工程研究的先驱和开拓者之一：唐稚松。

唐稚松（1925—2008）先生是中国科学院院士、著名的计算机科学家、中国科学院软件研究所研究员。

唐稚松先生将时序逻辑理论与软件工程技术有机结合起来，以提高软件开发自动化的水平，从而提高其生产率。其中时序逻辑语言 XYZ/E是世界上第一个可执行的时序逻辑语言。在追求速度和效率的同时必须遵循严谨的原则，唐稚松先生就是靠着严谨的工作精神，开辟了我国软件工程领域一条康庄大道。他不断地改进技术，提高软件开发的水平，1991年当选为中国科学院院士。

知识巩固

选择题

1. Access 2016查询的结果总是与数据源中的数据保持（　　）。

   A. 不一致　　B. 同步　　C. 无关　　D. 不同步

2. 在Access 2016查询准则中，日期值要用（　　）括起来。

A. %　　B. #　　C. &　　D. $

3. Access 2016支持的查询类型有（　　）。

A. 选择查询、交叉表查询、参数查询、SQL查询和操作查询

B. 选择查询、基本查询、参数查询、SQL查询和操作查询

C. 多表查询、单表查询、参数查询、SQL查询和操作查询

D. 选择查询、汇总查询、参数查询、SQL查询和操作查询

4. 要查询2018年参加工作的员工，需在查询设计视图的“工作日期”（日期/时间类型）列的条件单元格中输入条件，错误的条件表达式是（　　）。

A. >= #2018-1-1# And <= #2018-12-31#　　B. >= #2018-1-1# And < #2018-1-1#

C. between #2018-1-1# And #2018-12-31#　　D. = 2018

5. 下列叙述错误的是（　　）。

A. 查询的种类有：选择查询、参数查询、交叉查询、操作查询和SQL查询

B. 查询不能实现计算

C. 查询是从数据表中筛选出符合条件的记录，构成一个新的数据集合

D. 可以使用函数、逻辑运算符、关系运算符创建复杂的查询

6. 在Access 2016中，根据对数据源操作方式和操作结果的不同，可以将查询分为多种类型，其中不包括（　　）。

A. 选择查询　　B. 总计查询　　C. 参数查询　　D. SQL查询

7. 若要查询某字段值为“ABC”的记录，则在查询设计器对应字段条件行中输入的表达式，错误的是（　　）。

A. "ABC"　　B. "*ABC*"　　C. ABC　　D. Like "ABC"

8. 在查询设计视图中，若要查找姓名中包含“李”字的相关人员信息，那么在设置“姓名”字段的查询条件时，最准确的表达式应该是（　　）。

A. Like "李"　　B. Like "李*"　　C. Like "*李"　　D. Like "*李*"

9. 下列关于查询对象的数据源描述正确的是（　　）。

A. 只能是一个或多个表　　B. 只能是一个或多个查询

C. 既可以是表，也可以是查询　　D. 以上说法都不对

10. 在查询中要统计记录个数，使用的函数是（　　）。

A. COUNT()　　B. SUM()　　C. MAX()　　D. AVG()

11. 在Access 2016数据库中，查询的视图方式不包括（　　）。

A. 数据表视图　　B. 设计视图　　C. SQL视图　　D. 布局视图

12. 在查询设计视图下，如果在“身高”字段的条件行中输入表达式“>180 Or <90”，那么表示的含义是（　　）。

A. 从数据源中查找身高超过180并且低于90的相关记录

B. 从数据源中查找身高超过180或者低于90的相关记录

C. 从数据源中查找身高介于180至90之间的相关记录

D. 从数据源中查找身高超过90并且小于180的相关记录

13. 如果希望从数据源中查找出工资为4 000元、职称为“讲师”并且性别为“男”的相关记录，那么在创建查询时，正确的条件表达式可以是（　　）。

A. [工资]=4000 OR [职称]="讲师" OR [性别]="男"

B. [工资]=4000 AND [职称]="讲师" OR [性别]="男"

C. [工资]=4000 AND [职称]="讲师" AND [性别]="男"

D. [工资]=4000 OR [职称]="讲师" AND [性别]="男"

14. 查询15天前的记录，可以在查询设计器对应字段的条件行中输入（　　）。

A. <Date()-15　　B. Date()-15　　C. >Date()-15　　D. <Date()

任务二　参数查询和交叉表查询

在“教务管理系统”中，主要用户有教师、学生和教务管理员等，如果教师想查询不同学生信息，或者学生想查询不同课程的信息，或者教务管理员想查询不同学生不同课程的学生成绩信息，这种按照用户需要输入查询条件信息获得相关数据是非常频繁的操作。这将要用到参数查询、交叉表查询和各种统计计算查询。

参数查询是在查询中设置了查询条件后，就能够查询出满足条件的记录。但当需要更换查询条件时，必须在查询设计视图中手工修改条件，比较麻烦。通过创建参数查询，就可以在每次执行查询时，在弹出的“输入参数值”对话框中输入不同的参数，查询出相关的记录。

交叉表查询可对数据表中的值进行汇总，并按两组分组依据进行分组，其中一组作为行标题（位于表格左侧），另外一组作为列标题（位于表格顶部）。行和列交叉处对数据进行平均、计数、求和等多种方式的计算。

任务情境

小李：贺老师，教务管理员若想找不同年份的学生信息，如何查找呢?

老贺：要满足用户不同要求来查找数据，可以采用参数查询。参数查询可以在每次执行查询时，在弹出的“输入参数值”对话框中输入不同的参数值，可查询出相关的记录。

小李：哦。如果只已知学生的出生日期，想查询年龄，如何查找呢?

老贺：这就要动点脑子了，要用到查询的计算功能，利用表达式进行计算查询。

小李：若还要查询总分、平均分、最高分和最低分，该怎么办？

老贺：这就要用到汇总统计查询了。

小李：还要在一张表上以行、列交叉显示每个学生每门课程的成绩，该如何操作？

老贺：这就要用到交叉表查询了。

小李：这么厉害，我边学边试试吧。

任务描述

在“教务管理系统”中，完成以下信息的查找：

1. 查询不同年份的学生信息；
2. 根据出生日期查询学生年龄；
3. 统计每个学生成绩的总分、平均分、最高分和最低分；
4. 以行、列交叉显示每个学生每门课程的成绩。

知识链接

一、创建参数查询

参数查询是一类特殊的互动式的选择查询。它把查询的“准则”设置成一个带有参数的“通用准则”，当运行查询时，显示参数对话框以提示用户输入查询条件中的参数值，并根据条件检索要显示的记录。由于参数的随机性，使得结果具有很大的灵活性，因此，参数查询常常作为窗体、报表的数据基础。

参数查询可通过查询设计器来创建，其操作步骤与利用查询设计器创建选择查询的基本步骤是一样的，只是在设计准则与打开查询时有些不同。

例3.3 在“教务管理系统”数据库中创建一个“学生年份查询”。输入年份后，从“学生”表中查询在某年份出生的学生信息。

操作步骤如下：

（1）打开“教务管理系统”数据库。

（2）在“创建”选项卡中，选择“查询设计”按钮，进入“显示表”对话框。

（3）在“显示表”对话框中，选择可作为数据源的“学生”表，将其添加到“查询设计器”窗口。

（4）在“字段”列表框中打开“字段”下拉框，选择所需字段，或将数据源中的显示的字段双击或拖到字段列表框内，如图3.19所示。

（5）设置参数。在查询准则第三列字段中右击选择“生成器”命令，生成表达式“表达式1: Year([学生]![出生日期])”，表达式生成器如图3.20所示。或在第三列字段中直接输入“Year([学生]![出生日期])”也可以。

（6）在设计视图第三列条件中输入“[请输入查询年份]”，设置后的参数查询准则窗口如图3.21所示。

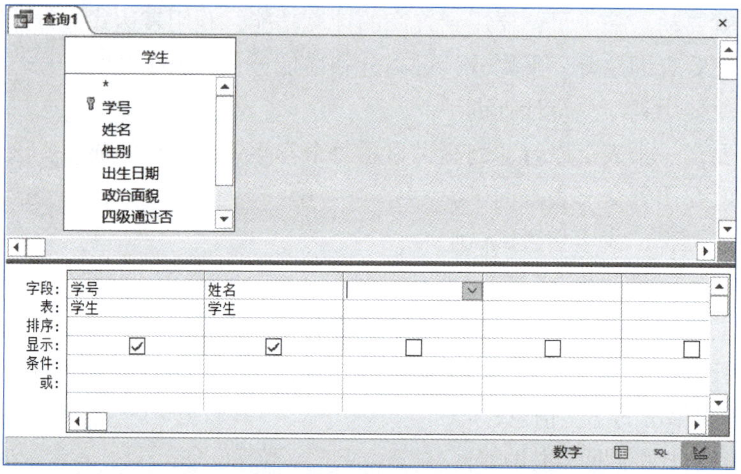

图 3.19　选择所需字段

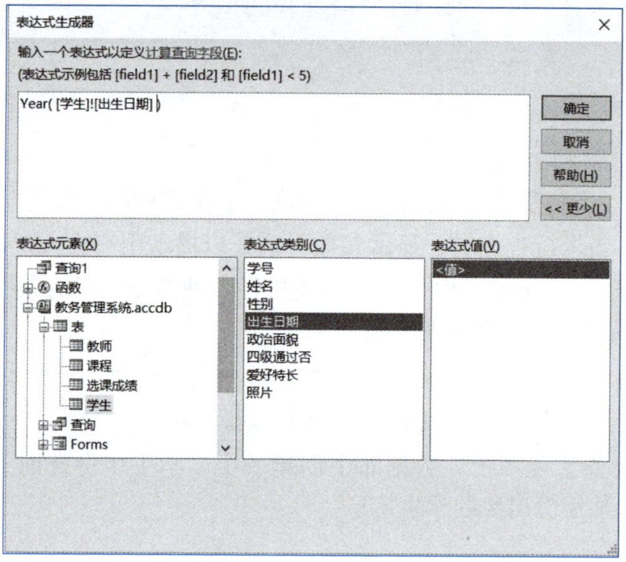

图 3.20　表达式生成器

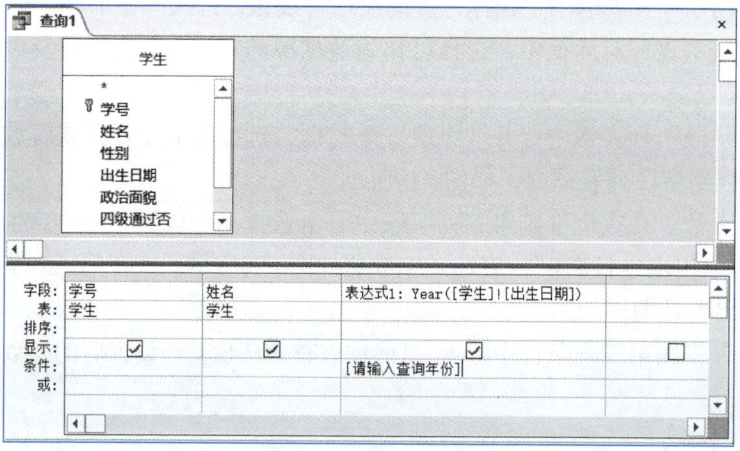

图 3.21　参数查询准则窗口

（7）单击“运行”按钮，弹出“输入参数值”对话框，如图3.22所示。在“请输入查询年份”文本框中输入2005，单击“确定”按钮，显示图3.23所示的查询结果。

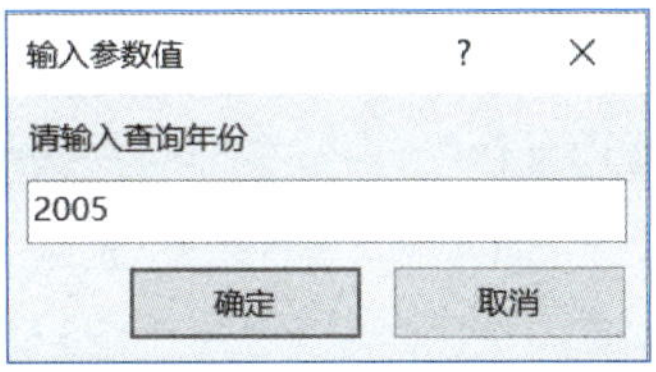

图 3.22　“输入参数值”对话框

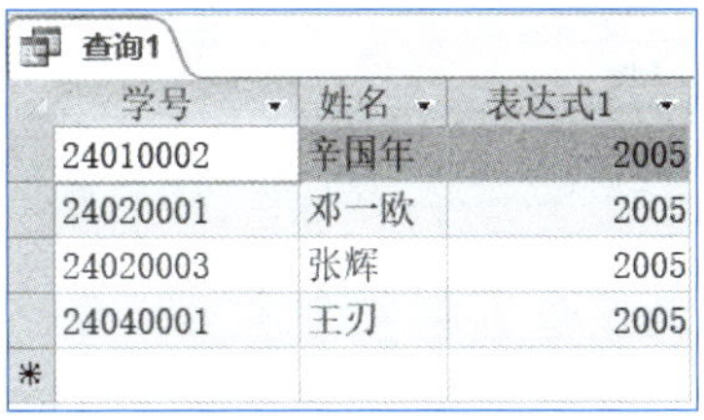

图 3.23　查询结果

（8）单击“保存”按钮，弹出“另存为”对话框，输入查询名称“学生年份查询”，单击“确定”按钮。

例 3.4　在“教务管理系统”数据库中建立一个按姓名查找某位学生成绩信息的参数查询。

操作步骤如下：

（1）和前面创建“选择查询”时一样，在数据库窗口“创建”选项卡中选择“查询设计”按钮，并在弹出的“显示表”对话框中把“学生”和“选课成绩”两张表添加到“查询设计器”窗口中。

（2）从表中选择所需要的字段“学号”“姓名”“课程号”“成绩”，将它们添加到设计网格中。

（3）在“姓名”的“条件”栏中输入带方括号的文本“请输入姓名”，如图3.24所示。

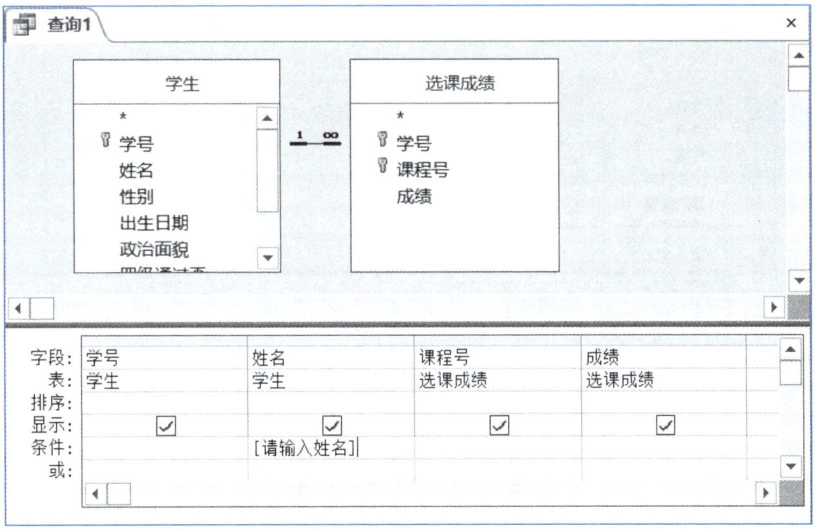

图 3.24　输入参数值

（4）单击“运行”按钮，打开“输入参数值”对话框，输入“徐啸”，如图3.25所示，单击“确定”按钮显示徐啸的成绩，如图3.26所示。

（5）单击“保存”按钮，以“按学生姓名查询”为名保存查询对象。

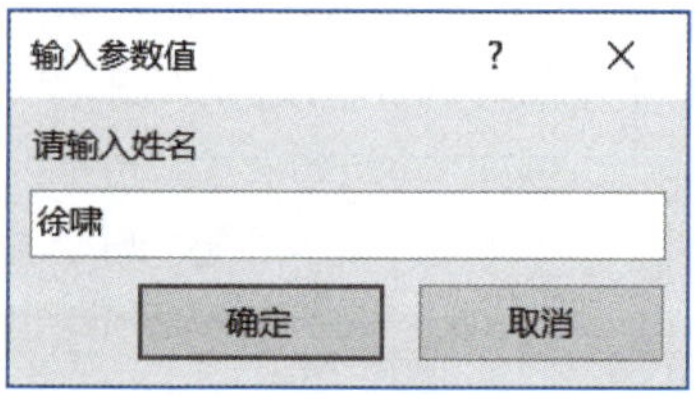

图 3.25 “输入参数值”对话框

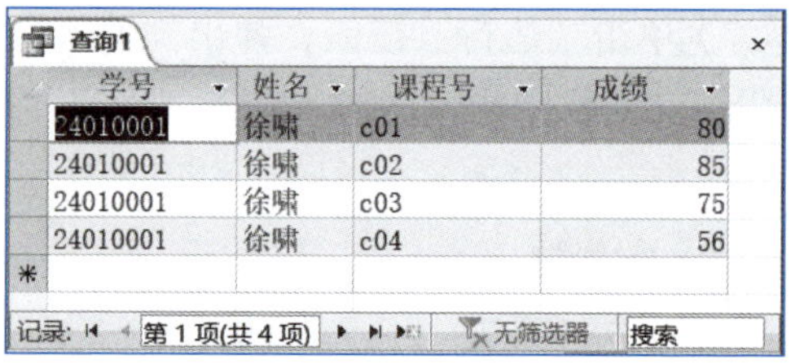

图 3.26 查询结果

二、创建交叉表查询

交叉表查询是一类特殊的查询，允许在行列交叉处显示计算的结果。使用交叉表查询可以计算并重新组织一个表或查询中数据的结构，这样可以更加方便地分析数据。

例 3.5 在“教务管理系统”数据库中从“学生”和“选课成绩”表中查询学生各门课的成绩，要求姓名作为行标题，课程号作为列标题，成绩为交叉点的值。

操作步骤如下：

（1）打开“教务管理系统”数据库。

（2）在“创建”选项卡中，单击“查询设计”按钮，进入“显示表”对话框。

（3）在“显示表”对话框中，选择可作为数据源的“学生”和“选课成绩”表，单击“添加”按钮将其添加到“查询”窗口，然后单击“关闭”按钮。

（4）从表中选择所需要的字段“姓名”“课程号”“成绩”，将它们添加到设计网格中，如图3.27所示。

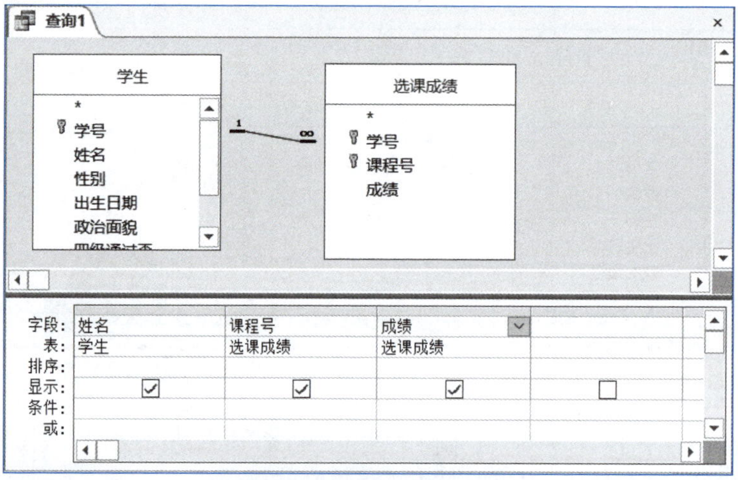

图 3.27 选择所需字段

（5）在“设计”选项卡“查询类型”组中单击“交叉表”按钮，将选择查询转换成交叉表查询，此时在查询设计网格窗口中就会增加“总计”行和“交叉表”行。在“交叉表”查询窗口中设置查询准则：在“姓名”列“交叉表”行中选择“行标题”，在“课程号”列“交叉表”行中选择“列标题”，在“成绩”列“总计”行中选“合计”，“交叉表”行中选择“值”，如图3.28所示。

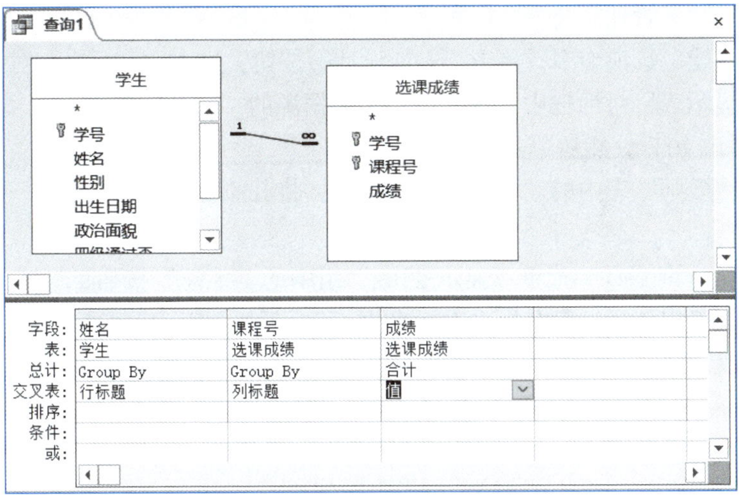

图 3.28　交叉表查询准则设计窗口

（6）单击“保存”按钮，在弹出的“另存为”对话框中输入查询名称“学生成绩查询”，单击“确定”按钮。

（7）选择“设计”选项卡，单击“运行”按钮，查询结果如图3.29所示。

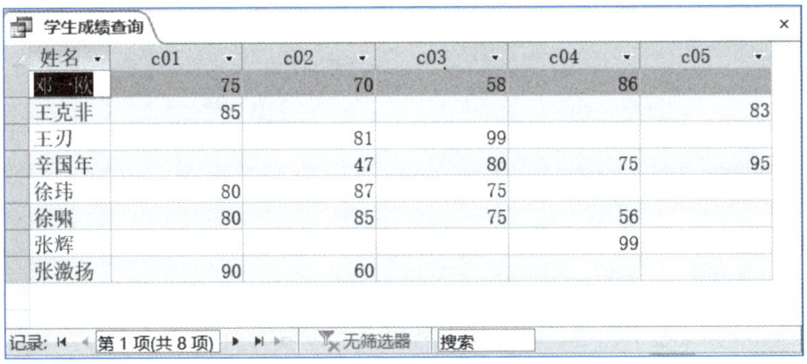

学生成绩查询

姓名	c01	c02	c03	c04	c05
邓一欧	75	70	58	86	
王克非	85				83
王刃		81	99		
辛国年		47	80	75	95
徐玮	80	87	75		
徐啸	80	85	75	56	
张辉				99	
张激扬	90	60			

记录: 第 1 项(共 8 项)　无筛选器　搜索

图 3.29　“学生成绩查询”的查询结果

三、创建计算查询

如果系统所提供的查询只能实现一些简单的数据检索，将无法满足用户需求。因为用户在对数据库中的数据记录进行查询时，往往需要在原始数据之上进行某些计算才能得到有实际意义的信息。例如，要了解销售情况就需要对销售额进行统计，要了解某个班级的平均分也需要对分数进行计算。Access 2016查询中提供了利用函数建立总计查询等方式，总计查询可以对查询中的某列进行总和（Sum）、平均（Avg）、计数（Count）、最大值（Max）和最小值（Min）等计算。

1. 创建汇总查询

在使用“总计”计算功能时，可以对所有的记录或记录组中的记录进行计算。现在先介绍如何计算所有记录的某个字段的总和、平均值、数量或其他汇总。

例 3.6 统计“教师”表中的教师人数。

操作步骤如下：

（1）打开“教务管理系统”数据库。

（2）在“创建”选项卡中，单击“查询设计”按钮，进入“显示表”对话框。

（3）在“显示表”对话框中，选择可作为数据源的“教师”表，单击“添加”按钮将其添加到“查询”窗口，然后单击“关闭”按钮。

（4）选择“教师”表中的“教师编号”字段，将其添加到“设计视图”区字段行的第一列中。

（5）选择“查询工具”菜单“显示/隐藏”组中的“汇总”按钮，或在字段处右击，在弹出的快捷菜单中选择“汇总”命令，此时在“设计网格”中插入了一个“总计”行，系统字段将“教师编号”字段的“总计”栏设计成“Group By”，需单击“总计”栏右侧的下拉箭头按钮，从下拉列表框中选择“计数”函数，如图3.30所示。

（6）单击“保存”按钮，在弹出的“另存为”对话框的“查询名称”文本框中输入“统计教师人数”，单击“确定”按钮，完成查询创建。

（7）单击“设计”选项卡下的“运行”按钮，查询结果如图3.31所示。

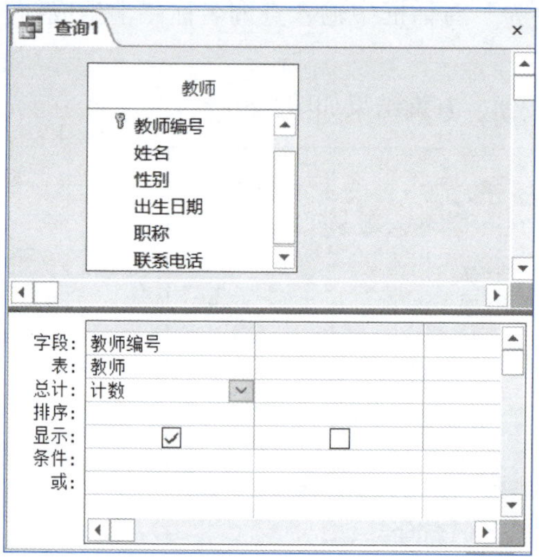

图 3.30　设计“计数”总计项

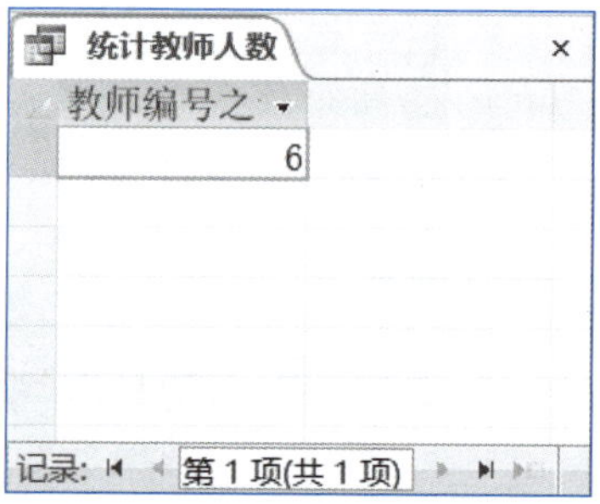

图 3.31　“计数”总计查询结果

例 3.7 按照学号统计每个学生成绩的总分、平均分、最高分和最低分。

操作步骤如下：

（1）打开“教务管理系统”数据库。

（2）在“创建”选项卡中，单击“查询设计”按钮，进入“显示表”对话框。

（3）在“显示表”对话框中，选择可作为数据源的“选课成绩”表，单击“添加”按钮将其添加到“查询”窗口，然后单击“关闭”按钮。

（4）选择“选课成绩”表中的“学号”字段，将其添加到“设计视图”字段行的第一列中，然后双击“成绩”字段4次，将其添加到第二至五列中。

（5）选择“查询工具”菜单“显示/隐藏”组中的“汇总”按钮，或在字段处右击，在弹出的快捷菜单中选择“汇总”命令，此时在“设计网格”中插入了一个“总计”行，将“教师编号”字段的“总计”栏设计成“Group By”，将4个“成绩”字段的“总计”栏分别设计为“合计”“平均值”“最大值”“最小值”，如图3.32所示。

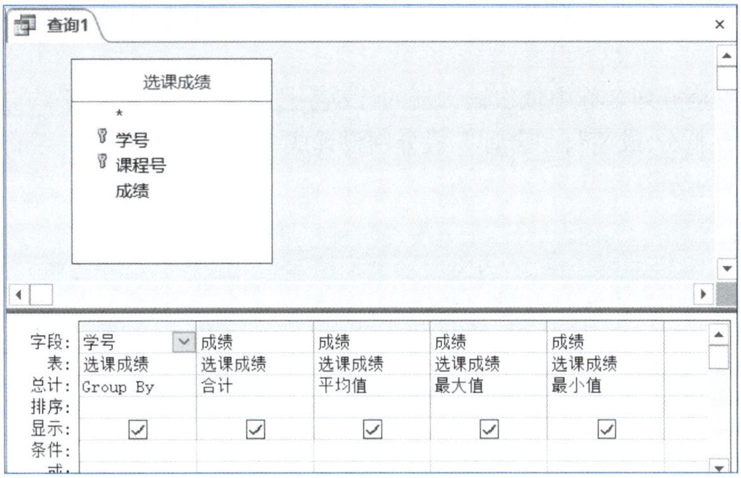

图 3.32　设计“总计”项

（6）单击“保存”命令，在弹出的“另存为”对话框中输入查询名称“学生成绩统计查询”，单击“确定”按钮。

（7）选择“设计”选项卡，单击“运行”按钮，查询结果如图3.33所示。

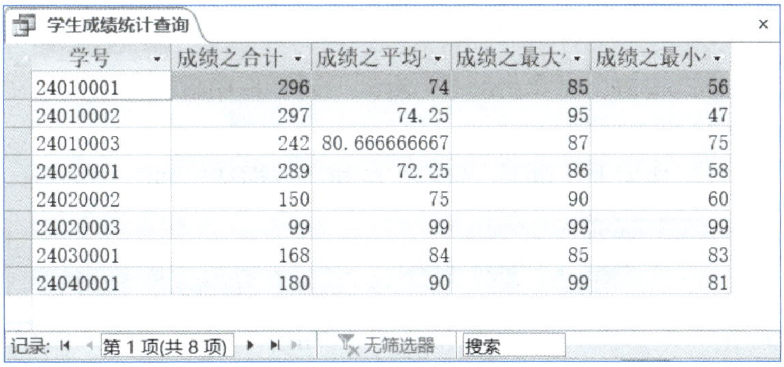

学生成绩统计查询

学号	成绩之合计	成绩之平均	成绩之最大	成绩之最小
24010001	296	74	85	56
24010002	297	74.25	95	47
24010003	242	80.666666667	87	75
24020001	289	72.25	86	58
24020002	150	75	90	60
24020003	99	99	99	99
24030001	168	84	85	83
24040001	180	90	99	81

记录：第 1 项(共 8 项)　无筛选器　搜索

图 3.33　查询结果

2. 添加计算字段

计算字段是指根据一个或多个表中的一个或多个字段，使用表达式建立的新字段。有时需要统计的数据在表中没有相应的字段，或者用于计算的数据值来源于多个字段，这时就需要创建新的计算字段。例如，在前面例子中，统计函数字段为“成绩之合计”“成绩之平均值”等，可读性较差，可以通过创建计算字段来调整该字段的显示效果。

例 3.8 将例3.7查询结果字段中“成绩之合计”“成绩之平均值”“成绩之最大值”及“成绩之最小值”依次修改为“总分”“平均分”“最高分”及“最低分”。

操作步骤如下：

（1）打开“教务管理系统”数据库。

（2）在“创建”选项卡中，单击“查询设计”按钮，进入“显示表”对话框。

（3）在“显示表”对话框中，选择可作为数据源的“选课成绩”表，单击“添加”按钮将其添加到“查询”窗口，然后单击“关闭”按钮。

（4）选择“选课成绩”表中的“学号”字段，将其添加到“设计视图”字段行的第一列中。

（5）在第二至五列名称中依次输入新的计算字段“总分:成绩”“平均分:成绩”“最高分:成绩”及“最低分:成绩”，“合计”栏分别设计成“合计”“平均值”“最大值”及“最小值”，如图3.34所示。

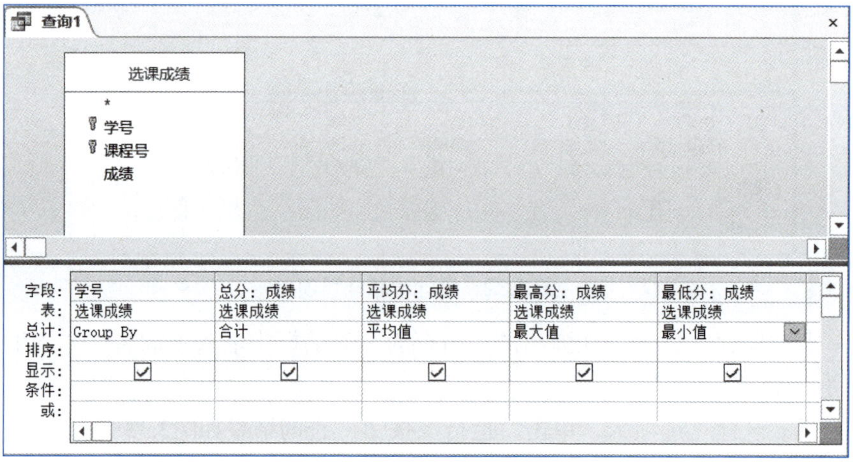

图 3.34　设计新计算字段

（6）单击“保存”按钮，在弹出的“另存为”对话框中输入查询名称“学生成绩统计查询2”，单击“确定”按钮。

（7）选择“设计”选项卡，单击“运行”按钮，查询结果如图3.35所示。

学生成绩统计查询2

学号	总分	平均分	最高分	最低分
24010001	296	74	85	56
24010002	297	74.25	95	47
24010003	242	80.666666667	87	75
24020001	289	72.25	86	58
24020002	150	75	90	60
24020003	99	99	99	99
24030001	168	84	85	83
24040001	180	90	99	81

记录: 第 1 项(共 8 项)　无筛选器　搜索

图 3.35　查询结果

例3.9 利用“学生”表查询学生的学号、姓名及年龄。平均年龄、不同性别的平均年龄、不同性别不同年份学生的人数。

操作步骤如下：

（1）打开“教务管理系统”数据库。

（2）在“创建”选项卡中，按“查询设计”按钮，进入“显示表”对话框。

（3）在“显示表”对话框中，选择可作为数据源的“学生”表，单击“添加”按钮将其添加到“查询”窗口，然后单击“关闭”按钮。

（4）选择“学生”表中的“学号”字段，将其添加到“设计视图”字段行的第一列中，“姓名”字段添加到第二列。

（5）在第三列名称中输入新的计算字段“年龄: Year(Date())-Year([出生日期])”，如图3.36所示。

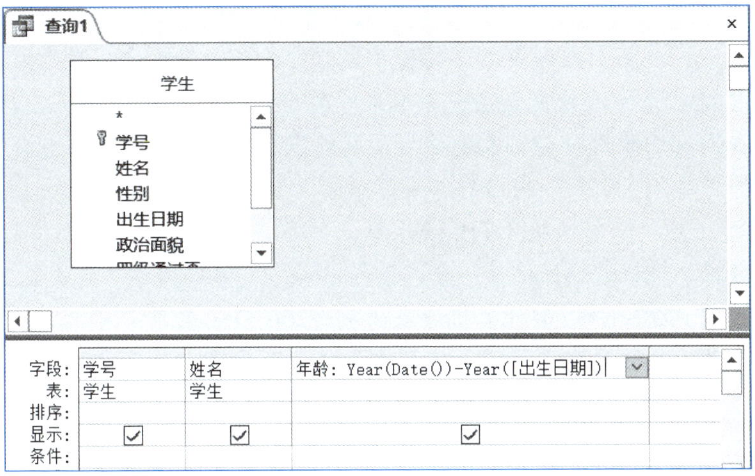

图 3.36　设计新计算字段“年龄”

（6）单击“保存”按钮，在弹出的“另存为”对话框中输入查询名称“学生年龄查询”，单击“确定”按钮。

（7）选择“设计”选项卡，单击“运行”按钮，查询结果如图3.37所示。

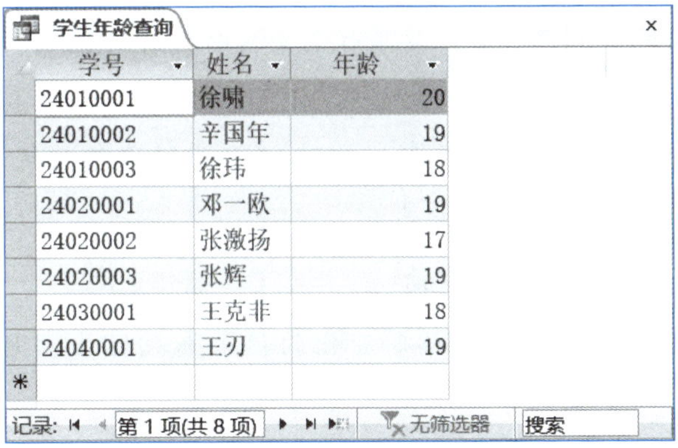

学生年龄查询

学号	姓名	年龄
24010001	徐啸	20
24010002	辛国年	19
24010003	徐玮	18
24020001	邓一欧	19
24020002	张激扬	17
24020003	张辉	19
24030001	王克非	18
24040001	王刃	19

记录: 第 1 项(共 8 项)　无筛选器　搜索

图 3.37　查询结果

动手实践

在本项目任务一的Sample2.accdb数据库中，完成SQ2和SQ3查询的创建。请按以下要求完成相关操作：

（1）创建一个名为SQ2的参数查询，按照输入的房号查找登记入住的顾客信息，依次显示“姓名”“房号”“入住时间”和“房价”四个字段，当运行该查询时，提示框显示“请输入房号”。

（2）创建一个名为SQ3的交叉表查询，统计男女顾客入住不同房型的人次数，行标题为“性别”，列标题为“房型”，交叉点的值为入住人次数。

润物无声

工匠准则：精诚合作

我们的数据信息，往往不能从一个单一表中获取，于是采用多个表协助完成数据查询。数据的多表查询是基于数据表之间的关系进行的，多表查询的成败也取决于数据表之间关联的完善程度。完善的数据表间关系有助于整个数据库功能的实现。就如同生活中，一个人不能完成所有的事情一样，我们需要团队完成，在这个过程中学会合作。下面介绍的是获得“影响世界华人大奖”提名的“天河一号”研发团队。

中国“天河一号”二期系统（TH-1A）跃居榜首，成为世界运算最快的超级计算机。这是中国在超级计算机领域捧回的第一个“世界冠军”。“中国速度”再次震惊世界。

成功研制出“天河一号”的计算机专家团队由200 多人组成，骨干工程师平均年龄只有36岁，技术带头人也不过40多岁，而且其中绝大部分是博士。正是这样一个年轻而又懂得合作的团队，创造出了计算机世界的神话，缔造了“算盘王国”的新传奇。

知识巩固

选择题

1. 创建参数查询时，在查询设计视图条件行中应将参数提示文本放置在（　　）中。

A. { }　　B. ( )　　C. [ ]　　D. < >

2. 将表A的记录添加到表B中，要求保留表B中原有的记录，可以使用的查询是（　　）。

A. 选择查询　　B. 追加查询　　C. 更新查询　　D. 生成表查询

3. 需要指定行标题和列标题的查询是（　　）。

A. 交叉表查询　　B. 参数查询　　C. 操作查询　　D. 标题查询

4. 如果用户希望根据某个可以临时变化的值来查找记录，则最好使用的查询是（　　）。

A. 选择查询　　B. 操作查询　　C. 参数查询　　D. 交叉表查询

5. 可以对表中原有内容进行修改的查询类型是（　　）。

A. 参数查询　　B. 交叉表查询　　C. 选择查询　　D. 操作查询

任务三　操作查询

操作查询用于对一个或多个数据表进行全局数据管理操作，可以对数据表中原有的数据进行编辑，对符合条件的数据进行批量修改。操作查询包括更新查询、追加查询、删除查询和生成表查询。

任务情境

小李：贺老师，为了防止数据更新，可以将本次查询到的数据直接存储下来吗？

老贺：当然可以，创建生成表查询即可，这也就实现了批量复制备份记录。

小李：某门课程考试难度偏大，若选修了对该门课程成绩需加分调整，一条一条修改比较麻烦，有没有便捷的操作方法？

老贺：当然有，创建更新查询即可。

小李："王克非"同学退学了，在不能打开"学生"表的情况下如何删除他的信息呢？

老贺：创建删除查询即可。

小李：若有"女生"表和"男生"表，如何合并这两个数据表的记录呢？

老贺：创建追加查询。

任务描述

在"教务管理系统"数据库中，以"学生"表、"选课成绩"表和"课程"表为数据源，查询每个学生的课程成绩，并将结果保存到新表"学生成绩"中，其中包含"学号""姓名""课程名"和"成绩"；将所有女生信息追加到"女生"表中；在"学生成绩"表中删除学号为"24030001"学生的成绩，然后更新所有学生成绩为原来的110%。

知识链接

操作查询也称之为动作查询，使用操作查询可以通过查询的运行对数据源中的数据进行改动或生成新表，通常这样可以大批量地更改和移动数据。操作查询、选择查询、交叉表查询以及参数查询有所不同。选择查询、交叉表查询以及参数查询只是根据要求从表中选择数据，并不对表中的数据进行修改；而操作查询除了从表中选择数据外，还对表中的数据进行修改。由于运行操作查询时，可能会对数据库中的表做大量的修改，因此，为避免因误操作引起不必要的改变，Access 2016在数据库窗口中的每个操作查询图标之后显示一个感叹号，以引起用户注意。

由于操作查询会修改数据，而在多数情况下，这种修改不能恢复，这就意味着操作查询 具有破坏数据的能力，如果希望数据更安全一些，就应该先对相应的表进行备份，然后再运行操作查询。

操作查询主要有四种：生成表查询、追加查询、删除查询和更新查询，下面分别对这四种查询的具体步骤进行介绍。

一、生成表查询

生成表查询可以从一个或多个表的数据中产生新的数据表，生成的表可以作为数据备份，也可作为新的数据集。还可以把生成的表导出到数据库或者窗体、报表中，实际上就是把查询生成的动态集合以表的形式保存下来。

例3.10 在"教务管理系统"数据库中，由"学生"表、"选课成绩"表和"课程"表来创建"学生成绩"表，表中包括"学号""姓名""课程名""成绩"字段。

操作步骤如下：

（1）打开“教务管理系统”数据库。

（2）在“创建”选项卡中，按“查询设计”按钮，进入“显示表”对话框。

（3）在“显示表”对话框中，选择可作为数据源的“学生”表、“选课成绩”表和“课程”表，单击“添加”按钮将其添加到“查询”窗口，然后单击“关闭”按钮。

（4）从表中选择所需要的字段“学号”“姓名”“课程名”“成绩”，将它们添加到设计网格中，如图3.38所示。

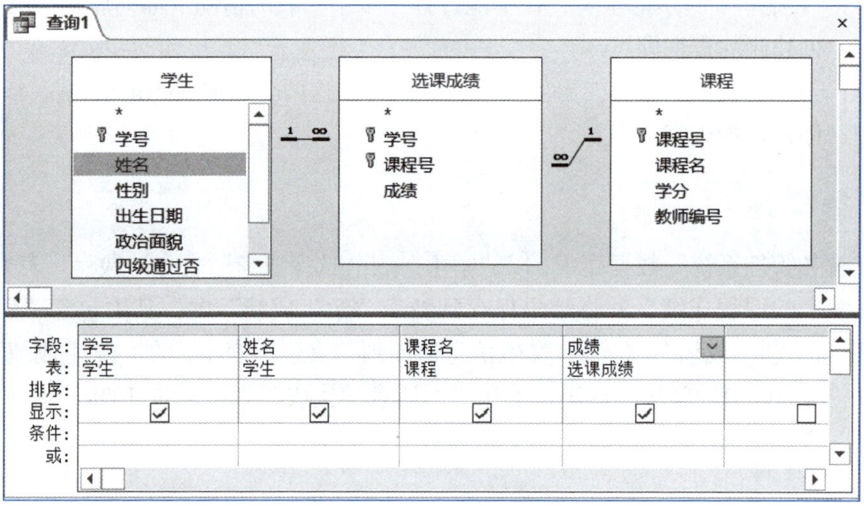

图 3.38　选择所需字段

（5）查询准则设置好后，选择“设计”选项卡“查询类型”组，单击“生成表”按钮，在弹出的“生成表”对话框中输入表名称“学生成绩”，存放位置选择“当前数据库”复选框，单击“确定”按钮，如图3.39所示。

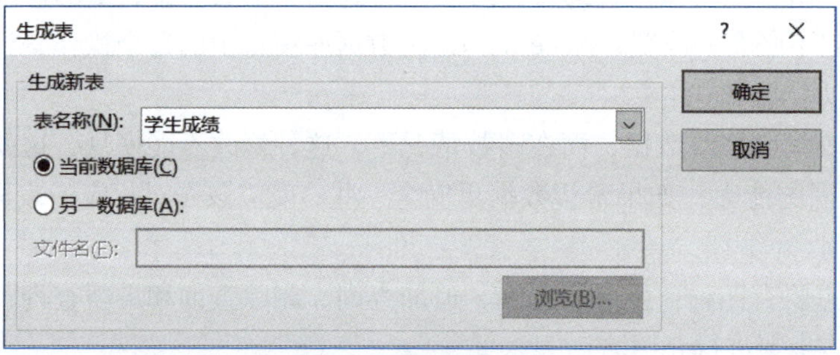

图 3.39　生成表对话框

（6）单击“保存”命令，在弹出的“另存为”对话框中输入查询名称“生成学生成绩表查询”，单击“确定”按钮。

（7）选择“设计”选项卡，单击“运行”按钮，在弹出的对话框中单击“是”按钮，生成表完成，如图3.40所示，生成的新表“学生成绩”如图3.41所示。

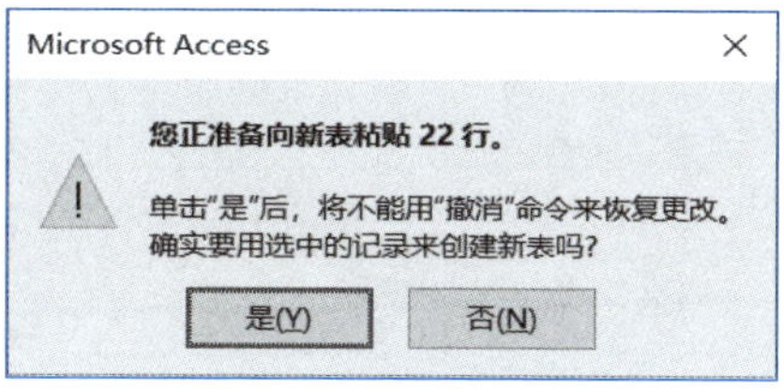

图 3.40　创建新表提示框

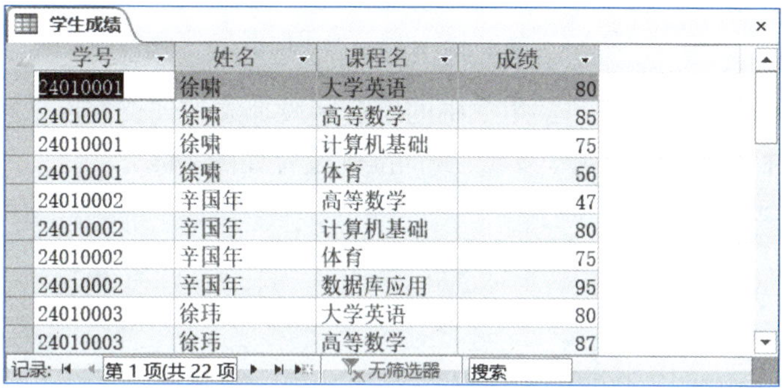

学号	姓名	课程名	成绩
24010001	徐啸	大学英语	80
24010001	徐啸	高等数学	85
24010001	徐啸	计算机基础	75
24010001	徐啸	体育	56
24010002	辛国年	高等数学	47
24010002	辛国年	计算机基础	80
24010002	辛国年	体育	75
24010002	辛国年	数据库应用	95
24010003	徐玮	大学英语	80
24010003	徐玮	高等数学	87

图 3.41　“学生成绩”表

注意：所生成的新表在查询中并无结果显示，而是在表对象中生成了一个新的表。

二、追加查询

追加查询是从一个或多个表中将一组记录追加到另一个表的尾部的查询方式。需要注意的是，“追加查询”的前提是要有两个拥有共同属性字段的表。

例3.11　在“教务管理系统”数据库中，用“学生”表复制一个“女生”表，只复制结构，建立一个追加查询，将“学生表”中“性别”是“女”的记录追加到“女生”表中。

操作步骤如下：

（1）打开“教务管理系统”数据库。

（2）在对象窗格中选择“表”对象中的“学生”表，右击，在弹出的快捷菜单中选择“复制”命令，在空白处右击，在弹出的快捷菜单中选择“粘贴”命令，在弹出的“粘贴表方式”对话框中输入表名称“女生”，粘贴方式选择“仅结构”单选按钮，再单击“确定”按钮，完成表的结构复制，如图3.42所示。

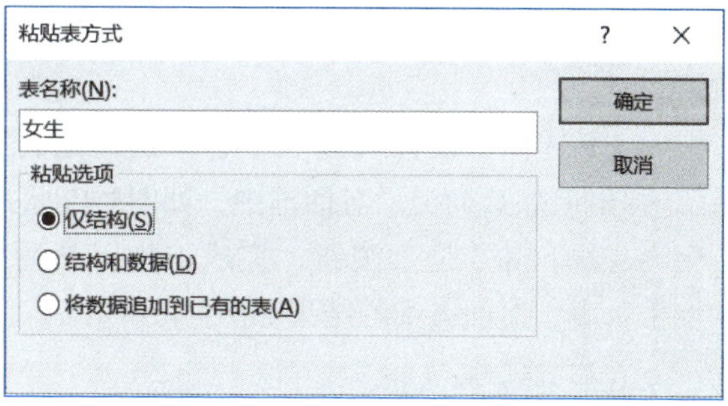

图 3.42　“粘贴表方式”对话框

（3）选择“创建”选项卡，单击“查询设计”按钮，进入“显示表”对话框。

（4）在“显示表”对话框中，选择可作为数据源的“学生”表，单击“添加”按钮将其添加到“查询”窗口，然后单击“关闭”按钮。

（5）选择“查询类型”组，单击“追加”按钮，在弹出的“追加”对话框中输入表名“女生”，存放位置选择“当前数据库”单选按钮，单击“确定”按钮，如图3.43所示。

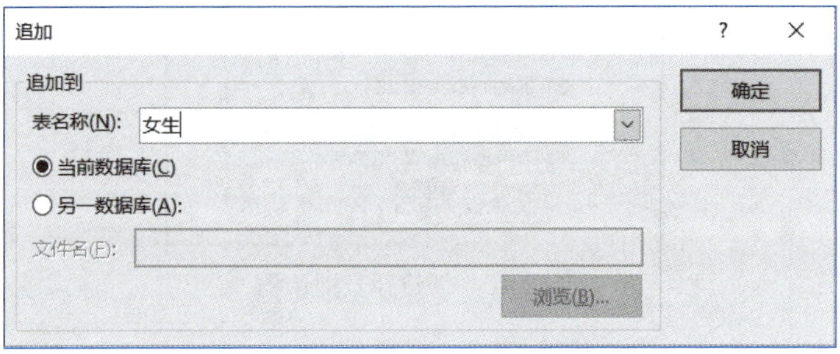

图 3.43 “追加”对话框

（6）在“查询”窗口，将“学生”中的所有字段都添加到查询设计网格中，并在“性别”字段的“条件”行中设置为“女”，查询准则设置如图3.44所示。

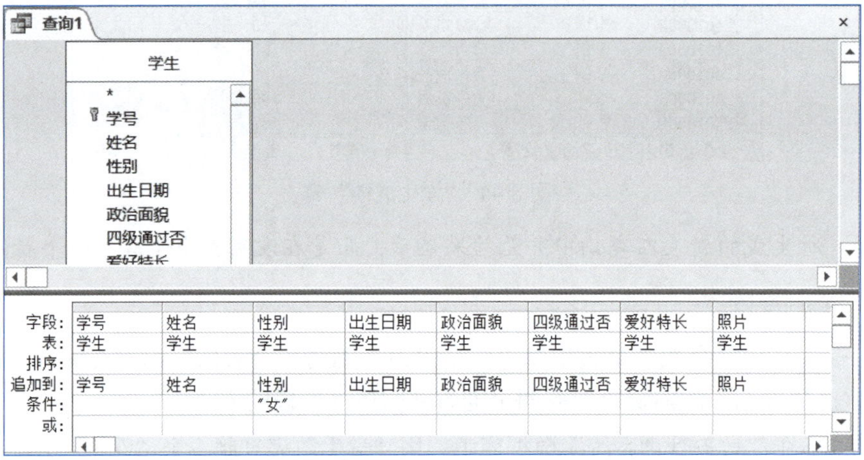

图 3.44 追加查询准则设置界面

（7）单击“保存”按钮，在弹出的“另存为”对话框中输入查询名称“追加查询”，单击“确定”按钮。

（8）选择“设计”选项卡，单击“运行”按钮，弹出追加查询提示对话框中，如图3.45所示。

（9）单击“是”按钮，完成追加，然后打开“女生”表，追加查询的结果如图3.46所示。

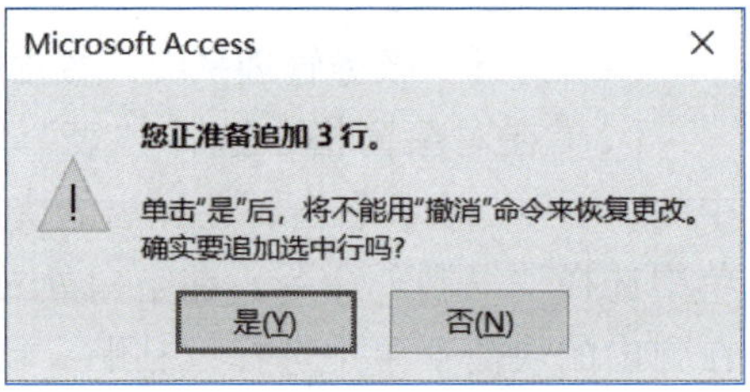

图 3.45 追加查询提示对话框

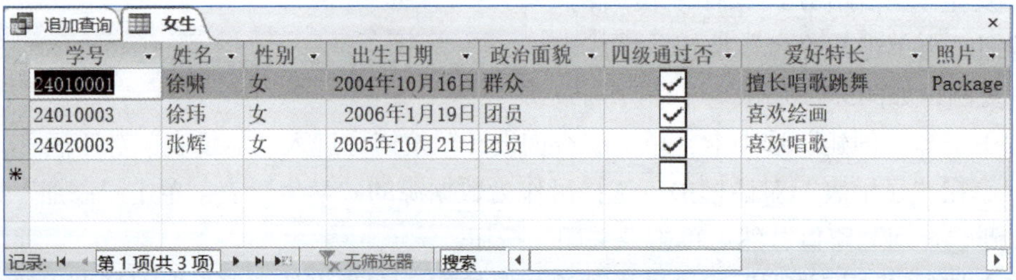

图 3.46 “女生”表的追加查询的结果

三、删除查询

删除查询是指从一个或多个表中批量地删除一组记录的查询，例如，从学生表中删除所有已经毕业的学生。实际上，删除查询是先执行选择查询，然后再将这些记录删除。使用删除查询删除的是整条记录，而不是记录的相应查询中所选择的字段。需要注意的是，这种删除操作一旦执行，删除掉的数据将无法恢复，所以应慎用。

例 3.12 在“教务管理系统”数据库中创建一个删除查询，把“学生成绩”中学号为“24030001”的学生的记录删除。

操作步骤如下：

（1）打开“教务管理系统”数据库。

（2）选择“创建”选项卡，单击“查询设计”按钮，进入“显示表”对话框。

（3）在“显示表”对话框中，选择可作为数据源的“学生成绩”表，单击“添加”按钮将其添加到“查询”窗口，然后单击“关闭”按钮。

（4）选择“设计”选项卡，在“查询类型”组单击“删除”按钮，将“学生成绩”中的“学号”字段添加到查询设计网格中，并将“条件”字段设置为"24030001"，查询准则设置如图3.47所示。

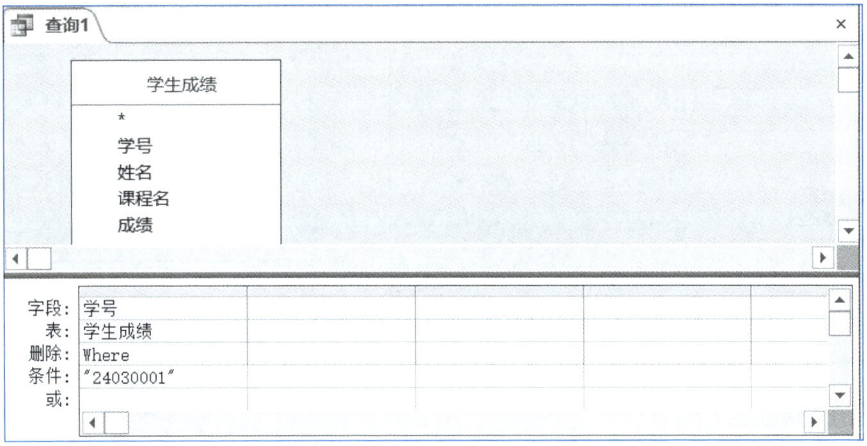

图 3.47　删除查询准则设置界面

（5）单击“保存”按钮，在弹出的“另存为”对话框中输入查询名称“删除查询”，单击“确定”按钮。

（6）选择“设计”选项卡，单击“运行”按钮，在弹出的删除提示框对话框中，单击“是”按钮完成删除，如图3.48所示。

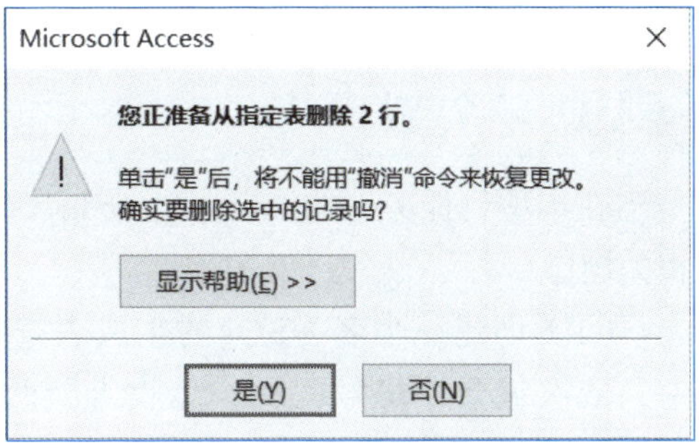

图 3.48　删除提示框

四、更新查询

更新查询可以对一个或多个表中的一组记录做批量的更改，它比通过键盘逐一修改表记录更加准确、快捷，但需要被修改的数据有规律。

例 3.13 在“教务管理系统”数据库中创建一个更新查询，把“学生成绩”表中的成绩变成原来的110%。

操作步骤如下：

（1）打开“教务管理系统”数据库。

（2）选择“创建”选项卡，单击“查询设计”按钮，进入“显示表”对话框。

（3）在“显示表”对话框中，选择可作为数据源的“学生成绩”表，单击“添加”按钮将其添加到“查询”窗口，然后单击“关闭”按钮。

（4）选择“设计”选项卡，在“查询类型”组单击“更新”按钮，将“学生成绩”中的“成绩”字段添加到查询设计网格中，并在“更新到”行中输入用来更改这个字段的表达式或数值。表达式中如果用到了网格中的其他字段，字段名需用方括号括起来。如果查询中有相同的字段名，则必须指定表名和字段名，格式为：[表名]![字段名]。图3.49中表达式为“[成绩]*1.1”，表示将表中的成绩变成原来的110%。

（5）设置完成后，单击“保存”按钮，在弹出的“另存为”对话框中输入查询名称“更新查询”，单击“确定”按钮。

（6）选择“设计”选项卡，单击“运行”按钮，在弹出的更新提示对话框中，单击“是”按钮完成更新，如图3.50所示。用户可打开原“选课成绩”表查看已更新的记录。

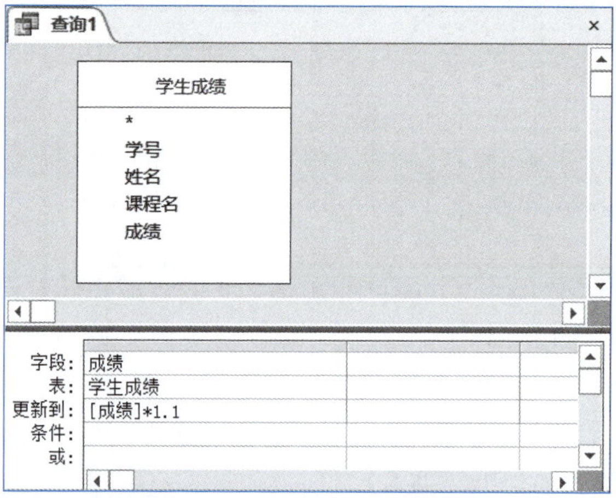

图 3.49 更新查询准则设置界面

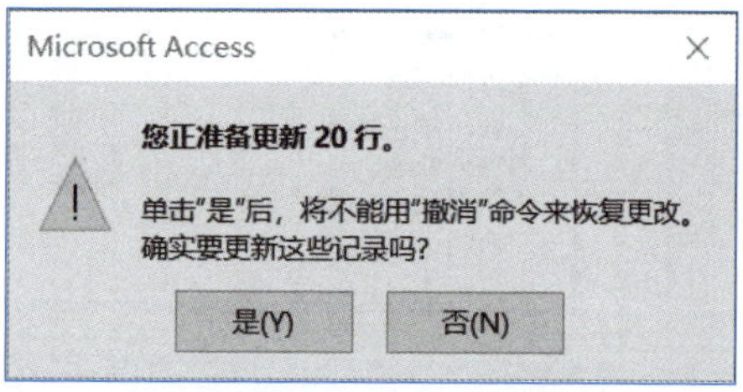

图 3.50 更新提示对话框

动手实践

在本项目任务一的Sample2.accdb数据库中，完成以下查询的创建。请按以下要求完成相关操作：

（1）创建一个名为SQ4的生成表查询，将每个客房的收入信息存入“客房收入”表中，依次包含“房号”和“总收入”两个字段，其中“总收入”字段的值是由“房价*（退房时间-入住时间）”汇总得到。

（2）创建一个名为SQ5的追加查询，将所有性别为男的入住登记信息追加到“男客人信息”表中。

（3）创建一个名为SQ6的删除查询，删除“客房信息”表中房型为“单人间”的记录。

（4）创建一个名为SQ7的更新查询，将所有标准间的房价上调10%。

润物无声

工匠准则：精益求精

查询功能很强大，不仅可以找数据，还可以更新、删除原始数据和生成新数据表，一旦原始数据被操作查询修改就不容易恢复，所以这就要求我们追求更加严谨的查询方式，要求我们在学习和工作中保持精益求精的工匠精神，才能获取更加有价值的数据信息。下面要介绍的人物是图灵奖获得者：姚期智。

姚期智，1946年12月24日出生于中国上海，计算机科学专家，2000年图灵奖获得者，他是世界顶尖计算机学家，是世界现代密码学基础的奠基人，在世界顶级三大学术领域具有杰出贡献。

成就姚期智一生的辉煌，正如他自己所言：“科学精神就是求真、求善、求美。”求真，是精益求精的严谨，是勇攀高峰的执着，他用极致书写自己的精彩人生。

精益求精让每一个青涩年华化为多彩绽放。

知识巩固

选择题

1. 下列有关删除查询的叙述正确的是（　　）。

   A. 删除查询只能删除主表中的信息

   B. 删除查询只能删除子表中的信息

   C. 删除查询执行后可以通过撤销操作进行恢复

   D. 删除查询属于操作查询

2. 下列有关更新查询的叙述，正确的是（　　）。

   A. 更新查询可以更改符合条件记录的字段值

   B. 更新查询可以更改任何字段的值

   C. 更新查询不可以更改字段的空值

   D. 更新查询只能包含一个数据源

3. 下面查询中不属于操作查询的是（　　）。

   A. 删除查询　　B. 更新查询　　C. 追加查询　　D. 交叉表查询

4. 下列关于操作查询的叙述中，错误的是（　　）。

   A. 在更新查询中可以使用计算功能

   B. 删除查询可删除符合条件的记录

C. 生成表查询生成的新表是原表的子集

D. 追加查询要求两个表的结构必须一致

5. 将表A的记录添加到表B中，要求保持表B中原有的记录，可以使用的查询是（　　）。

A. 选择查询　　B. 追加查询

C. 更新查询　　D. 生成表查询

任务四　SQL 查　询

任务情境

小李：贺老师，通过前面3个任务的学习，我已经掌握了Access 2016查询的基本操作，能够对业务数据进行各种统计和分析。但前面创建的每个查询都可以打开“SQL视图”，不明白有什么用?

老贺：“SQL视图”是显示和编辑SQL查询的窗口，SQL查询就是直接使用SQL语句创建的查询。目前，绝大多数关系型数据库管理系统，如Oracle、SQL Server、MySQL、Access 2016等都采用SQL语言。前面所学习的查询是通过Access 2016查询向导或查询设计器创建的交互式查询，在后台会自动生成执行的SQL语句，当查询设计完成后，可以通过“SQL视图”查看对应的SQL语句。将来，同学们学习和使用其他关系型数据库系统时，不一定提供交互式查询设计工具，通常都会使用标准的SQL查询。

小李：原来如此，看样子掌握SQL是很有必要!

任务描述

1. 从“教务管理系统”数据库的“学生”表和“选课成绩”表中查询学生的学号、姓名、课程号、成绩。

2. 从“教务管理系统”数据库的“学生”表中查询出年龄大于20岁的女生信息。

3. 从“教务管理系统”数据库的“选课成绩”表中查询每个学生的平均分。

4. 从“教务管理系统”数据库的“学生”表中查询出学号、姓名、性别、出生日期，并按姓名降序排序。

5. 向“教务管理系统”数据库的“教师”表中插入一条新的记录。

6. 将“教务管理系统”数据库“学生”表中政治面貌为党员的字段值更新成中共党员。

7. 将“教务管理系统”数据库的“教师”表中“孙梅”的记录删除。

利用SQL语句，实现以上功能的SQL查询的创建。

知识链接

SQL（structured query language），即结构化查询语言。它既可以用于大型数据库管理系统，也可以用于微型数据库管理系统，是关系数据库的标准语言。

SQL查询是使用SQL语句创建的查询。使用SQL能够创建各种不同类型的查询，本项目任务将介绍使用SQL语句创建选择查询、操作查询及数据定义查询等的方法。

一、创建 SQL 查询

利用SQL语句创建查询，无论是哪种查询，都要通过创建SQL语句，再运行SQL查询，进而获得不同的查询结果。具体操作步骤如下：

（1）打开数据库文件。

（2）在“数据库”窗口中，选择“创建”选项卡。

（3）在“创建”选项卡中，单击“查询”组中的“查询设计”按钮，并将弹出的“显示表”对话框关闭。

（4）在“查询”窗口中，选择“设计”选项卡，单击“SQL”视图，即可进入SQL语句编辑窗口，如图3.51所示。

图 3.51　SQL 语句编辑窗口

（5）编辑完成后，运行并保存，结束SQL查询的创建。

二、使用 SQL 语句创建选择查询

使用SQL语句创建选择查询使用的是SELECT语句。在SQL语言中，SELECT语句构成了该查询语言的核心部分，使用SELECT语句可以从数据库中选择数据来源。

1. SELECT语句格式

SELECT语句的基本形式由SELECT...FROM...WHERE查询模块组成，多个查询可以嵌套执行。Access 2016的SELECT语句格式如下：

```
SELECT [ ALL| DISTINCT ] <字段名1> [ ，<字段名2>… ]
FROM <数据源表或查询>
[INNER JOIN<数据源表或查询>ON <条件表达式>]
[WHERE <条件表达式>]
[GROUP BY <分组字段名>[ HAVING <条件表达式>]]
[ORDER BY<排序选项> [ASC] [DESC]]
```

1）SELECT子句

（1）SELECT子句中的字段列表是查询结果显示的标题，单表查询时可以直接用原表的字段名或使用“*”代表表中的所有字段。如果是多表查询就需使用“表名.字段名”的格式。DISTINCT表示查询结果是不包含重复行的记录集。

例3.14 使用SQL语句查询“学生”表中的女生情况，显示字段为学号、姓名、性别、爱好特长。

SQL语句如下：

```
SELECT 学号，姓名，性别，爱好特长
FROM 学生
WHERE  性别 =" 女 ";
```

（2）在查询时SELECT子句中也可使用统计、汇总和计算函数，见表3-6。使用合并计算函数时必须有GROUP BY子句。但如果查询返回含糊的或重复的对象名称时，必须使用AS子句来提供新的字段名替代原字段名。

表 3-6　SELECT 子句中的函数

函　数	说　明
COUNT	统计符合条件的记录
SUM	找出指定记录范围内的数值字段求和
AVG	找出指定记录范围内的数值字段求平均值
MAX	找出指定记录范围内的最大值
MIN	找出指定记录范围内的最小值

例3.15 使用SQL语句查询“选课成绩”表中每个学号学生的总成绩。

SQL语句如下：

```
SELECT 学号，SUM(成绩)AS 总成绩
FROM 选课成绩
GROUP BY 学号；
```

（3）若在SELECT子句字段列表之后添加“INTO 新表名”即为生成表查询，若在SELECT子句之前添加“PARAMETERS 参数名 参数数据类型[(大小)]”即为参数查询。

例3.16 将上例3.15的查询结果生成新表“学生总成绩”表。

SQL语句如下：

```
SELECT 学号,SUM(成绩) AS 总成绩 INTO 学生总成绩
FROM 选课成绩
GROUP BY 学号；
```

例3.17 将上例3.14的查询按“性别”生成参数查询。

SQL语句如下：

```
PARAMETERS 性别 TEXT(1);
SELECT 学号，姓名，性别，爱好特长
FROM 学生；
```

2）FROM子句

FROM子句中列出所进行查询的表的名称，如果是多表查询，只需在FROM后面加表名列表，且表名与表名之间用逗号（英文状态下）分隔。在FROM子句中还可以完成表间的连接，语句格式如下：

```
FROM <表1> INNER JOIN <表2> ON <条件表达式>
```

例3.18 从“教务管理系统”数据库的“学生”表和“选课成绩”表中查询学生的学号、姓名、课程号、成绩。

SQL语句如下：

```
SELECT 学生.学号，学生.姓名，选课成绩.课程号，选课成绩.成绩
FROM 学生 INNER JOIN 选课成绩 ON 学生.学号=选课成绩.学号；
```

3）WHERE子句

WHERE子句后给出查询条件，查询结果查询到的正是满足给定条件的记录。WHERE子句中条件表示方法如下：

```
WHERE <表达式><关系运算符><表达式>
```

其中<表达式>为逻辑表达式，由逻辑运算符组成；<关系运算符>有Not、And和Or三种，优先级顺序为Not>And>Or。

WHERE子句中还可以结合一些特殊运算符来表示条件，例如：

- Between:定义一个区间范围。
- Like：字符串匹配操作。
- In：测试属性值是否在一组值中。
- Is Null：测试属性值是否为空。

例3.19 从“教务管理系统”数据库的“学生”表中查询出年龄大于20岁的女生信息。

SQL语句如下：

```
SELECT *  FROM 学生
WHERE 性别="女" AND (YEAR(DATE())-YEAR([出生日期]))>20;
```

例3.20 从“教务管理系统”数据库的“学生”表、“选课成绩”表和“课程”表中查询徐啸、张辉两位同学的成绩信息。

SQL语句如下：

```
SELECT 学生.学号，学生.姓名 as 学生姓名，课程.课程名，选课成绩.成绩
FROM 学生，选课成绩，课程
where  学生.姓名  in ("徐啸","张辉")
and 学生.学号=选课成绩.学号
and 选课成绩.课程号=课程.课程号；
```

4）GROUP BY子句

GROUP BY表示分组，但是显示的字段只能是参与分组的字段以及基于分组字段的合计函数计算结果，语法格式如下：

```
GROUP BY 分组字段名1 [，分组字段名2，…] [HAVING 条件表达式]
```

说明：其中HAVING子句用于进一步分组条件，HAVING子句不能单独使用，必须放在GROUP BY子句之后。HAVING子句和WHERE子句也并不矛盾，在查询中是先用WHERE子句限定元组，然后进行分组，最后再用HAVING子句限定分组。

例3.21 从“教务管理系统”数据库的“选课成绩”表中查询每个学号学生的平均分。

SQL语句如下：

```
SELECT 学号, AVG(成绩)AS 平均分
FROM 选课成绩
GROUP BY 学号;
```

5）ORDER BY子句

ORDER BY子句一般放在SELECT语句的最后，用来说明查询结果按哪个字段进行排序，同时用关键字ASC表示升序，DESC表示降序，格式如下：

```
ORDER BY 字段1[ASC|DESC][, 字段2[ASC|DESC]][,…]]]
```

例3.22 从“教务管理系统”数据库的“学生”表中查询出学号、姓名、性别、出生日期，并按姓名降序排序。

SQL语句如下：

```
SELECT DISTINCT 学号,姓名,性别,出生日期
FROM 学生
ORDER BY 姓名 DESC;
```

注意：DISTINCT的作用是将查询结果记录中的重复值过滤掉。

三、使用 SQL 语句创建操作查询

1. 创建插入查询

Access 2016中可用INSERT语句实现插入数据的功能，可将一条新的记录插入到指定表中，其语句格式如下：

```
INSERT INTO <表名>(字段名1 [, 字段名2… ])
VALUES(表达式1 [, 表达式2… ]);
```

说明：INSERT INTO <表名>说明向指定表中插入记录，当插入的记录不完整时，可以指定某些字段。VALUES（表达式1 [，表达式2…]）则是给出所插入记录的具体的字段值。

例3.23 向“教务管理系统”数据库的“教师”表中插入一条新的记录。

SQL语句如下：

```
INSERT INTO 教师(教师编号,姓名,性别,出生日期,职称)
VALUES ("01007","孙梅","女",#1970/3/25#,"教授");
```

说明：文本数据应用双引号括起来，日期型数据应用“#”号括起来。

2. 创建更新查询

Access 2016中可用UPDATE语句实现数据更新的功能，能够对指定表的所有记录或满足条件的记录进行更新，其语句格式如下：

```
UPDATE <表名> SET <字段名1>=<表达式1 >[, <字段名2>=<表达式2>……]
[WHERE <条件>];
```

说明：<表名>是指要更新数据的表的名称。<字段名>=<表达式 >是将该字段的值更新为表达式的值，并且一次可以更新多个字段。同时使用WHERE <条件>来指定被更新记录字段值所满足的条件。如果没有WHERE子句，则更新全部记录。

例3.24 将“教务管理系统”数据库“学生”表中政治面貌为党员的字段值更新成中共党员。

SQL语句如下：

```
UPDATE 学生 SET 学生.政治面貌=" 中共党员 "
WHERE 学生.政治面貌=" 党员 ";
```

3. 创建删除查询

Access 2016中可用DELETE语句实现数据删除的功能，能够删除指定表中的所有记录或满足条件的记录，其语句格式如下：

```
DELETE FROM <表名>
WHERE <条件>;
```

说明：FROM子句指定从哪个表中删除记录，WHERE子句指定被删除的记录所满足的条件，如果不使用WHERE子句，则删除指定表中的全部记录。

例3.25 将“教务管理系统”数据库的“教师”表中“孙梅”的记录删除。

SQL语句如下：

```
DELETE FROM 教师
WHERE 姓名=" 孙梅 ";
```

四、使用 SQL 语句创建数据定义查询

数据定义查询与其他查询不同，利用它可以创建表、删除表和更改表中的字段，也可以在数据库表中创建索引。

1. CREATE 语句

在SQL查询中，可以使用CREATE TABLE语句定义基本表，即在数据库中创建一个新的表，其语句格式如下：

```
CREATE TABLE <表名>
([<字段名 1>]<类型(长度)>[字段级完整性约束条件 1][,[<字段名 2>]<类型(长度)
>[字段级完整性约束条件 2]…]);
```

说明：<表名>是所定义的表的名称。<字段名>是所定义的表中包含的字段的名称，<类型（长度）是指对应字段的数据类型和字段大小。[字段级完整性约束条件]是定义相关字段的约束条件，包括主键约束（primary key）、数据唯一约束（unique）、空值约束（not null或null）和完整性约束（check）等。其中关于数据类型的进一步说明如下：

短文本型：text;

整型：smallint;

长整型：integer;

双精度型：float;

日期/时间型：date;

长文本型：memo；

OLE对象型：general。

例3.26 在“教务管理系统”数据库中创建一个“学生基本信息”表，包括学号、姓名、性别、出生日期、基本工资、家庭住址、照片字段。

SQL语句如下：

```
CREATE TABLE 学生基本信息表 ( 学号 text(6), 姓名 text(6), 性别 text(2),
出生日期 date, 基本工资 float, 家庭住址 memo, 照片 general,primary key( 学号 ));
```

2. ALTER语句

在SQL查询中，可以使用ALTER TABLE语句对创建后的表中的字段进行添加、删除和更改的操作，其语句格式如下：

```
ALTER TABLE <表名>
[ADD <字段名><类型(长度)>]
[DROP [<字段名>]…]
[ALTER <字段名><类型(长度)>];
```

说明：<表名>是指定要修改的表的名称。ADD子句是向该表中添加字段并指定数据类型和长度，DROP子句是用于删除该表中的指定字段，ALTER子句是用于修改指定字段的属性。

例3.27 向“教务管理系统”数据库“学生基本信息”表中添加一个字段“联系电话”，字段大小为13。

SQL语句如下：

```
ALTER TABLE 学生基本信息表
ADD 联系电话 text(13);
```

例3.28 将“教务管理系统”数据库“学生基本信息”表中的“照片”字段删除。

SQL语句如下：

```
ALTER TABLE 学生基本信息表
DROP 照片 ;
```

例3.29 将“教务管理系统”数据库“学生基本信息”表中的“学号”字段的数据类型由TEXT改成integer。

SQL语句如下：

```
ALTER TABLE 学生基本信息表
ALTER 学号 integer;
```

注意：使用ALTER语句对表的结构进行修改时，不能一次添加或删除多个字段。

3. DROP语句

在SQL查询中，可以使用DROP TABLE语句删除数据库中某个不需要的表，语句格式如下：

```
DROP TABLE <表名>;
```

说明：<表名>是指要删除的表的名称。

例3.30 将“教务管理系统”数据库“学生基本信息”表删除。

SQL语句如下：

```
DROP TABLE 学生基本信息；
```

注意：表一旦删除，表中的数据以及在此基础上建立的索引等都将被自动删除，并且无法恢复。因此，提醒用户在执行删除操作时一定要小心。

动手实践

在本项目任务一的Sample2.accdb数据库中，完成SQ8查询的创建：

创建一个名为SQ8的SQL查询，查找所有男性顾客的入住登记信息，依次显示“姓名”“身份证号”“入住时间”和“房号”四个字段。

润物无声

工匠准则：潜心钻研

建立SQL查询的目的之一是提高查询速度并且可以兼容各类关系型数据库管理系统。如何建立合理而方便且效率高的查询，这需要数据库开发人员花一些精力和心思去思考，同时更要有潜心钻研的精神。在快速发展的今天，我们只有静下心来，潜心钻研，才能为各项工作提速。下面要介绍的人物是“CCF 夏培肃奖”获得者：李晓梅。

李晓梅，我国数值并行算法研究的开拓者之一。她主持了银河-Ⅰ、银河-Ⅱ巨型计算机应用软件的研制与开发，首次在我国建立了“并行线性代数库”“并行特征值特征向量库”“并行快速变换库”，研制了我国第一个“中期数值天气预报多任务并行软件系统”，在我国首次建立起向量地震数据处理软件系统等。而银河超级计算机在2020年的抗击疫情中贡献了自己的力量。

她一直以来踏实工作，潜心研究，为我国并行计算教育和人才培养做出了突出贡献。她深深扎根于国防科技事业，无怨无悔。CCF 奖励委员会决定将2018年“CCF 夏培肃奖”授予李晓梅教授，以表彰她在并行算法研究方面做出的杰出贡献。

知识巩固

一、选择题

1. 若要对用SELECT语句所实现的查询结果进行排序，应包含子句是（　　）。

   A. TO　　B. INTO　　C. GROUP BY　　D. ORDER BY

2. 要求将“学生”表中所有女生的体育成绩增加5分，则正确的SQL语句是（　　）。

   A. UPDATE 学生 SET 体育=5

   B. UPDATE 学生 SET 体育=体育+5

   C. UPDATE FROM 学生 SET 体育=体育+5

   D. UPDATE FROM 学生 SET 体育=5

3. 要从数据库中删除一个表，应该使用的SQL语句是（　　）。

A. ALTER TABLE　　B. KILL TABLE

C. DELETE TABLE　　D. DROP TABLE

4. SQL查询中使用HAVING时，必须配合使用的命令是（　　）。

A. ORDER BY　　B. GROUP BY　　C. FROM　　D. WHERE

5. 使用SELECT语句对查询结果进行排序，该语句应包含（　　）子句。

A. INTO　　B. GROUP BY　　C. ON　　D. ORDER BY

6. 在Access 2016中，若要创建一个名称为“图书”的表，应使用的SQL命令是（　　）。

A. DELETE TABLE 图书　　B. DROP TABLE 图书

C. ALTER TABLE 图书　　D. CREATE TABLE 图书

7. 根据关系模型Stud(学号,姓名,性别,专业)，下列SQL语句中存在错误的是（　　）。

A. SELECT * FROM Stud WHERE 专业="计算机"

B. SELECT * FROM Stud WHERE “姓名"=李明

C. SELECT * FROM Stud WHERE 1 <> 1

D. SELECT * FROM Stud WHERE 性别=TRUE

8. 下列关于SQL命令的叙述中，正确的是（　　）。

A. DELETE命令不能与GROUP BY关键字一起使用

B. SELECT命令不能与GROUP BY关键字一起使用

C. INSERT命令与GROUP BY关键字一起使用时，可以按分组将新记录插入到表中

D. UPDATE命令与GROUP BY关键字一起使用时，可以按分组更新表中原有的记录

9. SQL查询语句“DELETE FROM Student WHERE 成绩<60 AND 学分>2”的功能是（　　）。

A. 删除Student表中成绩小于60或者学分大于2的记录

B. 删除Student表中的记录，但是保留成绩小于60并且学分大于2的记录

C. 删除Student表中成绩小于60并且学分大于2的记录

D. 删除Student表中的记录，但是保留成绩小于60或者学分大于2的记录

二、填空题

1. 操作查询包括生成表查询、删除查询、更新查询和________。

2. 若要查询“教师”表中“职称”为“教授”或“副教授”的记录，则查询条件为________。

3. 在Access 2016中，要在查找条件中与任意一个字符匹配，可使用的通配符是________。

4. 在学生成绩表中，如果需要根据输入的学生姓名查找学生的成绩，需要使用________查询。

5. 在Access 2016查询中，SQL查询具有3种特定形式，包括________、________和________。

项目小结

查询的主要目的就是通过某些条件的设置，从表中选择所需要的数据。本项目主要介绍了查询的概念和查询的五种类型，以及各种查询创建的方法和操作。每一种查询的类型就是一种查询的方式，Access 2016支持5种查询方式，分别是选择查询、交叉表查询、参数查询、操作查询和SQL查询，其中操作查询又包括四种：生成表查询、更新查询、追加查询和删除查询。SQL查询是用SQL语句创建的查询，能用设计视图创建的查询就能用SQL语句创建，但用SQL语句创建的查询不一定能用设计视图创建。

项目四 窗体的设计与创建

窗体是Access 2016数据库的重要组成部分，是用于在数据库中输入和显示数据的数据库对象。它是Access 2016为用户提供的人机交互界面，在一个Access 2016数据库系统开发完成之后，可以通过窗体来集成对数据库的所有操作，从而让用户以更加直接、美观、便捷的方式操作数据库。本项目首先通过引例介绍为什么使用窗体，然后讲解窗体的功能和组成，如何创建窗体及设置窗体的属性，最后阐述了窗体的布局及常用窗体控件的使用方法。

项目内容

- 任务一　创建窗体
- 任务二　设计窗体

项目目标

知识目标：了解窗体的组成元素，掌握如何创建窗体和设置窗体的属性。

能力目标：熟练掌握窗体控件的使用，并能灵活应用。

素养目标：培养学生对色彩、构图、排版等设计元素的审美鉴赏力，使其具备良好的视觉审美能力。

任务一　创 建 窗 体

通过前面章节的学习，已经掌握了如何创建数据库和数据表来存储数据，以及使用SQL语言对数据表进行操作，创建图4.1所示的教师信息表。

教师

教师编号	姓名	性别	出生日期	职称	联系电话	单击以添加
01001	何晓薇	女	1990/10/18	讲师	( )-12345678	
01002	田梅	女	1985/4/3	副教授	( )- 2345678	
01003	王军	男	1975/5/7	教授	( )-12345123	
01004	张一帆	男	1998/2/15	助教	( )- 2345	
01005	刘芳	女	1994/10/19	讲师	( )-12345678	
01006	王美	女	1991/7/19	讲师	(123)-45678900	

图4.1　教师信息表

但是在这种表格视图下对信息进行查询浏览以及更新修改操作是很不方便的，尤其是当数据量比较大的时候，从大量数据中去定位修改一条信息是比较麻烦的。为了便于对教师表中的数据进行查询和修改操作，可以为教师表创建窗体，以更加直观便捷的方式对信息进行查询和更新，如图4.2所示。

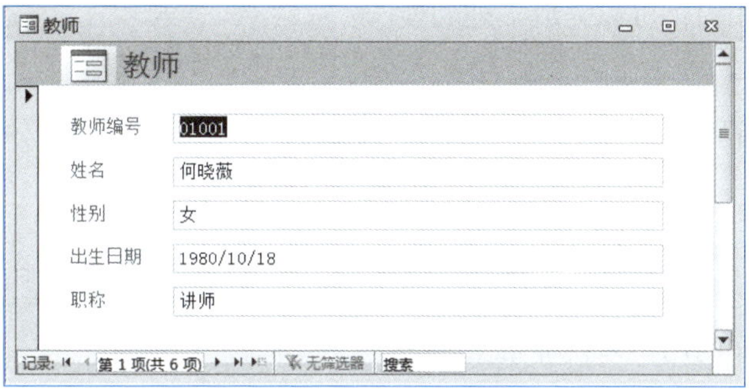

图 4.2　教师信息窗体

由图4.2可见，创建了窗体之后，数据的显示更加直观，而且通过 和 这组按钮可以在数据记录之间进行切换逐条浏览数据，通过 按钮可以向数据表中插入一条新的空白记录，在搜索框中输入关键字可以按内容搜索相关记录。

任务情境

小李：贺老师，我在通过表格方式输入数据时经常出错，感觉很不方便。有没有更高效且不容易出错的输入数据的方法吗？

老贺：你说得很对，通过表格方式输入数据确实不太方便。今天，我教你另一种方法，就是通过窗体来输入数据，这种方法很方便，很直观。

小李：那我们就开始吧！

任务描述

在“教务管理系统”数据库中，使用窗体完成对教师、学生、课程和选课等数据的输入。

实现以上案例，要求掌握的知识：

（1）窗体的概念、作用、类型。

（2）窗体的创建方法。

经过本项目知识学习，读者即可掌握上述知识并会使用窗体进行数据的输入。

知识链接

一、窗体的功能

窗体是Access 2016数据库中一个常用的数据库对象，它会提供给用户操作数据库的最主要的互动窗口，使用窗体可以为用户提供形式美观、内容丰富的数据库操作界面。在Access 2016中，数据库的使用和维护大多数都是通过窗体进行的，虽然通过之前介绍的“数据表”和“查询”等数据库对象也可以实现对数据的管理，但是它们在显示数据时缺乏友好的界面，这对于不太熟悉数据库的用户而言，使用不方便，因此Access 2016提供了窗体的功能，让用户以更加直接、美观、便捷的方式操作数据库。

作为用户和数据库之间的桥梁，窗体的主要功能是操作及维护数据库，但窗体的功能并不局限于此，使用窗体可以完成下列功能。

1. 显示数据

通过窗体显示数据表和查询表中的数据信息以及程序信息，为数据显示提供更友好的界面。

2. 显示信息

在窗体中显示必要的帮助或提示信息，有助于用户更加方便、快捷地操作数据，这一点对不太熟悉数据库的用户来说非常重要。

3. 接收数据

通过窗体可以添加、修改和删除数据库中的数据。例如，添加教师信息、删除课程信息、修改成绩信息等。

4. 控制程序

利用窗体结合VBA语言，可以实现数据库编程，通过执行相应的操作达到控制数据库程序的目的，轻松管理数据库。

二、窗体的组成

窗体是管理数据库的一个工作窗口，其本身也是一种对象，窗体中包含一组窗体控件。每一个窗体由于数据源、窗体控件属性的不同，所呈现出来的形式也是多种多样的。可以通过“属性表”中的“格式”选项卡设置窗体及控件的属性，从而定义窗体的外观，通过“事件”选项卡定义其行为。

通过“创建”选项卡“窗体”组中的“空白窗体”按钮，可以创建一个新的空白窗体。新建窗体默认视图模式为布局视图，可以右击窗体标题栏上的菜单，在其中选择“设计视图”命令，把窗体切换到设计视图，可以看到窗体的组成部分，如图4.3所示。

窗体主要包含窗体页眉和页脚、页面页眉和页脚及主体部分，每部分都称为窗体的“节”。

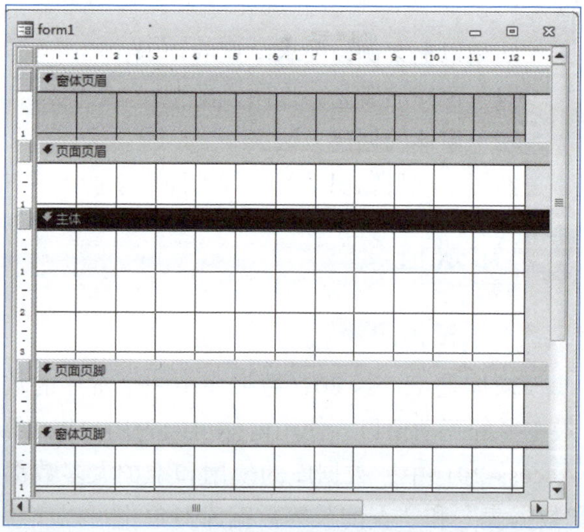

图 4.3　窗体的组成

1. 窗体页眉

窗体页眉位于窗体视图的顶端，主要用于显示窗体标题，说明窗体的作用，窗体页眉中可以包含一组控件。在打印窗体时，窗体页眉会出现在首页的顶部。

2. 页面页眉

页面页眉只显示在窗体的打印页内，显示在每个打印页的顶部，主要用于列出数据的行标题信息或者列标题信息。页面页眉在窗体视图下是不显示的，所以在设计窗体时会较少考虑对页面页眉的设计。

3. 主体

窗体的主体位于窗体的中心部分，是工作窗口的核心，可由多种窗体控件组成，是数据库系统数据维护的主要工作界面，也是控制数据库应用系统流程的重要窗口。

4. 页面页脚

页面页脚与页面页眉类似，也是只显示在窗体的打印页内，显示在每个打印页的底部，主要用于显示日期或页码等信息。

5. 窗体页脚

窗体页脚位于窗体的最下方，可以包含一组控件，主要用于显示窗体的使用说明信息。窗体页脚与窗体页眉的作用很类似，通常在窗体设计中忽略对窗体页脚的设计，或者只让窗体页脚起一个窗体脚注的作用。

三、窗体的视图

Access 2016中窗体有三种视图，即窗体视图、布局视图和设计视图。不同的视图下窗体内容显示的效果不一样，所完成的功能也不同。

1. 窗体视图

窗体视图际上是窗体运行时显示的效果，利用窗体视图可以浏览窗体所捆绑的数据内容。如图4.4所示为学生信息窗体的“窗体视图”。

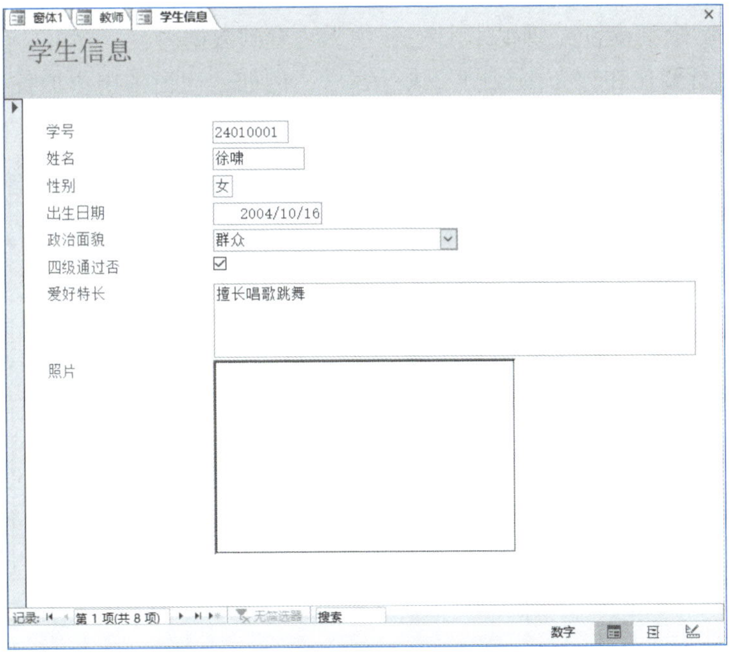

图 4.4　学生窗体的“窗体视图”

2. 布局视图

在布局视图中，窗体实际上正在运行，用户看到的数据与最终浏览效果非常相似，同时，用户几乎可以对窗体进行所有的更改。所以说布局视图用于修改窗体的最直观的视图方式。学生窗体的“布局视图”如图4.5所示。

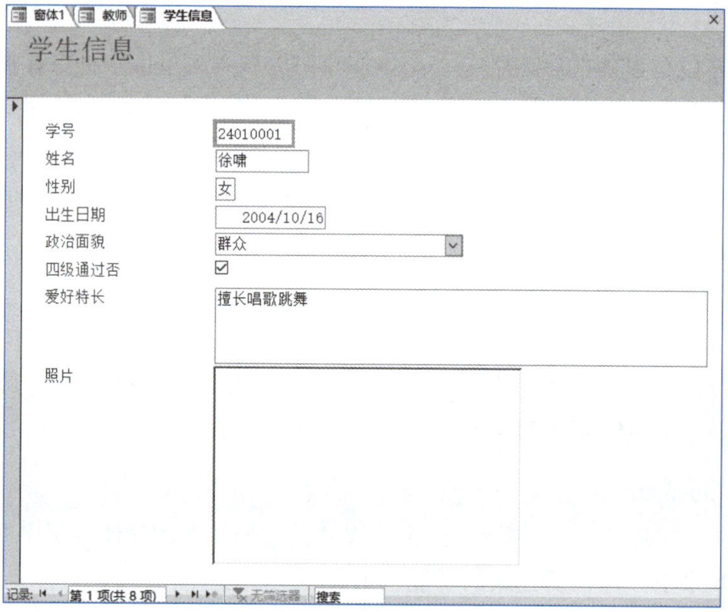

图 4.5　学生窗体的“布局视图”

3. 设计视图

设计视图提供了窗体结构更详细的内容，可以看到窗体的页眉页脚和主体部分。在设计视图，窗体并没有运行，所以设计过程中无法看到数据内容。然而，有些设计任务在“设计视图”执行要比在“布局视图”执行容易，例如，向窗体中添加各种类型的控件，调节窗体节之间的大小等。学生窗体的“设计视图”如图4.6所示。

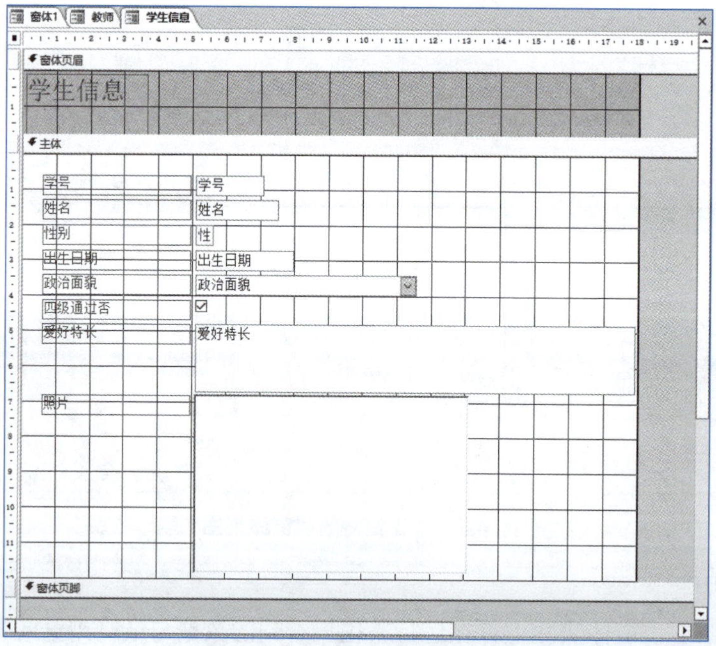

图 4.6　学生窗体的“设计视图”

四、创建窗体

在Access 2016中，创建窗体可以通过多种方式来完成，下面介绍几种常用的创建窗体的方式。

1. 直接创建窗体

这种方式也可以称为“自动窗体”，首先选择要为之创建窗体的数据库对象（数据表、查询或窗体），然后单击“创建”选项卡下“窗体”组中的“窗体”按钮，即可完成窗体的创建，此时，新建窗体将以“布局视图”显示窗体内容，用户可根据需要对窗体内容进行更改。

例4.1 为教务管理系统数据库中的“学生”表创建自动窗体。

操作步骤如下：

（1）打开数据库文件“教务管理系统”。

（2）选中“学生”表，在“创建”选项卡中，单击“窗体”组中的“窗体”按钮。

（3）单击“保存”按钮，在弹出“另存为”对话框内输入窗体名称，单击“确定”按钮，保存窗体。

所创建窗体如图4.7所示，“学生”表中所有字段都会被放置在该窗体上。

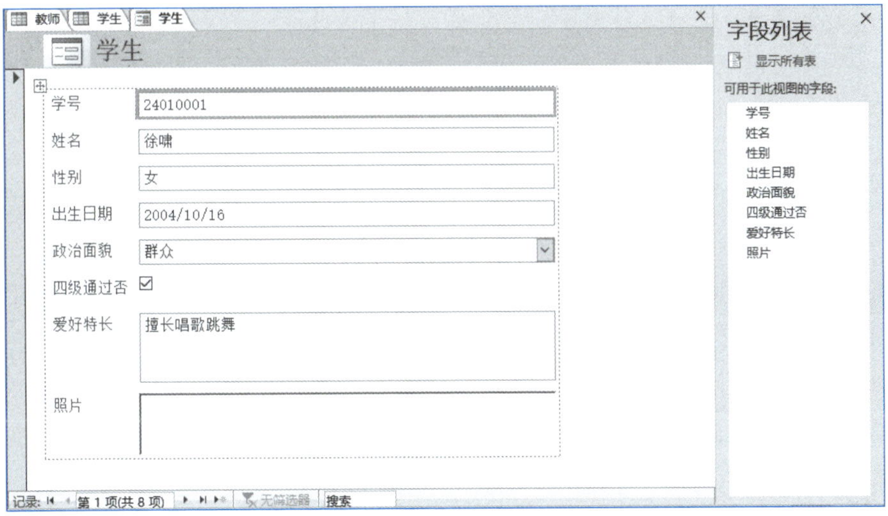

图 4.7　为“学生”表创建自动窗体

2. 使用“窗体设计器”创建窗体

使用“窗体设计器”创建窗体，用户可以不受Access 2016系统约束，从一个空白窗体出发，通过向窗体中添加各种需要的控件和数据表字段，完全自主地设计窗体的内容和结构。

例4.2 以“教务管理系统”数据库中的数据表作为数据来源，利用“窗体设计器”创建窗体，在窗体中显示学生的姓名、学号、课程号、课程名、成绩等信息。

操作步骤如下：

（1）打开数据库文件“教务管理系统”。

（2）在“创建”选项卡中，单击“窗体”组中的“窗体设计”按钮，会生成一个空白窗体，窗口工具栏中会出现“窗体设计工具”选项卡，如图4.8所示。

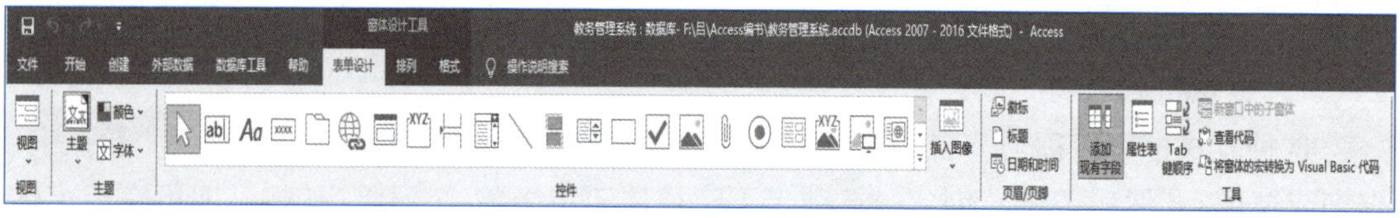

图 4.8 “窗体设计工具”选项卡

（3）单击“工具”组中的“添加现有字段”按钮，在窗口右侧会出现“字段列表”窗格，单击其中的“显示所有表”链接，则当前数据库中的所有数据表出现在列表中，如图4.9所示。

（4）展开数据表，把需要的字段依次拖放到窗体的主体部分，则每个字段都会自动对应生成一个标签和一个文本框，可以拖动调整其对齐方式，添加完所需字段的窗体如图4.10所示。

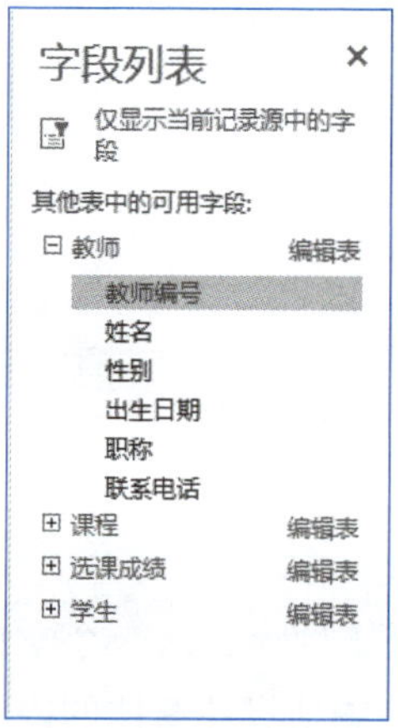

图 4.9 “字段列表”窗格

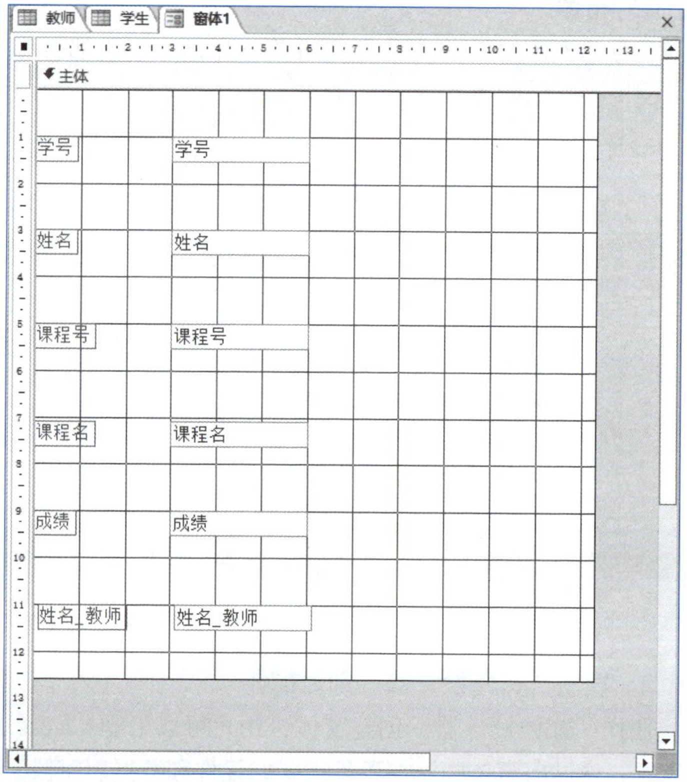

图 4.10 学生课程成绩窗体

（5）单击“保存”按钮，在弹出“另存为”对话框内输入窗体名称“学生成绩”，单击“确定”按钮，保存窗体。窗体运行效果如图4.11所示。

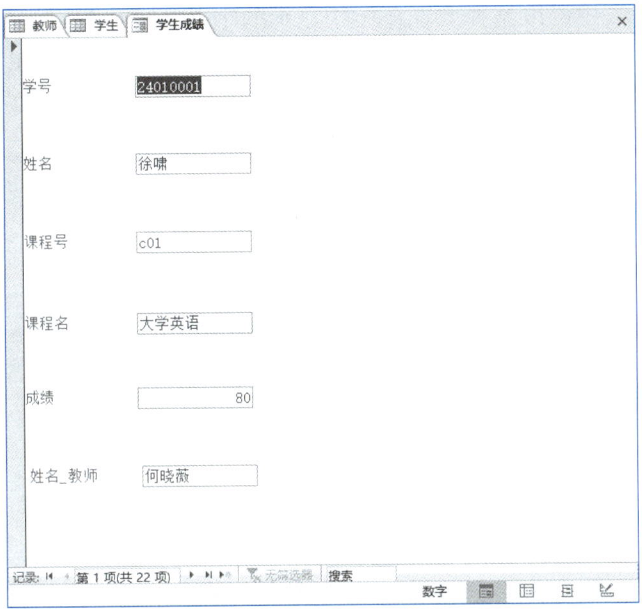

图 4.11　运行学生成绩窗体

3. 使用"窗体向导"创建窗体

使用Access 2016提供的"窗体向导"，用户可以更方便地创建所需要的窗体，"窗体向导"可以指定窗体显示的字段内容，也可以指定数据的组合和排列方式。

例 4.3 以教务管理系统数据库中的"学生"表作为数据来源，利用"窗体向导"创建显示学生基本信息的窗体。

操作步骤如下：

（1）打开数据库文件"教务管理系统"。

（2）在"创建"选项卡中，单击"窗体"组中的"窗体向导"按钮 窗体向导 ，弹出图4.12所示的"窗体向导"字段选择对话框。

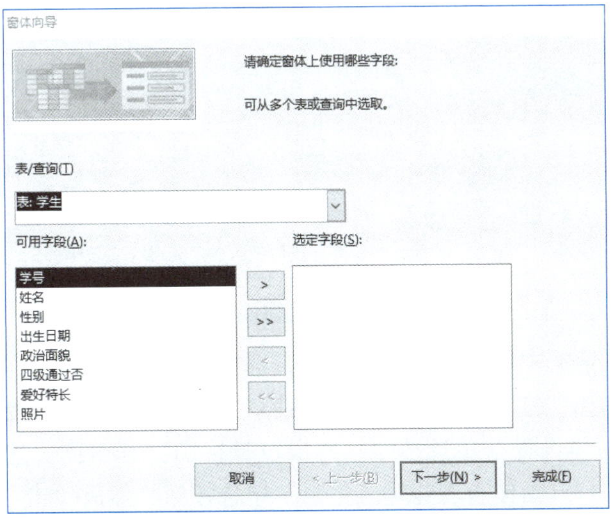

图 4.12　"窗体向导"字段选择对话框

（3）在该对话框中可以选择要在窗体中显示的字段，这里先在“表/查询”下拉列表框中选择“表：学生”选项，在“可用字段”列表框中选择字段，这里通过单击全部右移按钮 » 来选择学生表的所有字段，最后单击“下一步”按钮，进入图4.13所示的布局选择对话框。

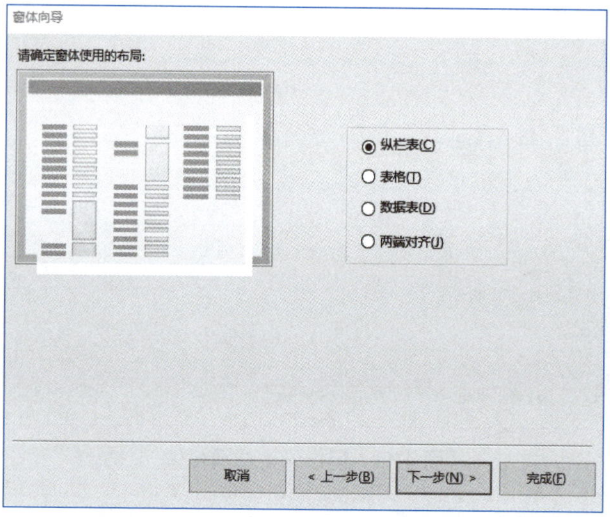

图 4.13 布局选择对话框

（4）在布局选择对话框中根据需要选择适当的布局，这里选择“纵栏表”单选按钮，单击“下一步”按钮进入图4.14所示的对话框。

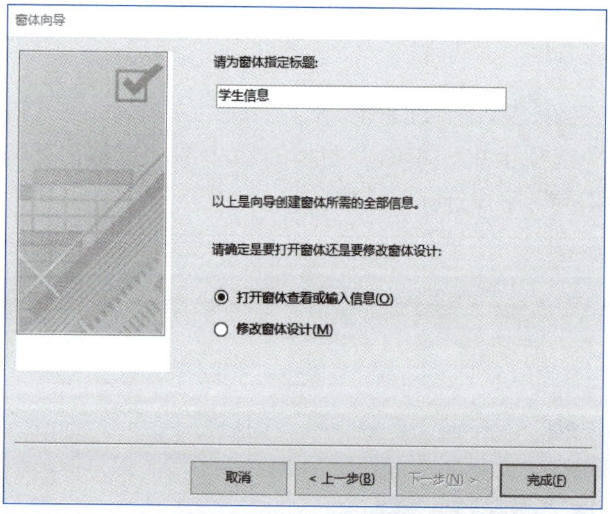

图 4.14 指定窗体标题

（5）在图4.14对话框中，指定窗体的标题，选择是打开窗体查看信息或输入信息还是修改窗体设计，若选择“打开窗体查看或输入信息”单选按钮，则直接浏览窗体内容及效果，若选择“修改窗体设计”单选按钮，则以设计视图打开窗体。这里设定窗体标题为“学生信息”，选择“打开窗体查看或输入信息”单选按钮，然后单击“完成”按钮，完成窗体创建，结果如图4.15所示。

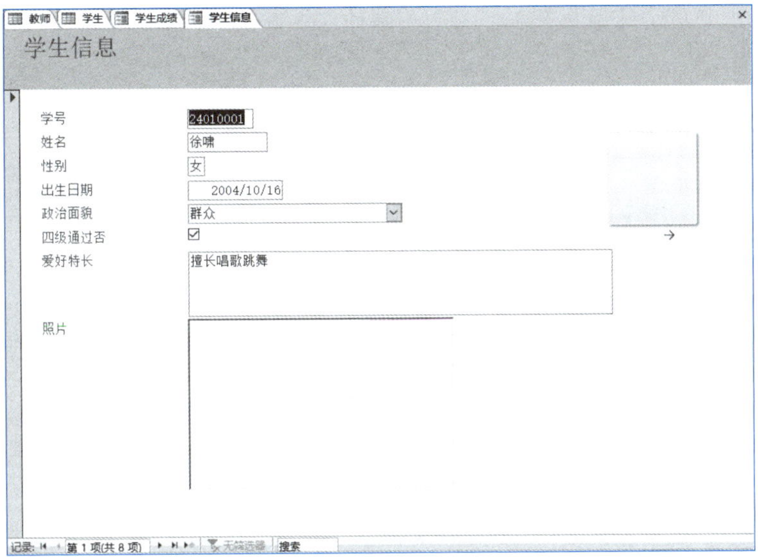

图 4.15 学生信息窗体

动手实践

通过窗体给教师表输入数据，并比较和直接通过教师表格方式输入数据的不同。

润物无声

工欲善其事，必先利其器

通过以上的学习可以看到，使用Access 2016窗体输入数据具有以下几个优势：

（1）用户友好：窗体提供直观的界面，使得用户无须深入了解数据库结构就能轻松进行数据输入，降低了操作难度。

（2）数据验证：窗体可以设置数据验证规则，确保输入的数据符合预定标准，减少错误的发生。

（3）自动化操作：通过在窗体中添加按钮、宏和VBA代码，可以实现自动化操作，如数据保存、查询、计算等，提高工作效率。

（4）一致性和完整性：窗体可以限制用户输入的范围和格式，确保数据的一致性和完整性。

总之，使用Access 2016窗体输入数据，不仅简化了操作流程，还提高了数据的准确性和工作效率，是数据管理的重要工具。

知识巩固

一、选择题

1. 窗体的组成包括窗体页眉/页脚节、页面页眉/页脚节和（　　）。

A. 主体节　　B. 父体节　　C. 子体节　　D. 从体节

2. 子窗体主要用于显示具有（　　）关系的表或查询中的数据。

A. 一对多　　B. 多对多　　C. 一对一　　D. 多对一

3. 为窗体上的控件设置Tab键的顺序，应选用“属性表”窗口中的（　　）选项卡。

A. 数据选项卡　　B. 格式选项卡　　C. 其他选项卡　　D. 事件选项卡

4. 在窗体设计视图中，要选中多个不相邻的控件，可以在按下（　　）键的同时用鼠标单击控件。

A. Tab　　B. Esc　　C. Shift　　D. Ctrl

5. 下列不属于控件格式属性的是（　　）。

A. 宽度　　B. 背景色　　C. 边框样式　　D. 控件来源

二、填空题

1. 窗体的记录源可以是________和________。

2. 在窗体设计过程中，经常要使用的三种属性是________、________节属性。

3. 可以利用窗体对数据进行的操作有添加________、________、________。

任务二　设计窗体

Access 2016窗体功能强大，可灵活创建多样化的数据输入界面。灵活使用Access 2016窗体功能，可以设计多样化的窗体输入。同时，利用子窗体嵌套、标签控件分组等功能，提升用户交互体验。设置输入掩码和验证规则，可以确保数据准确性。通过宏和VBA脚本，可以实现自动化处理和动态响应，进一步提高效率。

任务情境

小李：贺老师，窗体的基本功能我已经学会了，窗体还有哪些高级功能吗？

老贺：窗体功能很丰富，如果能灵活使用Access 2016窗体功能，可以设计多样化的窗体输入。

小李：能具体讲解一下吗？

老贺：例如，通过添加文本框、下拉列表、复选框、按钮等控件，可以实现丰富的数据输入方式。

小李：想不到窗体有这么多功能，那我来好好探索一下。

任务描述

在“教务管理系统”数据库中，使用窗体的高级功能完成对教师、学生、课程和选课等数据的输入。

实现以上案例，要求掌握的知识：

（1）窗体和控件的属性设置。

（2）窗体的操作使用。

经过本项目知识学习，即可掌握上述知识并设计出窗体的高级功能。

知识链接

一、设置窗体的属性

一个窗体有许多的属性，窗体的属性决定了窗体的结构、数据来源以及外观，通过属性的设置，可以全面设计和掌握窗体的整体构造。窗体属性的设置可以在布局试图和设计视图两种模式下进行。

1. “属性表”窗口

在窗体的布局视图和设计视图模式下都会在窗口的右侧打开“属性表”对话框，如图4.16所示。同时功能区中会出现“窗体设计工具”选项卡，可以通过其中“设计”选项卡下的“属性表”按钮来关闭或打开“属性表”对话框。在“属性表”对话框中可以对所选中的窗体对象的各方面的属性进行设置。

2. 窗体属性设计

设计一个标准的窗体，一般从以下两方面进行考虑。

1）设计窗体的总体结构

一个标准的窗体主要由窗体页眉和页脚、页面页眉和页脚及主体部分构成，其中窗体页眉和页脚、页面页眉和页脚可以有选择性的取舍。

要定制窗体的结构，操作步骤如下：

（1）把窗体切换到“设计视图”。

（2）在窗体空白处右击，会弹出图4.17所示的快捷菜单，单击相应的命令即可设定窗体是否包含窗体页眉和页脚、页面页眉和页脚。

图 4.16 “属性表”对话框

图 4.17 窗体设计快捷菜单

2）定义窗体的属性

窗体属性的定义，主要考虑以下内容：

（1）窗体的宽度；

（2）窗体的高度；

（3）窗体的背景颜色；

（4）窗体的背景图片；

（5）窗体的边框样式；

（6）窗体是否自动居中；

（7）窗体是否含有滚动条；

（8）窗体是否显示最大化和最小化按钮。

例 4.4 为例4-3中创建的学生信息窗体设置属性：窗体页眉的背景色为“浅蓝色”（标准色块中最后一行右起第四个），页眉中的标题文本框设置特殊效果“阴影”；主体部分背景色为“褐紫红色1”；窗体只保留垂直滚动条。

操作步骤：

（1）选中“学生信息”窗体，把视图模式切换到“设计视图”。

（2）在“属性表”对话框的对象选择下拉列表框中选择“窗体”，在“格式”选项卡下，设置“滚动条”属性的值为“只垂直”。

（3）在“属性表”对话框的对象选择下拉列表框中选择“窗体页眉”，在“格式”选项卡下，单击“背景色”的属性设置框，然后单击右侧的[...]，从弹出的颜色选择面板中选择标准色中的“浅蓝”。

（4）选中窗体页眉中的“学生信息”文本框，在“属性表”对话框的“格式”选项卡下，设置“特殊格式”属性的值为“阴影”。

（5）在“属性表”对话框的对象选择下拉列表框中选择“主体”；在“格式”选项卡下，单击“背景色”下的属性设置框，然后单击右侧的[...]，从弹出的颜色选择面板中选择标准色中的“褐紫红色1”。

（6）保存并运行窗体。

二、窗体控件的使用

控件是窗体的重要组成部分，一个窗体主要是由若干个不同类型的控件组成的。前面所介绍的创建窗体的方法，窗体中控件的种类和结构基本上都依赖于数据源的结构，创建的是数据维护窗体，窗体形式比较简单。为了更好地设计个性化的工作窗口，适应某些复杂问题的需求，就需要进一步了解各种控件及其属性设置，以便设计出更丰富的窗体样式。

窗体的显示效果，不仅取决于窗体自身的属性，还取决于窗体的布局，窗体的布局与窗体控件的布局及窗体控件的属性有直接的关系。

1. 窗体的布局

布局其实是一些参考线，可用于使控件沿水平方向和垂直方向对齐，以使窗体具有一致的外观。用户可以将布局视为一个表格，该表中的每个单元格要么为空，要么包含单个控件。常用的布局方式有表格式和堆叠式两种，另外，用户也可以通过拆分单元格或合并单元格来自定义布局，使布局更适合实际应用。

1）表格式布局

在表格式布局中，各个控件按行和列进行排列，其中标签位于顶端。表格式布局总会跨越窗体的两个部分，标题标签会出现在窗体页眉中。

例 4.5 对于例4-2中创建的“学生成绩”窗体，对其使用表格式布局。

操作步骤：

（1）以“设计视图”模式打开“学生成绩”窗体。

（2）在“窗体设计工具”选项卡中，单击“排列”选项卡。

（3）选中窗体主体部分的所有控件，单击“排列”选项卡下“表”工具组中的“表格”按钮，修改后的布局样式如图4.18所示。

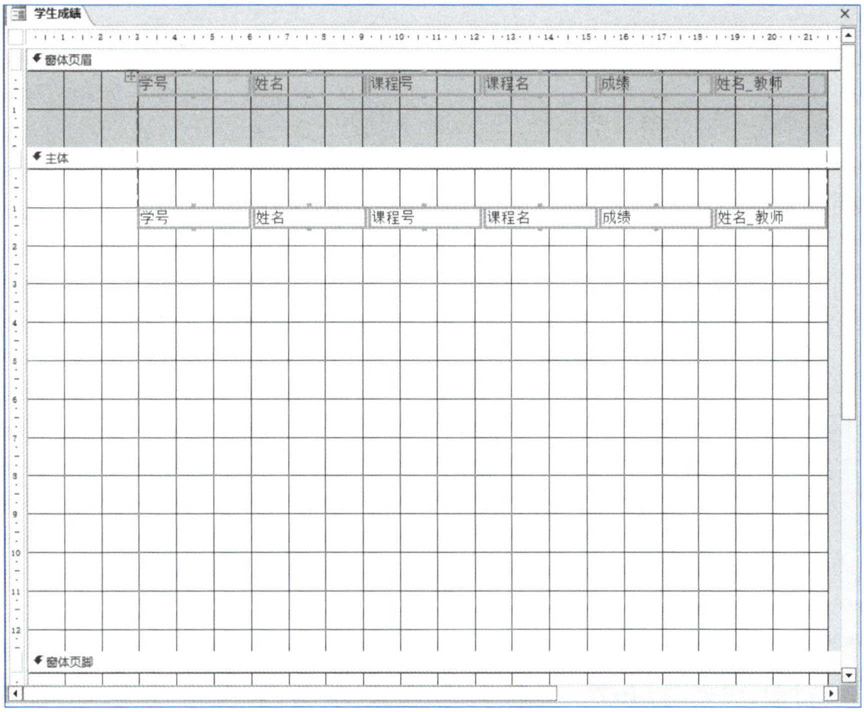

图 4.18　对学生成绩窗体使用表格式布局

2）堆叠式布局

在堆叠式布局中，各个控件会沿垂直方向进行排列，每个控件的左侧都有一个标签，堆叠式布局中控件不会跨越窗体的两部分。

例 4.6 对学生信息窗体应用堆叠式布局。

操作步骤：

（1）以“设计视图”模式打开“学生成绩”窗体。

（2）在“窗体设计工具”选项卡中，选择“排列”选项卡。

（3）选中窗体主体部分的所有控件，单击“排列”选项卡下“表”工具组中的“堆积”按钮，修改后的布局样式如图4.19所示。

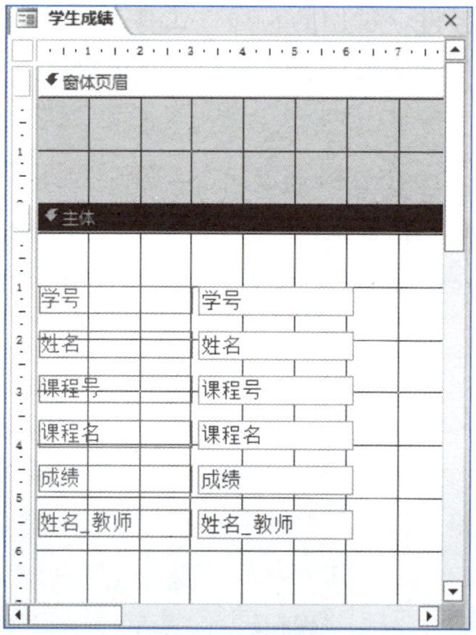

图 4.19 对学生信息窗体使用堆叠式布局

3）其他布局设置工具

除了使用表格式布局和堆叠式布局之外，用户也可以通过“窗体设计工具”选项卡中“排列”选项卡下的其他工具来定制窗体的布局。如通过“行和列”工具组中的相应按钮，可以在布局表格中添加新的行或列，通过“合并/拆分”中的相应按钮可以实现对布局表格中单元格的合并或拆分，通过“位置”组中的按钮可以调整空间中的位置关系。

2. 控件基础

1）控件的分类

根据控件在数据处理中的作用，可以把控件分为三大类：绑定控件、未绑定控件和计算控件。

（1）绑定控件：以数据表或查询中的字段为数据源，用于显示数据库中字段的值。

（2）未绑定控件：无数据源的控件，主要用于显示文本、线条、图形和图片等，例如，显示窗体标题的标签。

（3）计算控件：数据源是表达式的控件，控件显示表达式的值，表达式可以是运算符、控件名称、字段名称、返回单个值的函数以及常量的组合。

2）控件的创建

创建窗体时，一般先添加和排列绑定控件，尤其是当它们占窗体控件中的多数时，再添加未绑定控件和计算控件。

创建绑定控件最快捷的方式是将字段从“字段列表”窗格拖到窗体上。创建未绑定控件和计算控件，先选择设计视图下“窗体设计工具”选项卡，再选择“设计”选项卡，然后将“控件”组中需要的控件拖到正在设计的窗体中。

3）控件属性

不同的控件其功能和作用各不相同，通过对控件属性的设置，可以定义控件的外观和行为，使控件发挥其应有的作用。

当选中窗体中某一个控件时，“属性表”窗格中会列出当前选定控件的可设置的属性，这些属性一般被分为格式、数据、事件、其他以及全部几大类，用户可以根据需要有选择地设置控件的相应属性。

3. 常用控件

把窗体视图切换到“设计视图”模式，选择“窗体设计工具”选项卡下的“设计”选项卡，在“控件”组中列出了各类控件，通过单击控件列表区右下角的▼按钮，可在弹出的列表中选择是否使用控件向导，如图4.20所示。

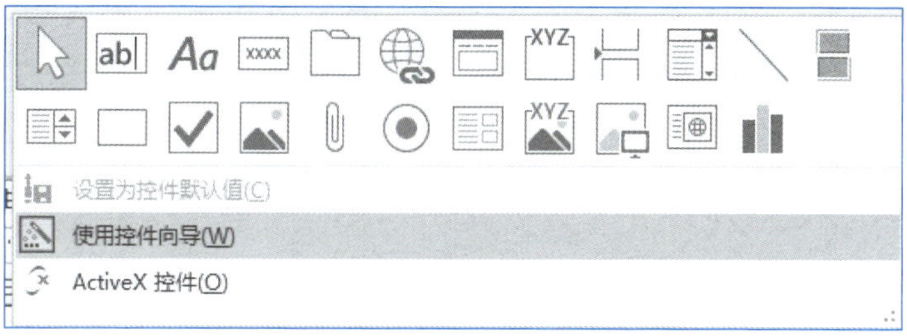

图 4.20　使用控件向导选择

1）选择控件

选择控件的符号为，作用是选择一个或一组窗体控件。当该控件按钮被按下时，只要在窗体中拖动一个方框，则方框内所有控件将被选中；另外也可以借助【Shift】键来控制多个控件的选取。

2）标签控件

标签控件的符号为 *Aa*，主要用于显示窗体中各种说明和提示信息。标签控件的主要属性如下：

- 标题标签标题：即标签上显示的信息；
- 名称标签的名称：用于引用标签；
- 上边距标签距离窗体上边界的距离；
- 左边距标签距离窗体左边界的距离；
- 宽度标签自身的宽度；
- 高度标签自身的高度；
- 字体名称标签所显示文本的字体；
- 字号标签所显示字体的字号；
- 前景色标签所显示字体的颜色；
- 特殊效果标签的特殊效果。

3）文本框控件

文本框控件的符号为ab|，主要用于数据表中通用型字段（如文本、数字、时间/日期、货币等）值的输入和输出。文本框可以用作绑定文本框、计算文本框或非绑定文本框。每个文本框控件会自动带一个标签。文本框控件的主要属性如下：

- 上边距文本框距离窗体上边界的距离；
- 左边距文本框距离窗体左边界的距离；
- 宽度文本框自身的宽度；
- 高度文本框自身的高度；
- 控件来源文本框的数据来源；
- 特殊效果文本框的特殊效果；
- 字体名称文本框内容的字体；
- 字体粗细、下划线、倾斜字体等文本框内容的特殊样式。

例4.7 创建图4.21所示的窗体，输入半径，计算圆的面积。

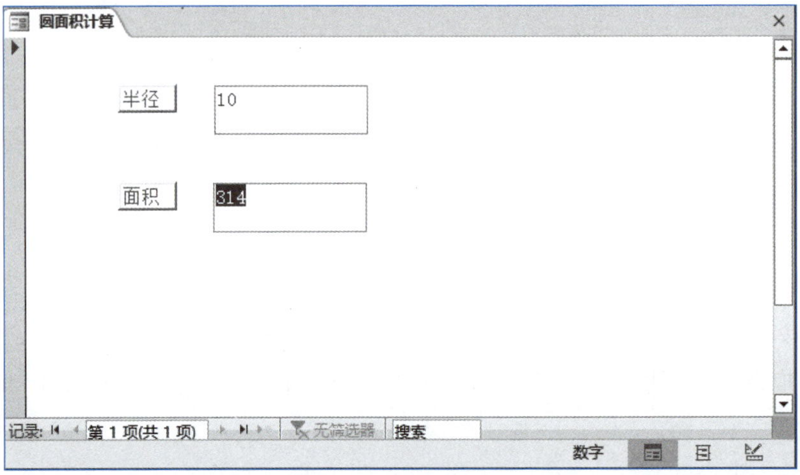

图 4.21 圆面积的计算

操作步骤如下：

（1）创建一个空白窗体，并切换到“设计视图”。

（2）从“窗体设计工具”的“控件”组中，选中ab|按钮并拖放到窗体主体部分，会弹出图4.22所示的“文本框向导”对话框（在选择了“使用控件向导”的前提下），可以选择在向导的引导下完成对话框某些属性的设置，也可以直接单击“完成”按钮结束向导。

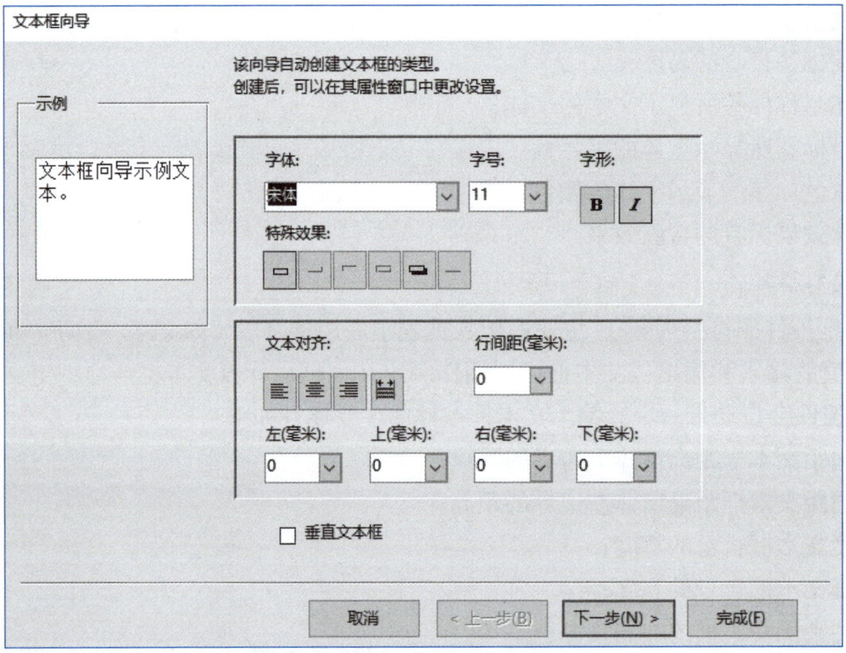

图 4.22 “文本框向导”对话框

（3）按照同样的操作再向窗体中添加一个文本框，结果如图4.23所示，通过拖动或布局排列调整两个文本框的位置并对齐。

（4）选中“Text0”标签，修改其“标题”属性值为“半径”，“特殊效果”属性值为“凸起”；选中“Text2”标签，修改其“标题”属性值为“面积”，“特殊效果”属性值为“凸起”。

（5）选中第一个文本框，修改其“名称”属性值为“bj”；选中第二个文本框，修改其“控件来源”属性值为“=3.14*[bj]*[bj]”。

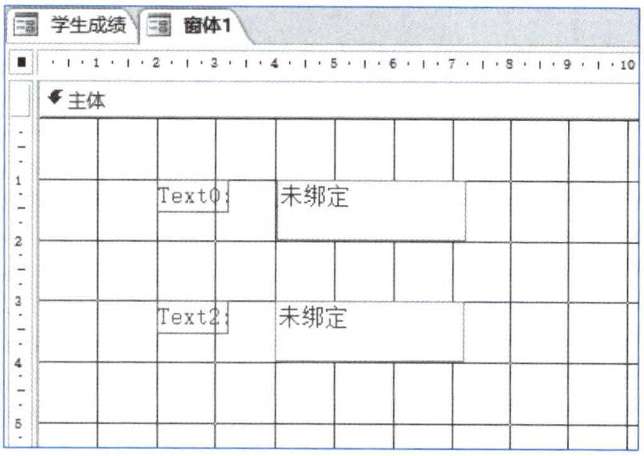

图 4.23　添加两个文本框

（6）保存并运行窗体，效果如图4.21所示，在半径输入文本框中输入10并按【Enter】键，则计算结果出现在面积文本框中。

4）命令按钮控件

命令按钮控件的符号为，主要用于控制程序的执行过程，以及控制对窗体中数据的操作等。在进行应用程序设计时，经常在窗体中添加具有不同功能的命令按钮，并为按钮设定事件处理代码。当打开窗体时，只要触发窗体中某一命令按钮控件，系统就会执行该按钮的事件处理代码，完成指定的操作。命令按钮的主要属性如下：

- 上边距：命令按钮距离窗体上边界的距离；
- 左边距：命令按钮距离窗体左边界的距离；
- 按钮的标题：即按钮上显示的信息；
- 按钮的高度：按钮自身的高度；
- 按钮的宽度：按钮自身的宽度；
- 单击：单击按钮时执行的事件处理代码；
- 双击：双击按钮时执行的事件处理代码；
- 字体名称：命令按钮标题文本的字体；
- 字号：命令按钮标题文本的字号；
- 前景色：命令按钮标题文本的颜色；
- 图片：命令按钮显示的图标存储的位置。

命令按钮控件的响应动作，主要由命令按钮的事件代码来决定，利用命令按钮向导或宏命令编辑窗口可以输入和编辑命令按钮的事件代码。

例 4.8 修改例4-7中的窗体设计，取消面积文本框的数据源属性设计，添加一个命令按钮，当单击“命令按钮”时，根据输入的半径计算圆的面积并显示在面积文本框中。

操作步骤：

（1）打开例4-7所创建的窗体，切换到设计视图。

（2）选中面积文本框，设置其“名称”属性值为“mj”，删除其“控件来源”属性值。

（3）向窗体中添加一个命令按钮，设置按钮的“标题”属性为“计算”。

（4）单击命令按钮的“单击”事件属性右侧的，弹出图4.24所示的对话框。

图 4.24　选择按钮的代码生成器

（5）在以上代码编辑器窗口中，为该命令按钮的事件处理过程添加一行代码“mj.Value = bj.Value * bj.Value * 3.14”。

（6）保存并运行窗体，效果如图4.25所示。

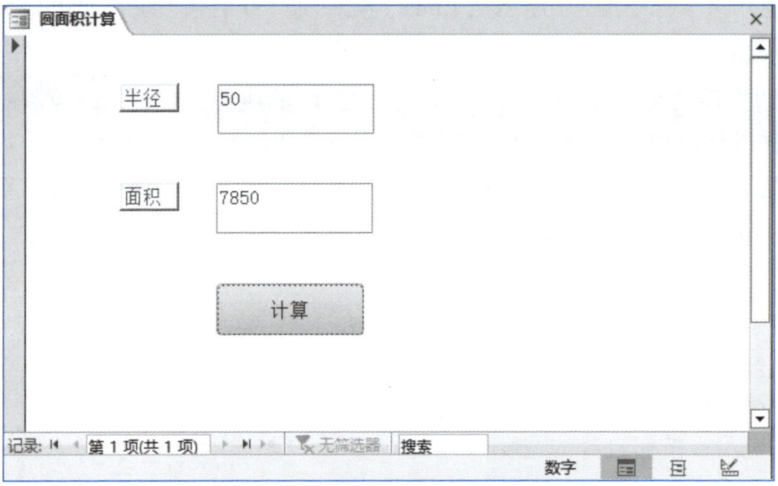

图 4.25　命令按钮计算圆面积

5）列表框控件

列表框控件的符号为▤，是显示和修改数据的主要控件之一，它以表格式的方式输入、输出数据。

列表框控件的主要属性如下：

- 上边距：列表框距离窗体上边界的距离；
- 左边距：列表框距离窗体左边界的距离；
- 按钮的高度：列表框自身的高度；
- 按钮的宽度：按钮自身的宽度；
- 控件来源：列表框的行来源类型；
- 字体名称：列表框内显示内容的字体；
- 字号：列表框内显示内容的字号；
- 前景色：列表框内显示内容的前景色。

在选择“使用控件向导”的情况下，向窗体中添加一个列表框控件会启动列表框向导，引导用户完成列表框控件的设计。

6）组合框控件

组合框控件的符号为，它由一个“列表框”和一个“文本框”组成，即组合框将文本框和列表框组合在一起，这样不仅可以加快和简化用户输入数据，而且可以节省窗体空间。组合框控件的主要属性如下：

- 宽度：组合框自身的宽度；
- 高度：组合框自身的高度；
- 控件来源：组合框的行来源类型；
- 字体名称：组合框内显示内容的字体；
- 字号：组合框内显示内容的字号；
- 前景色：组合框内显示内容的前景色。

在窗体中添加一个组合框，同样会启动组合框向导，引导用户完成组合框的属性设置及创建。

7）选项按钮控件

选项按钮控件的符号为◉，是用来显示数据源中“是/否”字段的值，如果选择了选项按钮，其值就是“是”，如果未选择“选项按钮”，其值就是“否”。选项按钮的主要属性如下：

- 宽度：选项按钮自身的宽度；
- 高度：选项按钮自身的高度；
- 特殊效果：选项按钮的特殊效果；
- 控件来源：选项按钮的行来源类型；
- 默认值：选项按钮的默认值；
- 边框样式：选项按钮的边框样式；
- 边框颜色：选项按钮的边框颜色。

一组选项按钮要实现互斥，必须结合使用选项组控件。

8）选项组控件

选项组控件的符号为，它用于控制选项按钮之间的互斥性，即在多个选项中只能选择其中一个选项，类似于常见图形界面中的单选按钮。一般情况下，选项按钮控件成组地出现在窗体中，并放置在一个选项组中。选项组控件的主要属性如下：

- 宽度：选项组自身的宽度；
- 高度：选项组自身的高度；
- 特殊效果：选项组的特殊效果；
- 背景样式：选项组的背景样式；
- 背景色：选项组的背景颜色；
- 默认值：选项组的默认值；
- 边框样式：选项组的边框样式；
- 边框宽度：选项组的边框宽度。

例4.9 创建窗体，在窗体中创建性别选择的选项按钮及选项组控件，运行效果如

图4.26所示。

操作步骤：

（1）创建一个空白窗体，切换到“设计视图”。

（2）在“控件”组中选择“选项组”控件按钮拖放到窗体中，修改其左上部分的标签的“标题”为“性别”。

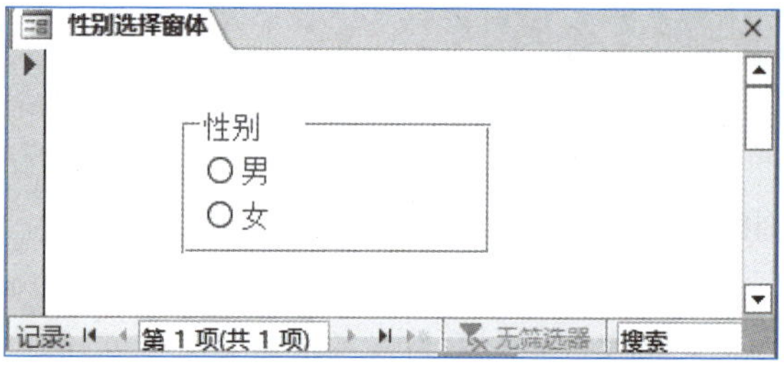

图 4.26　性别选择的窗体

（3）从“控件”组中选定“选项按钮”拖放到刚创建的选项组控件中，修改选项按钮的标签的“标题”属性值为“男”；用同样的方法创建第二个选项按钮“女”。

（4）保存并运行窗体。

以上操作也可以在“选项组向导”的引导下完成。

9）复选框控件

复选框控件的符号为☑，它与选项按钮的作用相同。复选框的主要属性如下：

- 宽度：复选框自身的宽度；
- 高度：复选框自身的高度；
- 特殊效果：复选框的特殊效果；
- 控件来源：复选框的行来源类型；
- 默认值：复选框的默认值；
- 边框样式：复选框的边框样式；
- 边框宽度：复选框的边框宽度。

10）绑定对象框控件

绑定对象框控件的符号为，主要用于绑定的OLE对象的输出。

绑定对象框控件的主要属性如下：

- 宽度：绑定对象框自身的宽度；
- 高度：绑定对象框自身的高度；
- 缩放模式：绑定对象框的缩放模式；
- 背景样式：绑定对象框的背景样式；
- 控件来源：绑定对象框的数据来源；
- 边框样式：绑定对象框的边框样式；
- 边框宽度：绑定对象框的边框宽度。

11）选项卡控件

选项卡控件的符号为，用于把多个不同格式的页面封装在一个页框中，为用户提供多个页面的信息，每个页面可以包含多种控件。

选项卡控件的主要属性如下：

- 宽度：选项卡自身的宽度；
- 高度：选项卡自身的高度；
- 标题：选项卡的页标题；

• 图片：选项卡的图片；
• 图片类型：选项卡的图片类型。

12）子窗体控件

子窗体控件的符号为，它用于在主窗体中显示与其数据来源相关的子数据表中的数据。

子窗体控件的主要属性如下：

• 标题：子窗体的标题；
• 子窗体的默认视图；
• 高度：子窗体自身的高度；
• 宽度：子窗体自身的宽度；
• 控件来源：子窗体的记录源；
• 边框样式：子窗体的边框样式；
• 子窗体的自动居中；
• 子窗体的图片；
• 子窗体的图片类型。

利用子窗体向导，可以很方便完成子窗体的创建。

动手实践

基于本项目开始所展示的教师信息表的结构，创建用于录入教师基本信息的窗体，窗体内容及显示效果如图4.27所示。

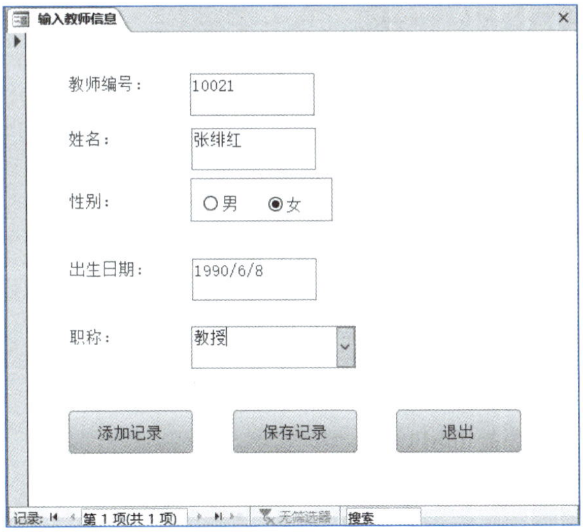

图 4.27　录入教师信息的窗体

请按以下要求完成相关操作：

（1）使用窗体设计器创建一个新窗体。

（2）根据需要，从窗体设计工具的控件拦中选择所需类型的控件，在窗体中依次绘制相应的组件：其中“教师编号”“姓名”“性别”“出生日期”“职称”这些提示性信息的显示使用的是标签控件 **Aa**，“教师编号”“姓名”和“出生日期”的输入框使用的是文本框

控件ab|，其操作比较简单，在此不再详细叙述。

（3）添加性别选择选项组：从窗体设计工具的控件栏中选中选项组控件XYZ，在窗体中相应位置进行拖动，并将其标题域清空；从窗体设计工具的控件栏中选中选项按钮控件◉，在刚才添加的选项组控件内部进行拖动，修改其标题文字为“男”，用同样的方式添加第二个选项按钮“女”。

（4）添加职称选择组合框：从窗体设计工具的控件栏中选中组合框控件，在窗体中相应位置进行拖动，将启动如图4.28所示的“组合框向导”对话框，将组合框获取数据的方式设定为第二种“自行键入所需的值”，然后单击“下一步”按钮，将出现图4.29所示对话框，这里指定列数为“1”，在列值单元格中依次输入所需要的值，这里输入“教授”“副教授”“讲师”“助教”，然后单击“完成”按钮。

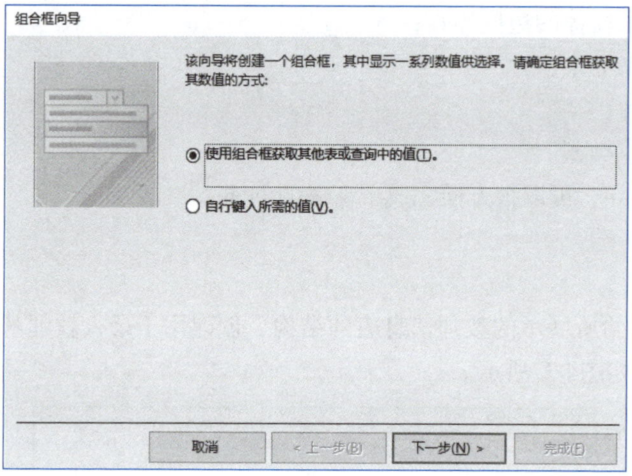

图 4.28 “组合框向导启”对话框

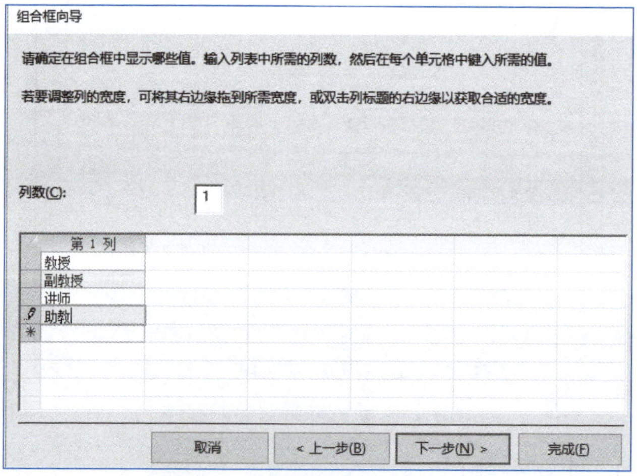

图 4.29 设定组合框所要显示的值

（5）添加命令按钮：从窗体设计工具的控件栏中选中命令按钮XXXX，在窗体中进行拖动，修改其标题文字为“添加记录”，用同样的方式添加另外两个命令按钮“保存记录”和“退出”，命令按钮的单击事件功能实现将在后续项目中学习，此处暂不考虑。

（6）调整窗体布局以及控件宽、高、边距等属性，达到需要的排列效果，最后单击“保存”按钮保存窗体，并把窗体标题设置为“输入教师信息”。

当然，此处所展示的仅是该窗体的实现方式之一，其他实现方式读者可自行探索。例如，为了加快控件的创建速度，也可基于教师信息表采用另外两种方式创建窗体，然后切换到设计视图，对组件进行修改和添加。

润物无声

所见即所得（WYSIWYG）设计方法

本项目中所用的窗体设计方法是一种所见即所得（WYSIWYG）设计方法，其优点在于直观和高效。用户能够直接看到最终的设计效果，所见即所得，避免了在设计和实际呈现之间的差异。它简化了设计过程，使用户无须编写复杂代码即可进行创作，提高了设计效率和准确性。同时，WYSIWYG方法降低了设计门槛，使更多人能够轻松进行网页、文档等设计工作。

知识巩固

一、单选题

1. 在窗体中要实现下拉列表的效果，需要使用的控件是（　　）。

　A. 组合框　　B. 复选框　　C. 选项组　　D. 选项按钮

2. 下列关于窗体的说法中，错误的是（　　）。

　A. 在窗体设计视图中，可以对窗体进行结构的修改

　B. 窗体的数据来源可以是表或者查询

　C. 在窗体设计视图中，可以进行数据记录的修改添加

　D. 在窗体中可以含有一个或几个子窗体

3. 通过设置窗体的（　　）属性可以设定窗体数据源。

　A. 记录源　　B. 记录集类型　　C. 数据输入　　D. 标题

4. 要在窗体首页使用标题，应该在窗体页眉添加（　　）控件。

　A. 文本框　　B. 标签　　C. 命令按钮　　D. 选项卡

5. Access 2016中不可以建立的窗体有（　　）。

　A. 隐藏式窗体　　B. 纵栏式窗体　　C. 表格式窗体　　D. 数据表窗体

二、填空题

1. 能够唯一标识某一控件的属性是________。

2. 要改变窗体上文本框控件的数据源，应设置的属性是________。

3. 窗体上的控件分为三种类型：绑定型、________、________。

项目小结

在本项目中，首先介绍了窗体的功能、窗体的组成及窗体的视图模式；然后介绍了创建窗体的几种不同方式：直接创建窗体，使用窗体设计器创建窗体和使用窗体向导创建窗体；接下来介绍了如何利用属性表设置窗体的属性；最后介绍了窗体的布局设置以及常用窗体控件的使用。其中窗体的创建、窗体的属性设置以及常用窗体控件的使用是本项目的重点，需要重点掌握。

项目五 报表的设计与创建

报表作为Access 2016数据库的重要对象之一，主要用于输出数据。报表可以帮助用户以各种格式展示数据，既可以输出到屏幕上，也可以传送到打印机。报表还可以对大量原始数据进行比较、分组和计算，从而可以方便有效地处理数据，使之更易于阅读和理解。报表和窗体都用于数据库中数据的表示，但两者的作用是不同的。窗体主要用来输入数据，强调交互性；报表则用来输出数据，没有交互功能。

项目内容

- 任务一　创建报表
- 任务二　设计报表
- 任务三　排序及分组报表

项目目标

知识目标：掌握报表的基本知识，报表的概念、报表的作用、类型和视图；报表的各种设计和创建方法；在打印报表之前对报表进行排序、分组和计算等各种编辑方法。

能力目标：提升纠错与调试能力。

素养目标：增强学生对数据库及报表中数据重要性的认识，提升学生的数据收集、整理、分析和展示能力。提升信息素养。

任务一　创建报表

在前面的项目我们已经创建了一个“教务管理系统”，同时建立了学生、教师、学生考试成绩等各类数据表及表之间的关系。此时创建报表的作用如同一位精明的教务主任，能够高效地整理、分析和展示学校的各类教学数据，为教育决策和教学管理提供强有力的支持。

任务情境

小李：贺老师，您看我们教务管理系统里的数据越来越多了，每次想要了解学生的学习情况都得手动去翻查，真是费时又费力。

老贺：是的，小李，我完全能理解你的困扰。不过，你知道Access 2016里有个很大的功能吗？那就是创建报表！

小李：报表？听起来挺专业的，具体能做什么呢？

老贺：报表就像是数据界的“魔法师”，它能把我们数据库里那些冷冰冰的数字和信息，变成一张张生动、直观的图表和汇总表。例如，我们可以创建一个“学生成绩单”的报表，这张报表就像是一张学生成绩的“地形图”，一眼就能看出哪些科目学生需要加油。此外，还可以对所有同学的成绩做一个“学生成绩分布报表”，通过对比，哪些学生成绩优异就一目了然了。

小李：哇，听起来很不错啊！那这样的报表具体能怎么帮助我们呢？

老贺：作用可大了！首先，它能帮助我们快速掌握整体情况，不用再一个个去翻查学生的成绩单。其次，通过报表中的数据分析，我们可以发现教学过程中的亮点和问题，比如哪个科目的平均分较低，可能需要加强教学；或者哪个班级的学生进步显著，值得表扬和推广。这些发现都能为我们制定更科学的教学计划提供依据。

小李：嗯，听起来确实很实用。那这些报表做出来给谁看呢？

老贺：当然可以给全校师生和家长看啊！我们可以把报表放在学校的内网上，让大家都能随时查看。这样一来，老师们可以根据报表反馈调整教学方法，学生们可以了解自己的学习状况并设定目标，家长们也能更直观地了解孩子在校的表现。

小李：太好了！贺老师，那我们赶紧弄几份这样的报表出来吧，我们教务管理工作效率肯定会大大提升！

老贺：是的，没错！我们这就去准备，来给我们的教务系统做报表吧！

任务描述

使用Access 2016软件在“教务管理系统”数据库中创建一个“学生信息表”报表，如图5.1所示。要求使用报表创建的不同方法分别来创建出报表，在页面上方能够显示每一位学生的学号、姓名、性别和出生年月等信息。

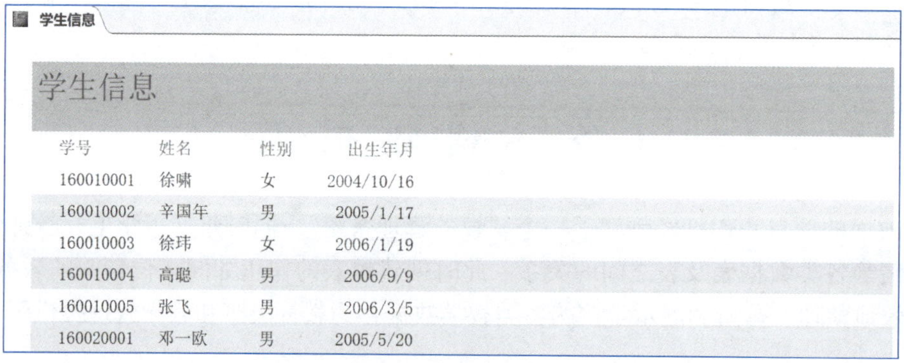

学生信息

学生信息

学号	姓名	性别	出生年月
160010001	徐啸	女	2004/10/16
160010002	辛国年	男	2005/1/17
160010003	徐玮	女	2006/1/19
160010004	高聪	男	2006/9/9
160010005	张飞	男	2006/3/5
160020001	邓一欧	男	2005/5/20

图 5.1 “学生信息表”报表

实现以上案例，要求掌握的知识：

（1）报表的基本知识（作用、类型、视图和组成）；

（2）Access 2016数据库报表的创建的不同方法。

经过本项目知识学习，读者即可掌握上述知识并创建出本报表。

知识链接

一个完整的数据库系统肯定会有打印输出的功能。在传统的数据库系统开发中，数据库的打印功能需要程序员编写复杂的打印程序来实现，打印格式由程序员在设计过程中确定，用户在使用中一般很难修改。在Access 2016中，数据库的打印工作通过报表对象来实现，使用报表对象，用户可以简单、轻松地完成复杂的打印工作，实现了传统媒体与现代媒体在信息传递和共享方面的结合，利用报表可以将数据库中的信息传递给无法使用计算机的读者。

报表是Access 2016数据库中的对象，是真正面向用户的对象，它是以打印格式展示数据的一种有效方式，报表可以将大量数据进行比较和汇总，并最终能生成数据的打印报表。下面介绍报表的相关基本知识。

一、报表的作用

在Access 2016中，创建报表的作用是多方面的，它不仅能够帮助用户高效地查看和分析数据，还能以直观、清晰和易于理解的方式呈现数据库中的信息。想象一下，你是一个探险家，正在寻找隐藏在深山中的宝藏。Access 2016数据库就像是你手中的一张详细地图，而报表则是这张地图上的重要标记和指南。通过这张地图（数据库），你可以知道哪些区域（数据表）可能藏有宝藏（关键数据）；而通过报表这个标记和指南，你可以迅速定位到宝藏的具体位置（关键数据点），并了解宝藏的种类、数量和分布情况（数据汇总和分析）。这样一来，你就能更加高效地规划你的探险路线（制定决策），并与你的队友（同事或合作伙伴）共享你的发现（共享数据）。报表最主要的功能是将表或查询的数据按照设计的方式打印出来。因为用户可以控制报表上每个对象的大小和外观，所以报表能按照所需的方式显示信息以方便查看。可以用来比较和汇总数据，其中的数据来自表、查询或SQL语句，其他信息存储在报表的设计中。

除此之外，报表还提供了以下功能：制成各种丰富的格式，使报表更易于阅读和理解；通过页眉页脚，可以在每页的顶部和底部打印标识信息；利用图表和图形来帮助说明数据的定义；通过使用剪贴画、图片或扫描图像来美化报表的外观。具体来说主要有以下几个方面：

1. 数据整理与汇总

在教务管理系统中存储着成千上万名学生的成绩、课程信息、教师评价等数据。如果这些数据只是散乱地躺在数据库里，就像是一堆未经整理的书籍，查找起来既费时又费力。而通过创建“学生成绩分布报表”，教务主任可以一键生成所有学生的成绩汇总，包括平均分、最高分、最低分、及格率等关键指标。这份报表就像是一本精心编排的目录，让教务主任能够迅速掌握学生的学习情况，一目了然。

同样，假设你是一家销售公司的数据库管理员，负责管理公司的销售数据。通过Access 2016，你可以创建一个“月度销售汇总报表”。这个报表能够自动从数据库中提取各个月份的销售数据，包括销售额、销售量、销售利润等关键指标，并进行分类汇总。这样一来，管理层可以迅速了解到每个月的销售概况，以及哪些产品或地区的销售表现最好。

2. 数据分析与比较

在“学生成绩分布报表”的基础上，教务主任还可以进一步创建“成绩趋势分析报表”。这份报表利用图表和趋势线，展示了学生成绩随时间的变化情况。就像是一位数据侦探，通过这份报表，教务主任能够洞察到哪些科目或班级的成绩波动较大，哪些学生需要特别关注。这种深入的数据分析，为制定针对性的教学改进措施提供了有力的依据。

在企业的月度销售汇总报表中，也可以进一步添加图表（如柱状图、折线图）来展示销售数据的变化趋势。通过图表，管理层可以直观地看到销售额的增长或下降情况，以及不同月份之间的销售对比。这种可视化的呈现方式使得数据分析更加直观和高效。

3. 决策支持与优化

基于学生的成绩报表分析，教务主任可以更加科学地制定教学计划和资源配置方案。例如，如果发现某个科目的成绩普遍偏低，教务主任可能会考虑增加该科目的课时量或调整授课教师；如果发现某个班级的学习氛围不佳，可能会安排更多的集体辅导或团队建设活动。这些决策都是基于报表提供的数据支持，旨在优化教学效果，提升学生的学习体验。

同样，企业中基于月度销售汇总报表和图表分析，管理层可以做出更加明智的决策。例如，如果发现某个产品的销售额连续几个月下降，管理层可能会考虑调整营销策略或产品定价；如果发现某个地区的销售表现特别突出，可能会考虑加大在该地区的推广力度。

4. 数据信息共享和传递

对于学校，创建好的报表还可以作为信息共享的媒介，在教务部门、教师、学生及家长之间架起沟通的桥梁。例如，教务主任可以将“学生成绩概览报表”和“成绩趋势分析报表”通过学校网站或家长微信群进行发布，让家长随时了解孩子的学习情况。同时，这些报表也可以作为教师评估和学生自我反思的重要依据，促进教学相长，形成良好的学习氛围。

在企业中，创建好的报表可以以打印或以电子文档的形式进行共享和传递。例如，在公司的月度例会上，你可以将月度销售汇总报表打印出来分发给各位参会人员，以便他们了解最新的销售情况；或者将报表以电子邮件的形式发送给不在场的同事或合作伙伴，让他们也能及时获取到关键的销售数据。

综上所述，Access 2016中创建报表的作用是不可忽视的。它不仅是数据汇总和总结的利器，更是数据分析和决策支持的重要工具。通过创建报表，可以更加高效地利用数据库中的信息，为企业的管理和决策提供有力的支持。在教务管理系统中，创建报表的作用就像是一位得力的助手，可以帮助教务主任高效地整理、分析和展示教学数据，为教育决策和教务管理工作提供有力的支持。这些报表不仅让数据变得生动可触，更让教育决策变得更加科学、精准和高效，促进教学质量的提升。

二、报表的类型

在Access 2016中，报表的类型有多种，常用的报表包括纵栏式报表、表格式报表、图表报表和标签报表等。了解不同类型的报表对于设计有效、信息丰富且易于理解的数据展示至关重要。

满足不同的信息展示需求：不同类型的报表适用于不同的信息展示需求。例如，如果需要详细展示每条记录的每个字段，那么纵栏式报表可能是最佳选择。而如果需要快速概览大量记录的主要信息，则表格式报表可能更适合。了解这些类型可以帮助根据具体需求选择合适的报表格式。

提高数据可读性：不同类型的报表在展示数据方面有不同的优势和局限性。通过了解这些类型，可以选择最适合数据的报表格式，从而提高数据的可读性和易理解性。例如，图表式报表通过图形方式展示数据，使得趋势和模式更容易被识别。

优化空间利用：在有限的页面空间内展示大量数据时，优化空间利用变得尤为重要。了解不同类型的报表可以帮助设计紧凑且高效的报表布局。例如，多列报表允许在相同的页面空间内并排展示多列数据，从而节省纸张并提高信息密度。

支持决策制定：报表是决策制定过程中的重要工具。通过了解不同类型的报表，可以设计包含关键业务指标的报表，这些报表可以帮助快速获得所需的信息并做出明智的决策。

自定义报表设计：在Access 2016中，可以通过自定义报表设计来满足特定的需求。了解不同类型的报表可以更好地规划报表设计，包括选择适当的控件、布局和样式。此外，不同类型的报表还可以避免在设计过程中遇到常见的陷阱和挑战。

提高用户满意度：最终用户是报表的主要受众。通过设计易于理解、信息丰富且视觉上吸引人的报表，可以提高用户的满意度和接受度。了解不同类型的报表可以帮助创建符合用户期望和偏好的报表。

总之，在Access 2016中了解不同类型的报表是设计有效数据展示解决方案的关键。通过选择合适的报表类型，可以优化数据展示、提高可读性、支持决策制定，并最终提高用户满意度。下面将具体来介绍一下每一类报表的特点和适用场景。

1. 纵栏式报表

纵栏式报表（也称为垂直报表或列式报表）是一种数据展示方式，在这种报表中，以纵列方式显示同一记录的多个字段（与窗体类似），每条记录的各个字段按照字段名称从上到下依次排列，形成一列的形式。

纵栏式报表可以包括汇总数据和图形，在纵栏式报表中可以用多段显示一条记录，也可以同时显示多条记录。每行显示一个字段，行的左侧显示字段名称，行的右侧显示字段值，如图5.2所示。

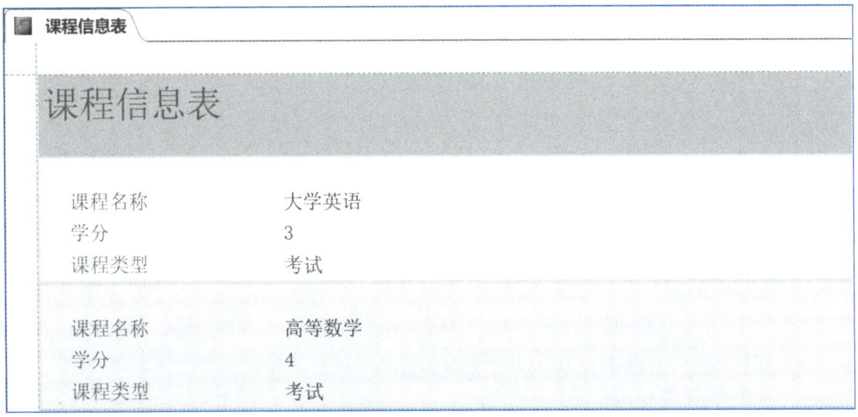

图 5.2　纵栏式报表

具体来说，当查看一个纵栏式报表时，会看到报表的主体部分则是被每一条记录分割，依次显示这些记录相应字段对应的数据值，这些数据值按照字段的顺序垂直排列。因此，每条记录的所有信息都会在一个垂直方向上连续展示，而不是像表格式报表那样在同一行内展示。

在纵栏式报表中每条记录的各个字段自上到下排列。这种报表适合记录较少但字段较多的情况，因为它能够清晰地展示每条记录的详细信息。它的特点主要包括：

（1）清晰展示字段信息：由于每个字段都独占一行，因此可以清晰地看到每个字段的名称和数据值，这对于理解数据结构很有帮助。

（2）适合详细记录：当记录中的字段较多，而记录数量相对较少时，纵栏式报表能够很好地展示每条记录的详细信息，而不会造成页面过于拥挤。

（3）便于阅读：对于某些用户来说，垂直排列的数据可能更容易阅读和理解，因为它模仿了人们阅读文本的自然方式。

适用场景：当需要详细查看单条记录的各个字段时，纵栏式报表是较好的选择。

然而，纵栏式报表也有其局限性。由于数据是垂直排列的，因此当记录数量非常多时，报表可能会变得非常长，需要滚动查看。此外，如果某些字段包含大量数据（如长文本字段），则可能会占用大量页面空间，影响报表的整体美观性和可读性。

在Access 2016中，可以通过报表设计视图来创建纵栏式报表。在报表设计视图中，可以将字段从字段列表中拖放到报表设计区域，并通过调整字段的位置和大小来创建所需的报表布局。Access 2016还提供了多种报表设计工具和选项，允许自定义报表的外观和行为，以满足特定需求。

2. 表格式报表

表格式报表是以整齐的行、列形式显示记录数据的报表类型，通常一行显示一条记录、一页显示多行记录。表格式报表的字段名称不是在每页的主体节内显示，而是放在页面页眉中显示。输出报表时，各字段名称只在报表的每页上方出现一次，如图5.3所示。

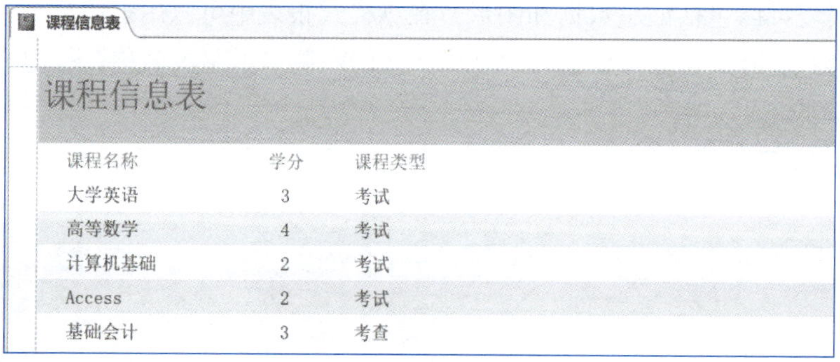

课程名称	学分	课程类型
大学英语	3	考试
高等数学	4	考试
计算机基础	2	考试
Access	2	考试
基础会计	3	考查

图 5.3　表格式报表

在表格式报表中每条记录的各个字段从左到右排列，一条记录的内容显示在同一行，多条记录从上到下显示。这种报表适合记录较多但字段较少的情况，因为它可以在一页上尽量多地显示数据内容，方便用户快速了解数据的全局。通常具有以下特点：

（1）数据显示方式：表格式报表通过行和列来组织数据，其中列用于显示字段（即数据的不同属性或分类），而行则用于显示记录（即具体的数据项）。这样，每条记录都会以一行数据的形式展示，而每页则可能包含多条记录。

（2）字段标题位置：与纵栏式报表不同，表格式报表的字段标题信息（即列标题）不是安排在每页的主体节区内显示，而是通常安排在页面页眉节区内显示。这意味着在输出报表时，各字段名称只在报表的每页上方显示一次，使得报表的顶部保持清晰和整洁。

适用场景：表格式报表适合用于记录较多、字段较少的情况，在需要展示大量记录并关注数据全局的情况下，表格式报表非常适用。它能够帮助用户快速浏览和比较大量数据，从而更容易地识别数据中的模式和趋势。

总的来说，表格式报表是一种直观、简洁的数据展示方式，广泛应用于各种数据分析和报告场景中。通过它，用户可以轻松地查看和理解数据，进而做出更加明智的决策。

3. 图表报表

图表报表是指将报表数据源中的数据进行分类统计汇总，并以图形的方式表示的报表类型，它通过图形化的方式呈现数据，以提高数据的可视化效果。图表报表在数据分析和报告中扮演着重要角色，它能够将复杂的数据以直观、易懂的形式展现出来，帮助用户更快地理解数据背后的信息和趋势，如图5.4所示。

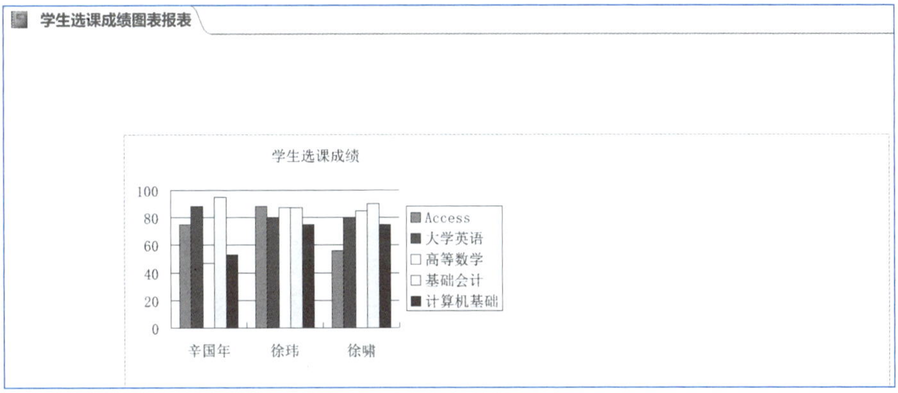

图 5.4　图表报表

图表报表的特点包括：

（1）直观性：图表报表通过图形（如柱状图、折线图、饼图等）来展示数据，使得数据的比较和分析变得更加直观和容易理解。

（2）多样性：图表报表支持多种图形类型，每种图形都有其独特的适用场景和优势。例如，柱状图适合表示不同类别之间的数据对比，折线图适合表示数据随时间的变化趋势，饼图适合表示数据的占比关系等。

（3）信息丰富性：图表报表不仅可以展示数据的数值信息，还可以通过图形的颜色、大小、形状等属性来传递更多的信息。这使得用户可以从多个维度来理解和分析数据。

适用场景：图表报表形式更加直观清晰，适合于综合、归纳、比较等场合。适用场景非常广泛，当需要对数据进行深入分析、比较或展示趋势时，图表式报表是理想的选择。包括但不限于：

① 财务报表分析：用于展示企业的财务状况、经营成果和现金流量等信息。

② 市场调研分析：用于展示市场份额、用户行为、产品销量等数据，帮助企业制定市场策略。

③ 项目管理：用于跟踪项目进度、资源分配和成本预算等信息，确保项目按计划进行。

④ 数据分析报告：用于向管理层或客户展示数据分析结果，帮助他们做出明智的决策。

总之，图表报表是一种强大的数据可视化工具，它能够将复杂的数据以直观、易懂的形式呈现出来，帮助用户更好地理解和分析数据。

4. 标签报表

标签报表是报表的一种特有形式类似于名片，用于记录短信息。它主要将报表数据源中少量的数据组织在一起，可以在一页中建立多个大小、样式一致的卡片，大多用于表示产品价格、个人地址、邮件等简短信息，如图5.5所示。这种报表的特点在于其数据的组织和呈现方式，即通过标签的形式将相关信息归类并展示出来，使得信息的查看和管理更加便捷。

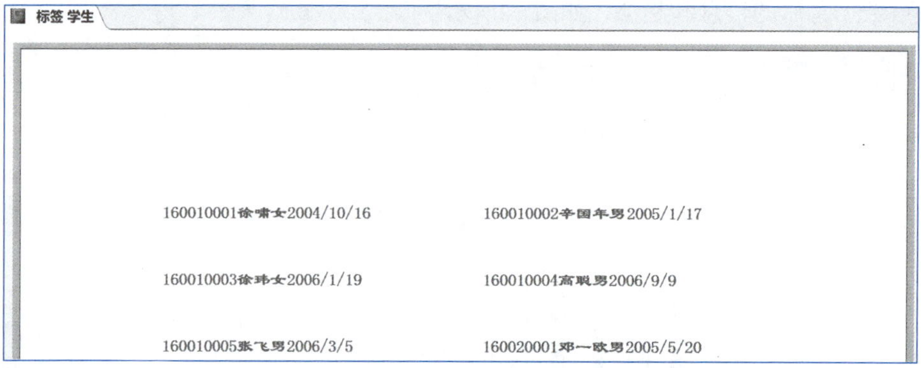

图 5.5　标签报表

标签式报表在实际应用中具有以下优势：

（1）信息分类清晰：通过标签的使用，可以将不同类型或属性的数据清晰地分类，便于用户快速找到所需信息。

（2）易于管理：标签式报表的结构相对简单，数据组织有序，使得报表的管理和维护变得更加容易。

（3）适应性强：由于标签式报表主要关注少量数据的展示，因此它非常适合用于打印大批量的邮件标签、名片等场景，具有较高的实用性。

适用场景：在需要批量生成具有固定格式的标签时，标签式报表非常有用。通常用于制作各种标签，如借书证、听课证、出入证、员工卡以及商品价格标签等。这些标签中的数据信息来源于数据库，通过Access 2016的标签式报表可以设置所需的标签格式。

然而，需要注意的是，标签式报表也有其局限性。例如，在处理大量数据时，标签式报表可能无法提供足够的展示空间，导致信息展示不全或过于拥挤。因此，在选择报表类型时，需要根据实际需求和数据特点进行综合考虑。

总的来说，标签式报表是一种适用于特定场景和需求的报表类型，它通过标签的形式将数据组织并展示出来，具有信息分类清晰、易于管理和适应性强等特点。

5. 多列报表

多列报表是一种报表布局方式，它允许在报表页面上并排排列多个列来展示数据，从而在相同的页面空间内展示更多信息。这种布局方式类似于传统的报纸或杂志中的多栏设计，可以显著提高报表的信息密度和可读性。多列报表有以下特点：

（1）多列布局：报表被划分为多个并排的列，每列都可以独立显示数据。列数可以根据需要灵活定义，以适应不同的报表设计需求。

（2）数据连续性：数据在多列之间连续显示，不会出现断裂或重复。这意味着如果报表中的数据量超过了单列的容量，系统会自动将数据分配到下一列继续显示。

（3）页面属性统一：在多列报表中，您在页级别设置的属性（如边距、填充等）将应用于报表中的每一列。这有助于保持报表的整体一致性和美观性。

（4）数据区域适用性：为了获得最佳效果，多列报表通常使用可提供重复数据行的数据区域（如表格、列表框等）来展示数据。这些数据区域能够自动适应多列布局，确保数据的连续性和完整性。

（5）子报表的继承性：在多列报表中，如果包含子报表，则子报表将继承父报表的列设置。这意味着子报表的布局将受到父报表多列布局的影响，无法在多列报表中创建自由格式的布局或单列布局。

适用场景：当需要节省纸张或希望在同一页面上展示更多数据时，多列报表是一个不错的选择。例如：

① 财务报表分析：用于展示企业的财务状况、经营成果和现金流量等信息，通过多列布局可以更清晰地展示不同时间段或不同类别的数据对比。

② 市场调研分析：用于展示市场份额、用户行为、产品销量等数据，通过多列布局可以更直观地呈现数据的变化趋势和占比关系。

③ 项目管理：用于跟踪项目进度、资源分配和成本预算等信息，通过多列布局可以更便捷地查看和管理项目数据。

但在设计多列报表时，需要合理设置列数、列宽和页面属性等参数，以确保报表的可读性和美观性。由于HTML等某些输出格式可能不支持多列布局，因此在预览或查看多列报表时可能需要将其导出为PDF或IMAGE文件等支持多列显示的格式。

综上所述，多列报表是一种高效、实用的报表布局方式，它能够通过并排排列多个列展示数据，提高报表的信息密度和可读性。

6. 主/子报表

主/子报表是报表应用中常见的一种特殊报表类型，其中包含了主报表和子报表两个部分，如图5.6所示。其中，主报表是包含子报表的报表整体，它可以是绑定的也可以是未绑定的，即可以基于基础表、查询或SQL语句，也可以不基于任何数据对象。

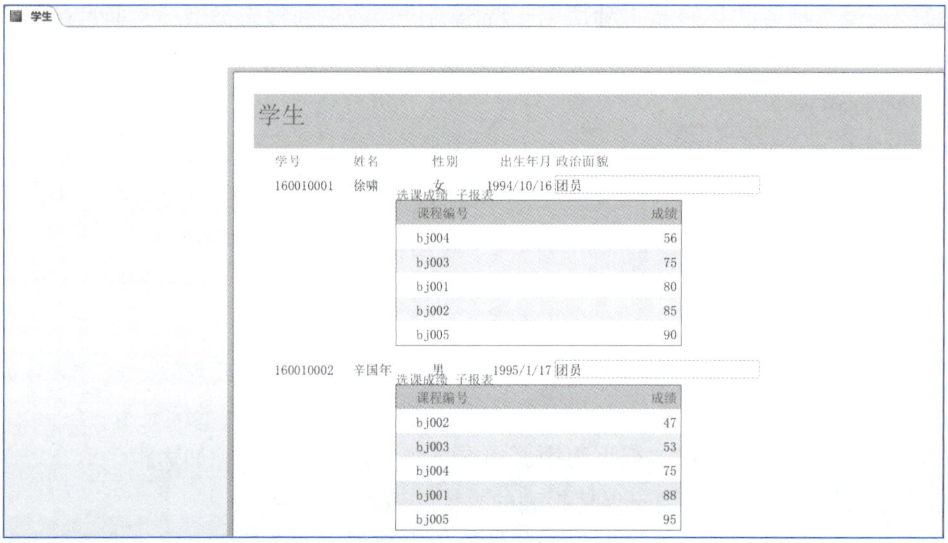

图 5.6 主 / 子报表

主报表中通常包含一对多关系中的“一”，即主体记录或概览信息。子报表是插在其他报表（即主报表）中的报表，用于展示与主报表相关的详细数据或汇总信息。子报表中显示的是一对多关系中的“多”，即与主体记录相关的多个相关记录。

主/子报表特点是其结构允许在一个报表中嵌套另一个报表。通常，主报表提供概览信息，而子报表则提供与主报表中选定记录相关的详细信息。具体主要体现在：

（1）数据关系：主报表和子报表之间通常存在数据关联，如父子关系、一对多关系等。主报表提供概览信息，而子报表则提供详细信息或汇总信息。

在某些情况下，主报表和子报表的数据可能来自不相关的记录源，此时未绑定的主报表仅作为容纳无关联子报表的容器。

（2）报表类型：子报表可以是单表式、嵌入式或引入式等多种类型。单表式主/子报表通过单个报表实现主子表的业务逻辑，包含多个数据集，并通常具有自由格式部分及列表格式部分。嵌入式主/子报表则是在单元格中嵌入独立的报表模板。

（3）功能与应用：子报表的主要功能是将不相关的报表合并到一个报表中，协调本无法链接的数据，或在单个报表中显示相同数据的不同视图。

适用场景：主/子报表结构在报表设计中非常有用，当需要展示数据的层次结构或详细关联信息时，主/子报表是有效的工具，特别是当需要同时展示概览信息和详细信息时。例如，可以使用主报表来显示一年的销售情况，然后用子报表来显示每个季度的总销售额或具体销售明细。

制作主/子报表时，首先根据需求创建主报表，确定需要展示的主体记录或概览信息。其次创建子报表，根据与主报表的关联关系设计子报表的结构和数据源。然后在主报表中设置子报表的参数与关联，确保子报表能够正确地从主报表中获取关联数据。最后，合并报表，将子报表嵌入到主报表中，完成主/子报表的合并。

需要注意的是在设计主/子报表时，要确保主报表和子报表之间的数据关联正确无误，以避免出现数据不一致或错误的情况。同时，还需要考虑报表的性能问题，特别是在处理大量数据时，需要优化报表的查询和渲染性能。

综上所述，主/子报表是报表应用中一种重要的报表类型，它通过主报表和子报表的结合，实现了概览信息与详细信息的同步展示，提高了报表的实用性和可读性。

以上是Access中六种报表的类型，其中多列报表和主/子报表在某些Access版本中可能不是直接作为标准报表类型提供的，但它们可以通过自定义报表设计或利用Access的报表设计功能来实现。因此，在Access中创建报表时，用户可以根据具体需求灵活选择或设计报表类型。

三、报表的视图

报表有四种视图：设计视图、打印预览、布局视图和报表视图。

（1）设计视图。设计视图是创建和编辑报表结构的主要界面。在“设计视图”中可以自行设计报表添加字段、控件（如文本框、标签等），设置报表的版面、格式、分组和排序，也可以修改报表的布局等。

设计视图专注于报表的设计过程，不会显示报表的实际数据，但允许用户预览报表的布局和样式。

（2）打印预览。打印预览视图允许用户查看报表在打印时的页面布局和数据输出形态。选择“打印预览”，可以看到报表的打印外观，这对于确认报表的打印效果非常有用。使用“打印预览”工具栏按钮可以以不同的缩放比例对报表进行预览。

在打印预览视图中，用户可以分页查看报表的每一页，包括页眉、页脚、分组标题和数据记录等。这有助于用户调整报表的版面设置，以确保打印效果符合预期。

（3）布局视图。也称为设计网格，它提供了一种查看报表版面设置和布局的直观方式。用户可以在此视图中排列报表中的报表项，调整报表的字体、字号、布局等，以便更好地满足打印或查看的需求。

布局视图通常允许用户看到报表的页面子集，而不是完整的数据呈现。这使得用户可以在不打印报表的情况下，预览和调整报表的版面效果。

（4）报表视图。报表视图是报表设计完成后用于查看或打印的最终视图。在此视图中，报表会按照设计视图中的设置显示数据，用户可以像浏览普通文档一样查看报表内容，也可以对报表内容进行查找、筛选等操作。

报表视图展示了报表的完整数据和布局效果，是报表的最终展示形式。用户可以在报表视图中确认报表的完整性和准确性，然后进行打印、导出或进一步的操作。

这四种视图方式是可以相互转换的，单击“开始”选项卡，在“视图”命令组中选择“报表视图”“打印预览”“布局视图”和“设计视图”命令即可对视图进行切换，如图5.7所示。

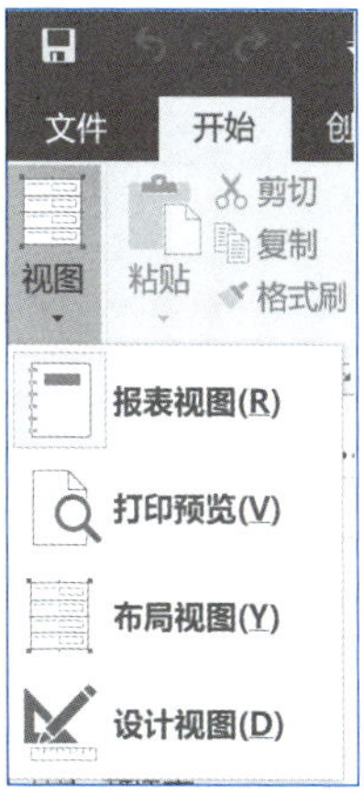

图 5.7　视图切换方式

四、报表的组成

报表和窗体类似，也是由报表页眉、页面页眉、主体、页面页脚、报表页脚五个部分组成，每个部分称为一个“节”，如图5.8所示。

1. 报表页眉节

报表页眉位于报表的开头处，一般用于设置报表的标题、说明性文字、图标等信息，让用户一眼就能看出报表的主要内容。整个报表只有一个报表页眉，并且只在报表的第一页顶端打印一次。可以在单独的报表页眉中输入任何内容，通过设置控件“格式”属性显示特殊标题文字。一般来说，报表页眉主要用在封面中，如果报表很大，报表页眉也可以单独设置成一页来作为封面。

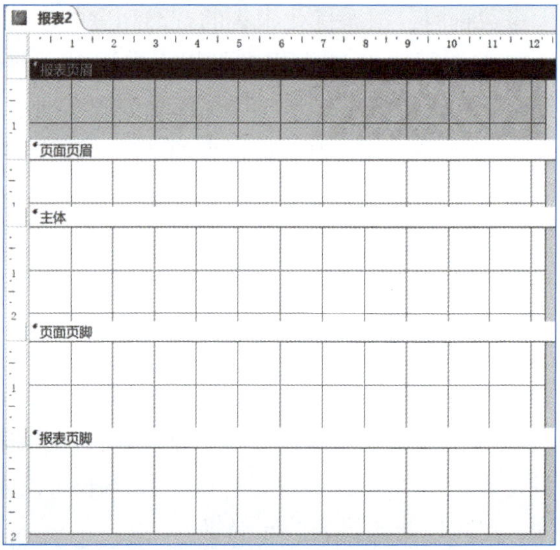

图 5.8 报表的组成

2. 页面页眉节

页面页眉中的内容一般在每一页的顶端最上方都显示一次。通常，它可以包含报表的字段名称或其他描述性文字，以确保每页报表的顶部都有表头信息，作为显示数据的列标题。一般来说，把报表的标题放在报表页眉中，该标题打印时仅在第一页的开始位置出现。如果将标题移动到页面页眉中，则该标题在每一页都显示。

3. 组页眉节（可选）

在报表中执行了“视图”菜单中的“排列与分组”命令，可以设置“组页眉/组页脚”会出现组页眉和组页脚，以实现报表中的数据按特定字段进行分组输出和分组统计，如图5.9所示，按照学生性别进行分组形成“性别页眉”组页眉节。

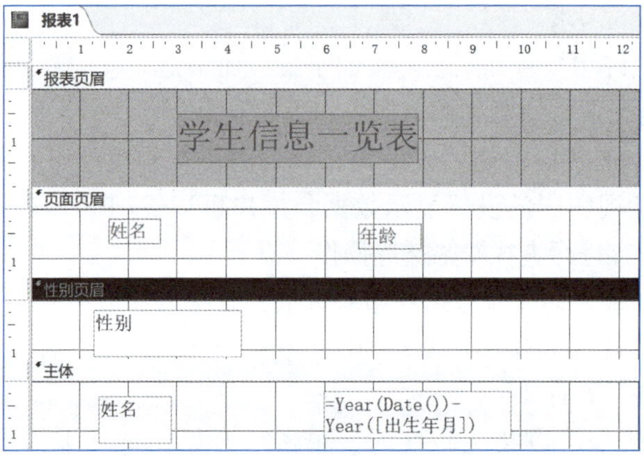

图 5.9 “性别页眉”组页眉节

组页眉节内主要安排文本框或其他类型控件来显示分组字段等数据信息。打印输出时，其数据仅在每组开始位置显示一次，用于显示该组的标题或相关信息。可以根据需要建立具有多层次的组页眉及组页脚。

4. 主体节

主体节是报表的主要内容区域，用于显示数据源中的记录数据的主要区域，根据字段类型不同，字段数据要使用不同类型控件进行显示，其字段数据均须通过文本框或其他控件（主要是复选框和绑定对象框）绑定显示，也可以包含字段的计算结果。打印后数据源中的每条记录都会在主体部分显示一次，是报表显示数据的核心区域。

5. 页面页脚节

页面页脚出现在每页的底端，每页中只有一个页面页脚，通常用来设置本页的汇总说明、插入日期或页码等信息，数据显示安排在文本框和其他一些类型控件中，用于标识当前页在报表中的位置和提供其他辅助信息。

6. 组页脚节（可选）

组页脚节中主要显示分组统计数据，通过文本框实现。打印输出时，其数据显示在每组结束位置，用于显示该组的汇总信息或其他总结性内容。在实际操作中，组页眉和组页脚可以根据需要单独设置使用。

7. 报表页脚节

报表页脚位于报表的最后一页，且只出现一次。一般在所有的主体和组页脚被输出完成后，报表页脚的内容才会打印在报表的最后面。通过在报表页脚区域安排文本框或其他一些类型控件，可以显示整个报表的汇总信息、总计数值等，是对报表内容的总结和概括。

五、创建报表

在Access 2016中创建报表的方法多种多样，以下三种是常见且实用的方法。创建报表和创建窗体类似，分别是自动创建报表、利用向导创建报表和在设计视图中创建报表。一般情况下，可以用“自动创建报表”和“报表向导”创建报表，然后切换到设计视图，对由向导生成的报表进行修改。下面通过具体例子来学习几种创建报表的方法。创建报表的功能区如图5.10所示。

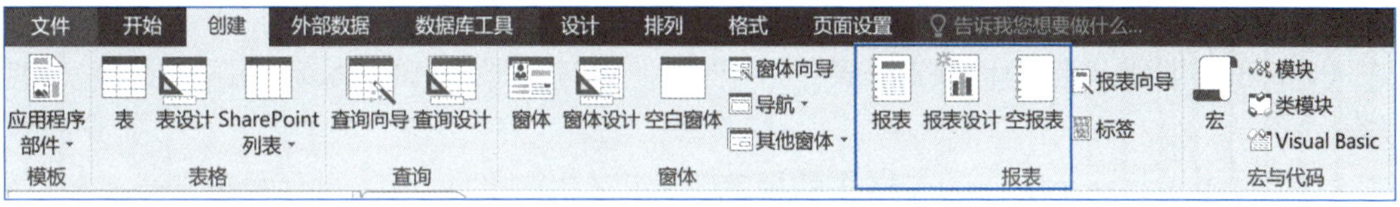

图 5.10 创建报表功能区

1. 自动创建报表

自动创建报表可以选择数据来源和纵栏式版面或表格式版面，可以使用来自于数据来源中的所有字段，并自动应用用户最近使用报表的自动格式。这是构造报表最方便快捷的方法。

1）使用“报表”工具创建报表

使用“报表”按钮创建报表是一种创建报表的快速方法，其数据源是某个表或查询，所创建的报表是表格式报表。

例5.1 使用“报表”按钮创建一个“学生”表的简单报表。

操作步骤如下：

（1）打开“教务管理系统”数据库，在“导航窗格”中单击要作为报表基础的表“学生”表。

（2）转到“创建”选项卡，在“报表”组中单击“报表”按钮，系统将自动创建一个包含选定表“学生”表中所有字段的报表，并在“布局”视图中显示，如图5.11所示。

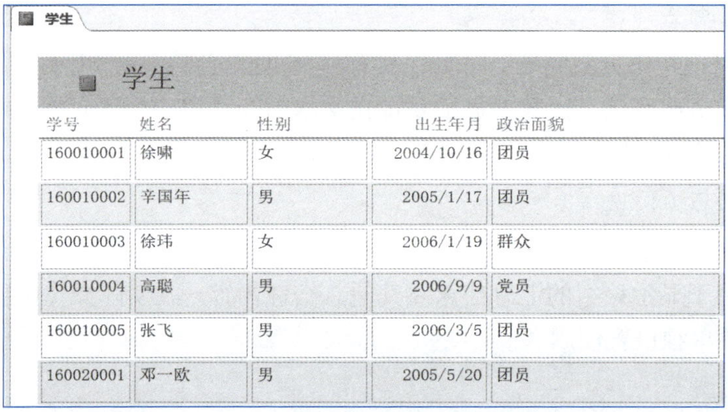
学生

学号	姓名	性别	出生年月	政治面貌
160010001	徐啸	女	2004/10/16	团员
160010002	辛国年	男	2005/1/17	团员
160010003	徐玮	女	2006/1/19	群众
160010004	高聪	男	2006/9/9	党员
160010005	张飞	男	2006/3/5	团员
160020001	邓一欧	男	2005/5/20	团员

图 5.11　使用“报表”按钮创建“学生”报表

（3）设计完毕后，关闭报表，输入报表名称保存该报表。此时在“导航窗格”的报表列表中可以看到新建立的“学生”报表，双击它可以在报表视图中浏览该报表。

2）使用“空报表”工具创建报表

如果想要更灵活地设计报表，可以使用“空报表”工具从头开始创建。创建空报表时可以在布局视图中打开一个空报表，并显示出“字段列表”窗格。将字段从字段列表拖到报表中，Access 2016将创建一个嵌入式查询并将其存储在报表的记录源属性中。

例 5.2 使用“空报表”按钮创建“学生信息表”信息报表。

操作步骤如下：

（1）打开“教务管理系统”数据库，在“导航窗格”中选择“学生”表。

（2）在“创建”选项卡的“报表”组中单击“空报表”按钮，系统将自动创建一个空报表。

（3）空报表是一个空白的表格式的报表，并以布局视图显示，同时右侧打开“字段列表”窗格。如图5.12所示。

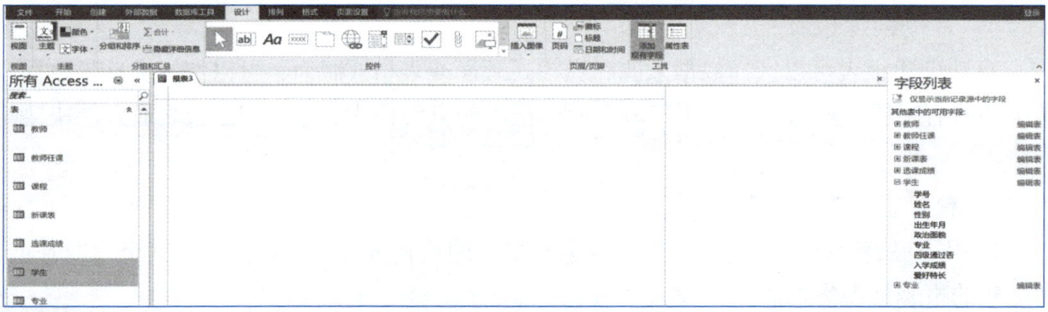

图 5.12　空报表与字段列表

（4）可以在“字段列表”窗格中，找到并展开想要作为报表基础的表或查询。将需要的字段从“字段列表”窗格拖动到报表设计区域中。此处，可以展开“学生表”里的“+”

节点，将“学生”表中的需要字段拖动到报表的空白区域，如图5.13所示。

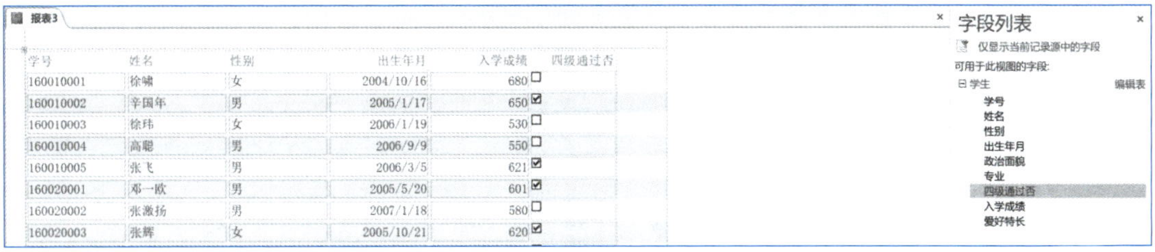

图 5.13　拖动字段列表到空报表中

（5）设计完毕后，单击“保存”按钮，弹出“另存为”对话框输入报表名称“学生信息表”，单击“确定”按钮即可保存，如图5.14所示。此时在“导航窗格”的报表列表中可以看到新建立的报表“学生信息表”，双击它可以在报表视图中浏览该报表。

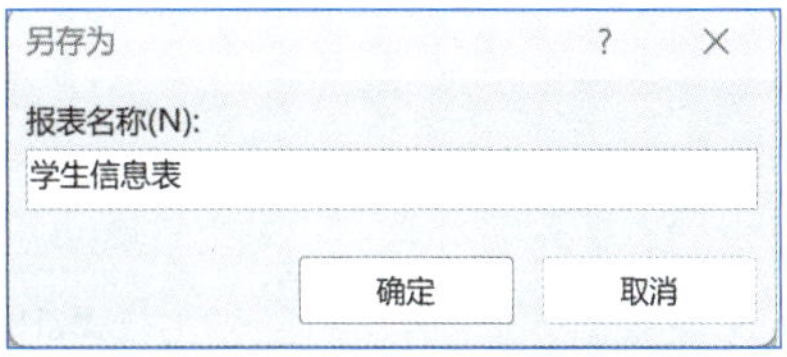

图 5.14　报表“另存为”对话框

此外，可以再配合使用“报表设计”工具选项卡，如“节”和“控件”，来设计报表的外观和布局。添加标题、页眉、页脚、分组标头等元素，以完善报表的设计。

2. 利用向导创建报表

1）使用“报表向导”创建报表

“报表向导”是一个强大的工具，它引导用户通过一系列步骤来创建报表，允许用户更细致地选择报表中要显示的字段、设置分组和排序选项等。在数据量较多，布局要求较高的情况下，使用“报表向导”可以非常简单地创建常用的报表，从而节省了在设计视图中反复枯燥的设置工作。

例 5.3 利用“报表向导”按钮，以“学生”表为数据源创建报表“学生信息表”。

操作步骤如下：

（1）打开“教务管理系统”数据库。

（2）在“创建”选项卡的“报表”组中单击“报表向导”按钮，系统将打开“报表向导”对话框。

（3）在“报表向导”对话框中通过单击“表/查询”选择报表所基于的表“学生”表，“可用字段”列表框列出了选中表中的所有字段，选择要显示在报表中的字段，可以通过双击或单击向右箭头将其加入到“选定字段”列表框中，如图5.15所示。如果数据分布在多个表中，可以分别选择不同的表来创建报表。

（4）单击“下一步”按钮，如果需要，可以设置报表的分组和排序选项。在“是否添加分组级别”对话框中选择“政治面貌”字段，如图5.16所示。

（5）单击“下一步”按钮，进入排序对话框，选择“学号”字段作为排序字段，如图5.17所示。

（6）单击“下一步”按钮，在报表布局方式对话框中选择报表的布局格式（如“递阶”“块”或“大纲”）。此处选中“递阶”单选按钮，如图5.18所示。

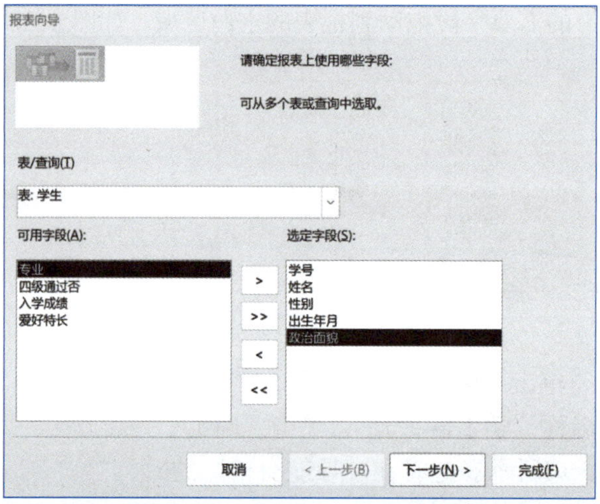

图 5.15 “报表向导”对话框——选择字段

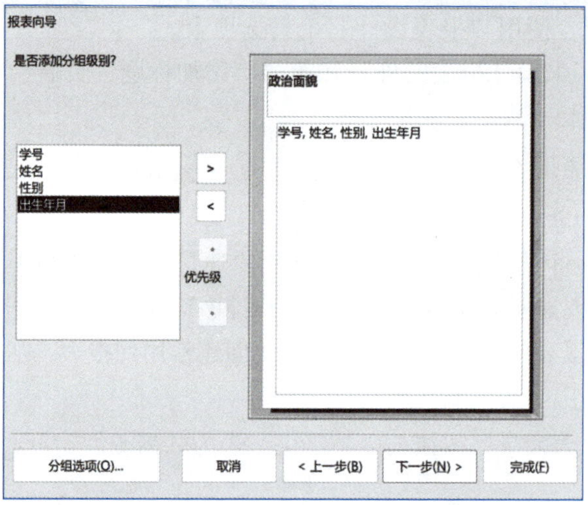

图 5.16 “报表向导”对话框——分组

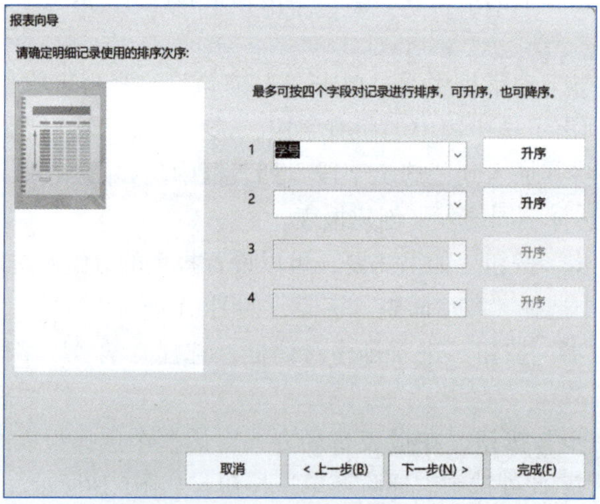

图 5.17 “报表向导”对话框——排序

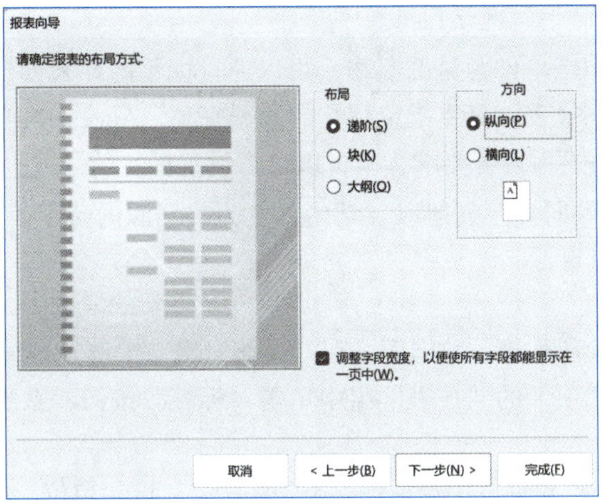

图 5.18　“报表向导”对话框——布局方式

（7）单击“下一步”按钮，输入报表标题“学生信息表”，并选择预览或保存报表的选项，单击“完成”按钮生成报表，如图5.19所示。

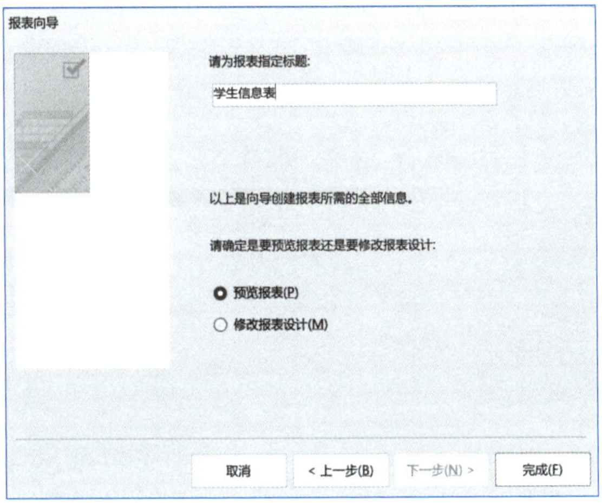

图 5.19　“报表向导”对话框——输入标题

（8）Access 2016会自动保存由向导生成的报表，在左侧导航窗格中双击打开报表，如图5.20所示。如果生成的报表不符合预期的要求，可以在报表设计视图中进行修改。

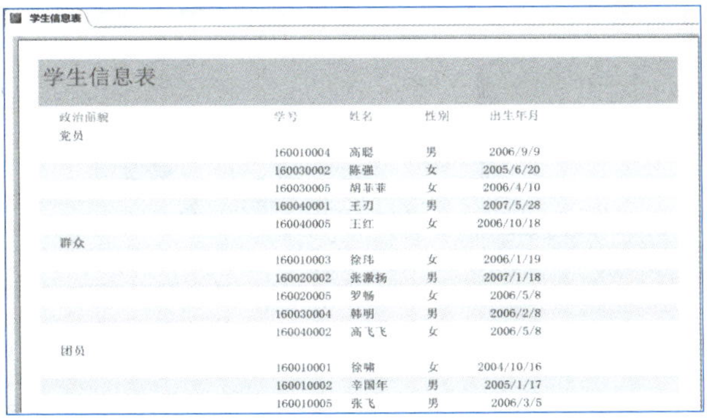

图 5.20　“报表向导”按钮创建的报表运行结果

2）使用“标签”向导创建标签报表

标签在商务活动中是一件常见的事物，可以通过标签向导来创建标签式样的报表。标签是特殊的Access 2016报表，只要指定标签的数据来源，Access 2016就会以指定字段建立出标签。如果标签的格式不符合要求，也可以自行设置标签的样式。

例 5.4 利用“标签向导”创建以“学生”表为数据源的“学生标签”，包括姓名、性别、出生年月、政治面貌。

操作步骤如下：

（1）打开“教务管理系统”数据库，在“导航窗格”中选择“学生”表。

（2）在“创建”选项卡的“报表”组中单击“标签”按钮，系统将自动打开“标签向导”对话框；

（3）在“标签向导”对话框中选择标签类型、型号、度量单位，如果没有匹配的预定义尺寸，可以单击“自定义”按钮，然后输入或测量需要设计的标签尺寸。在“新建标签尺寸”对话框中，输入标签的宽度和高度，以及标签之间的间距（如果需要的话），然后给这个自定义标签命名。这里选择C2180型号、“公制”及“送纸”，如图5.21所示，然后单击“下一步”按钮。

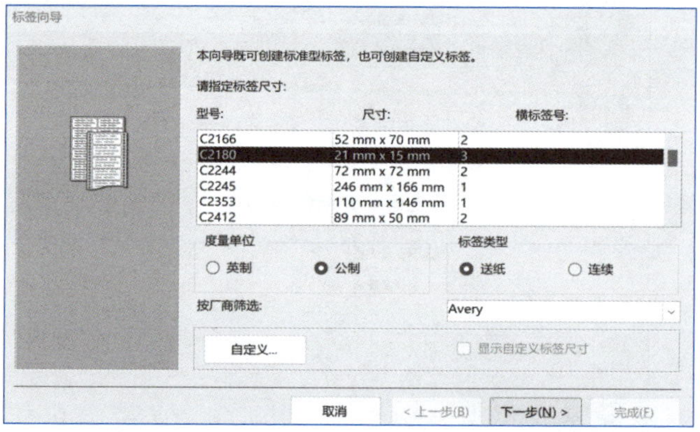

图 5.21 “标签向导”对话框——选择标签类型

（4）选择文本的字体和颜色。这里设置字体为“隶书”，字号为11，字体粗细为“加粗”，文本颜色为“红色”，如图5.22所示，然后单击“下一步”按钮。

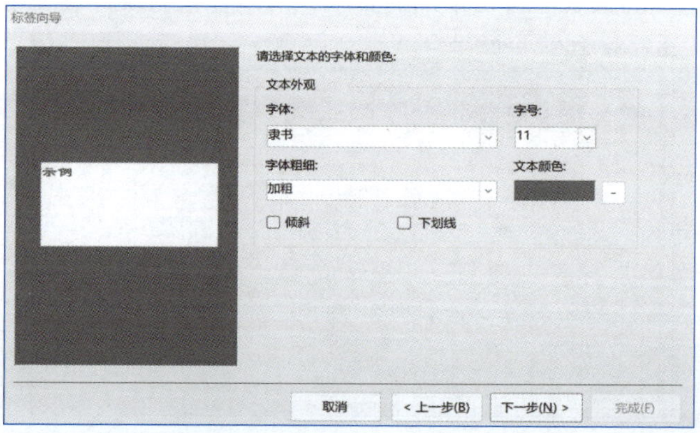

图 5.22 “标签向导”对话框——选择文本的字体和颜色

（5）指定创建标签要显示的字段，在“可用字段”列表中，找到并双击需要的字段，或者将它们选中后单击向右的箭头按钮将它们移动到“选定字段”列表中。可以按照需要调整字段的顺序，并在“原型标签”框中预览它们是如何在标签上显示的。这里选择姓名、性别、出生年月、政治面貌4个字段，如图5.23所示，然后单击“下一步”按钮。

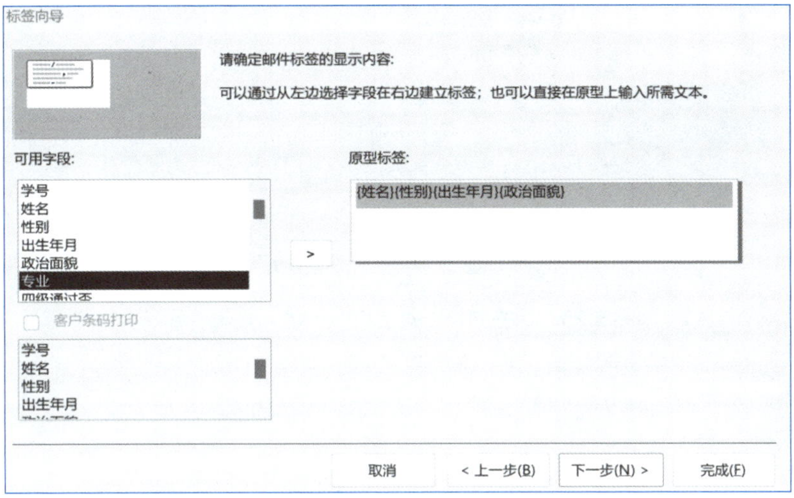

图 5.23　“标签向导”对话框——设置显示字段

（6）设置排序和分组（可选），如果数据源包含大量记录，并且需要按照某种顺序来打印标签，可以在向导中设置排序字段。此处，将“可用字段”列表框中“姓名”字段移动到“排序依据”列表框中，如图5.24所示，然后单击“下一步”按钮。

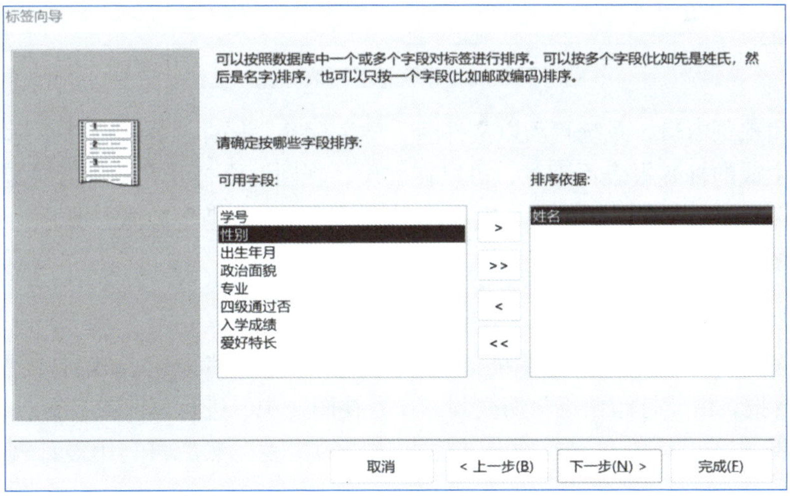

图 5.24　“标签向导”对话框——设置排序字段

（7）完成所有设置后，单击“下一步”直到向导的最后一页。输入报表名称“学生标签 报表”，选择“查看标签的打印预览”单选按钮，然后单击“完成”按钮，如图5.25所示。

（8）Access 2016生成标签报表，并在“打印预览”中显示，如图5.26所示。

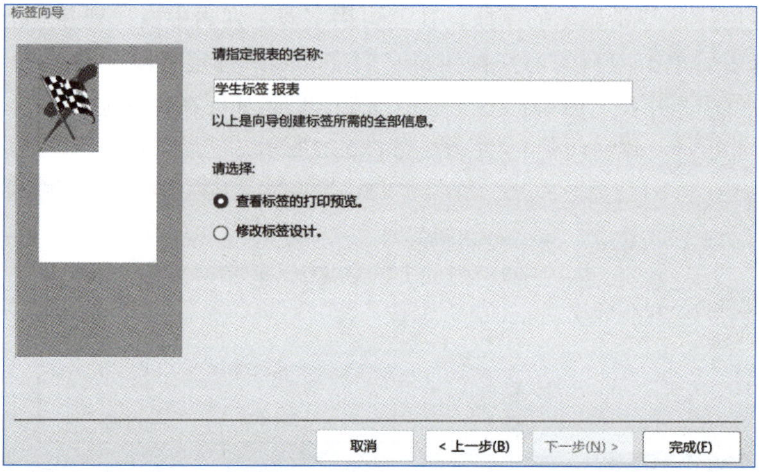

图 5.25 “标签向导”对话框——输入报表名称

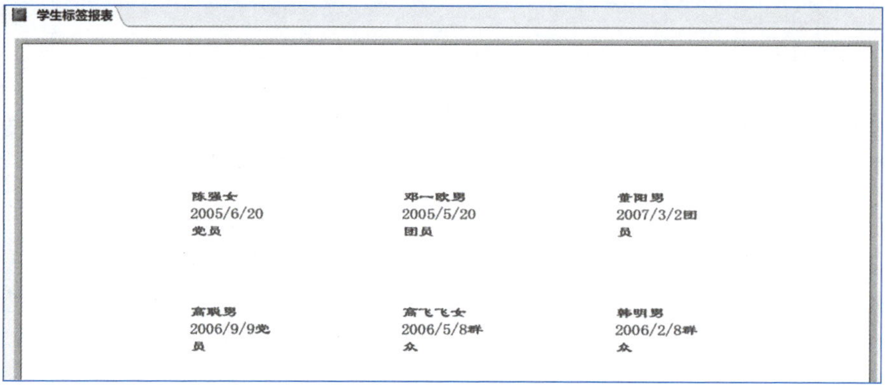

图 5.26 学生标签报表预览

（9）关闭预览窗口，系统自动以文件名“学生标签”保存该标签，结束标签制作。

如果对生成的标签报表不满意，可以在“设计视图”中打开它并进行自定义。在“设计”视图中可以再调整字段的位置、大小、字体属性等，以满足具体需求。

3. 使用“报表设计”工具创建报表

1）使用“报表设计”控件工具创建报表

利用自动创建报表和报表向导建立的报表，在布局上会有一些缺陷，需要加以修改。这时，需要将报表由“打印预览”切换到“设计视图”中，进行修改或自行设计。

大多数情况下，是先利用各种向导建立简单的报表，然后再利用设计视图对其进行修改。

例 5.5 利用“报表设计”控件工具创建以“学生”表为数据源的“学生信息报表”。

操作步骤如下：

（1）打开“教务管理系统”数据库，在“导航窗格”中选择“学生”表。

（2）在“创建”选项卡的“报表”组中单击“报表设计”按钮，系统将自动打开“报表设计视图”对话框。

（3）借助文本框或者标签控件，将数据源“学生”表的姓名、性别、出生年月字段添加到主体节中。

（4）用“标签”控件在报表页眉中拖出标签控件区域，并输入“学生信息一览表”，按回车键后，设置其字体的字形、字号和颜色，背景色等，如图5.27所示。

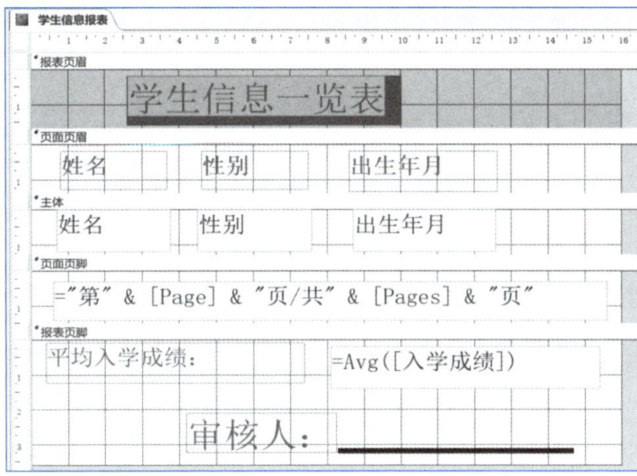

图 5.27　添加控件创建报表

（5）单击“视图”按钮，显示报表设计结果，如图5.28所示。

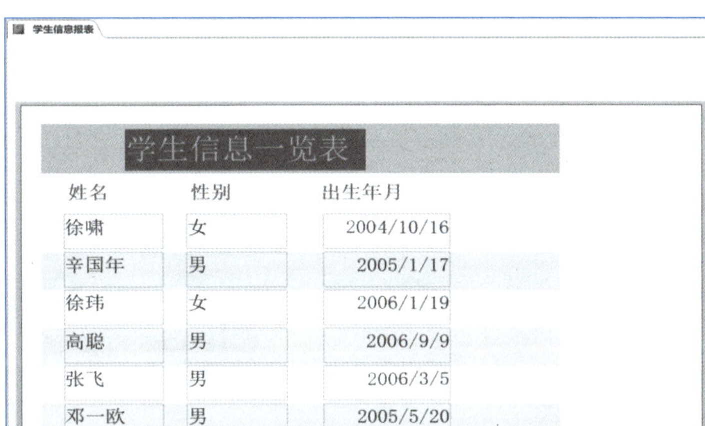

图 5.28　“学生信息报表”运行结果

（6）单击“保存”按钮，在“另存为”对话框中输入报名名称“教师信息报表”，关闭对话框，结束创建。

2）使用“图表”控件向导创建图表报表

以上所创建的报表大部分都以数据形式为主，但在创建报表时，有时需要用图表的形式直观地描述数据。Access 2016提供了使用“图表控件”向导创建图表形式的报表。

例 5.6 利用图表向导创建以“选课成绩”表为数据源的图表报表“选课成绩图表”。

操作步骤如下：

（1）打开“教务管理系统”数据库，在“导航窗格”中选择“选课成绩”表。

（2）在“创建”选项卡的“报表”组中单击“报表设计”按钮，系统将自动创建一个空报表。

（3）进入设计视图，在“设计”菜单“控件”组里选择“图表”控件，并在窗体主体节中拖动出一个图表对象区域，同时系统会自动打开“图表向导”对话框，如图5.29所示。

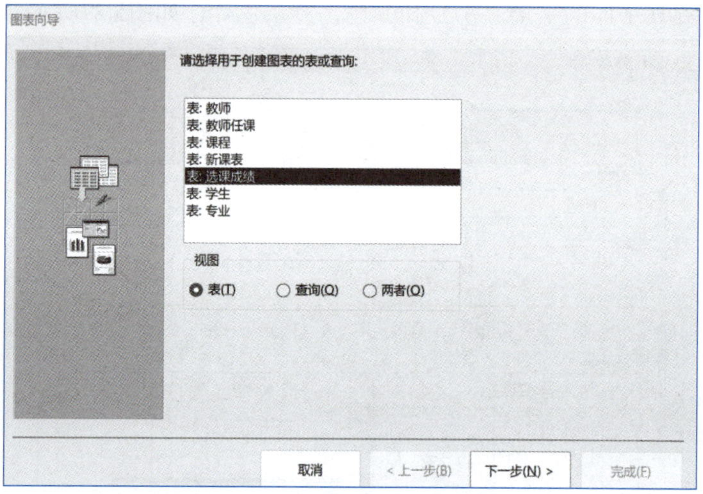

图 5.29 “图表向导”对话框

（4）在“图表向导”对话框“视图”区域中选择要作为数据源的表或查询，这里选择“表”单选按钮。在“请选择该对象数据的来源表或查询：”下拉列表框中，选择“表：选课成绩”，然后单击“下一步”按钮，进入字段选取对话框。

（5）在“可用字段”列表框中单击所需字段，然后单击“右箭头>”按钮，将其添加到“用于图表的字段”列表框中。本例中选择“学号”“课程号”“成绩”，如图5.30所示。

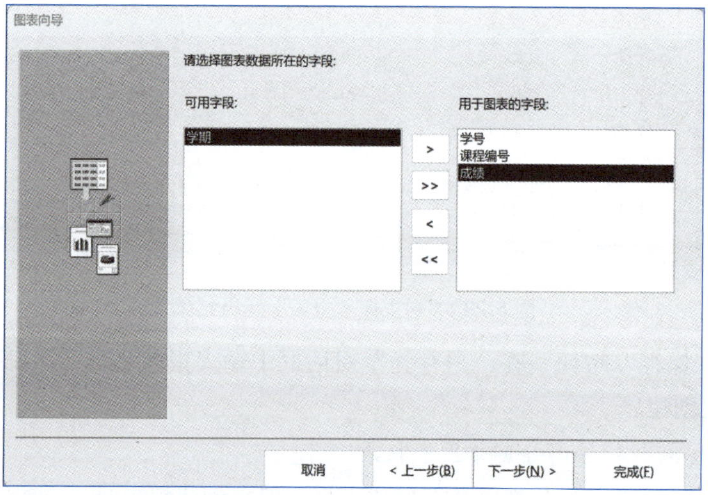

图 5.30 “图表向导”对话框——选择字段

（6）单击“下一步”按钮，进入“图表向导”对话框，本例中选择“柱形图”，然后单击“下一步”按钮，如图5.31所示。

（7）设置布局，将所选择的字段按图表中布局的方式设置，单击“下一步”按钮，如图5.32所示。

图 5.31　“图表向导”对话框——选择图表类型

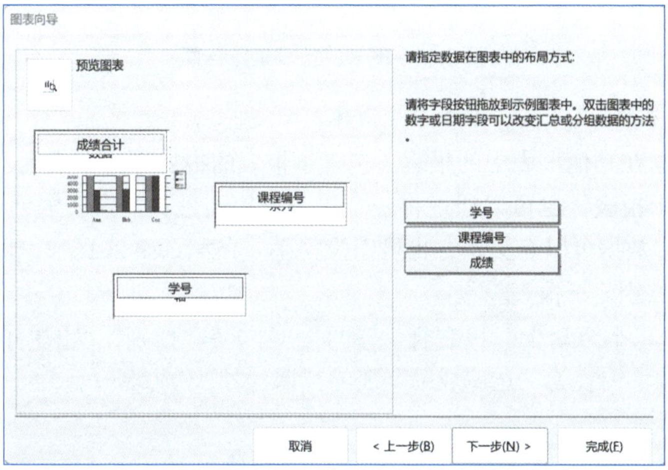

图 5.32 “图表向导” 对话框——设置布局

（8）输入报表标题“选课成绩”，单击“完成”按钮，如图5.33所示。

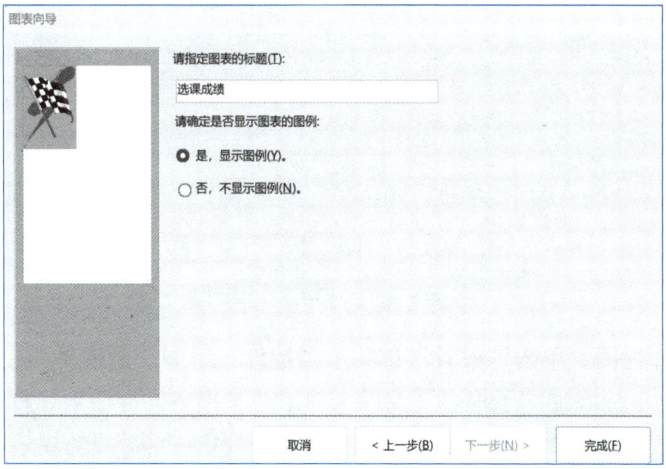

图 5.33　“图表向导” 对话框——输入标题

（9）关闭预览窗口后，系统自动弹出“另存为”对话框，输入文件名保存即可，该报表的运行界面如图5.34所示。

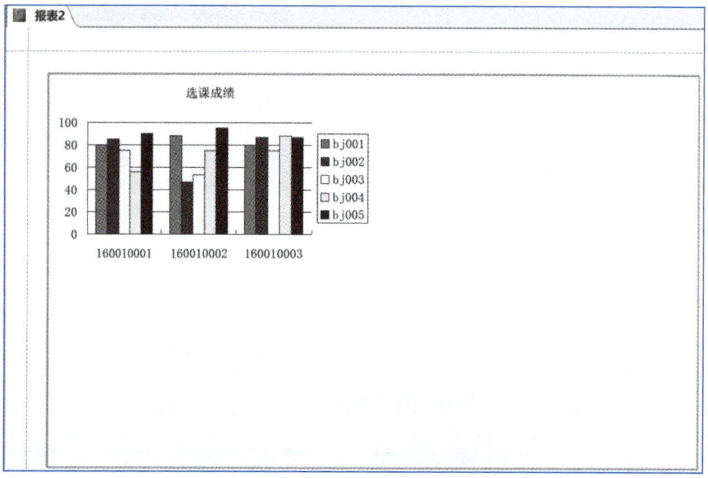

图 5.34 图表式报表运行结果

3）使用“子窗体/子报表”控件向导创建主/子报表

子报表是建立在其他报表中的报表，包含子报表的报表称为主报表。可以在已有的报表中创建一个新子报表，也可以通过将一个报表添加到另一个报表来创建报表和子报表。主报表和子报表中数据可以有关系，也可以没关系。在Access 2016中，可以通过使用“子窗体/子报表”控件创建子报表。

例 5.7 创建一个“学生”报表含“学号”“姓名”“性别”“出生年月”“政治面貌”字段。插入子报表，内容为“选课成绩”表的“课程号”“成绩”。

操作步骤如下：

（1）使用报表向导创建“学生”报表，如图5.35所示。

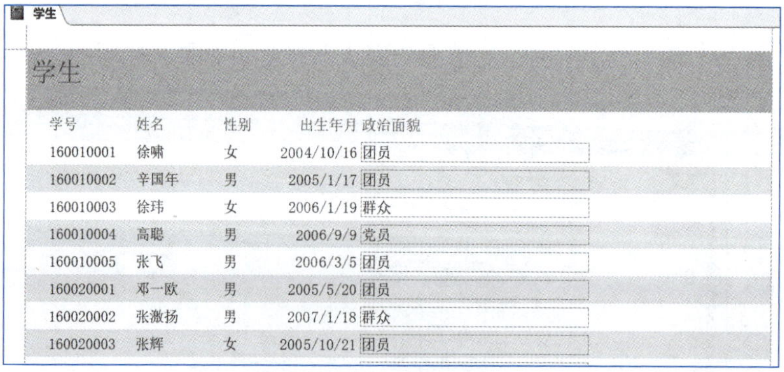

学号	姓名	性别	出生年月	政治面貌
160010001	徐啸	女	2004/10/16	团员
160010002	辛国年	男	2005/1/17	团员
160010003	徐玮	女	2006/1/19	群众
160010004	高聪	男	2006/9/9	党员
160010005	张飞	男	2006/3/5	团员
160020001	邓一欧	男	2005/5/20	团员
160020002	张激扬	男	2007/1/18	群众
160020003	张辉	女	2005/10/21	团员

图 5.35 “学生”报表

（2）打开设计视图，单击“设计”选项卡“控件”组中“子窗体/子报表”按钮，在主体节中空白处拖动鼠标添加“子报表”控件，弹出“子报表向导”对话框，如图5.36所示。

（3）为子报表选择数据来源，选择“使用现有的表或查询”单选按钮，然后单击“下一步”按钮，弹出图5.37 所示的“子报表向导”对话框二。

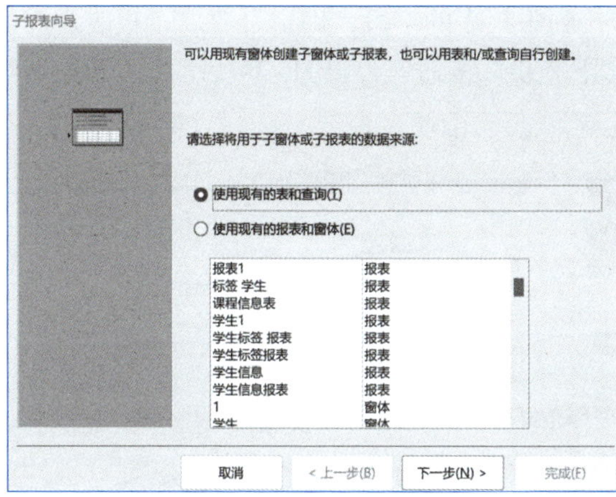

图 5.36 “子报表向导”对话框一

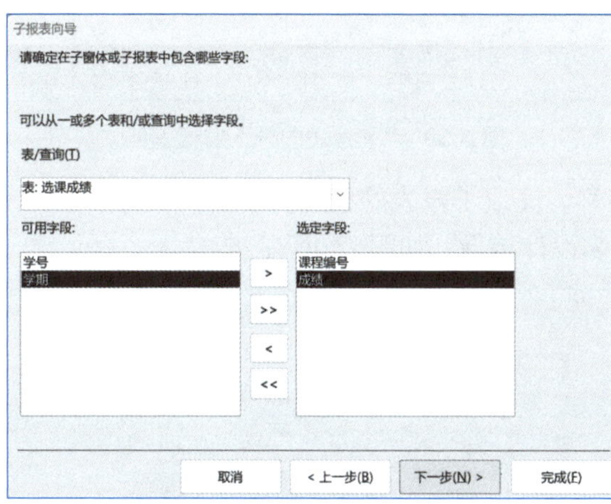

图 5.37 “子报表向导”对话框二

（4）确定子报表中的数据来源为表“选课成绩”，选择字段为“课程编号”“成绩”，然后单击“下一步”按钮，弹出图5.38所示的“子报表向导”对话框三。

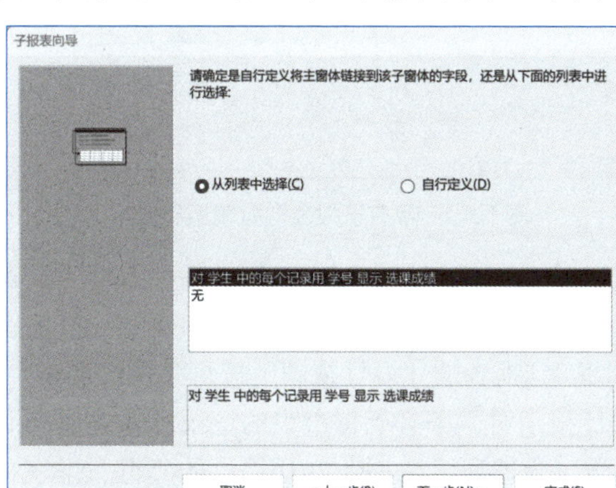

图 5.38 “子报表向导”对话框三

（5）确定主报表链接到子报表的字段，即定义主、子报表之间的关系。默认为“从列表中选择”，然后单击“下一步”按钮，弹出图5.39所示的“子报表向导”对话框四。

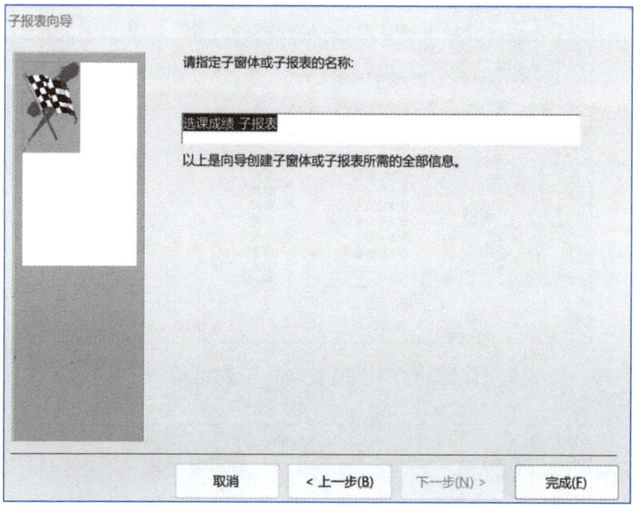

图 5.39 “子报表向导”对话框四

（6）输入子报表名称，完成子报表的创建。单击“设计”选项卡“视图”组中的“打印预览”按钮，预览报表设计结果，如图5.40所示。

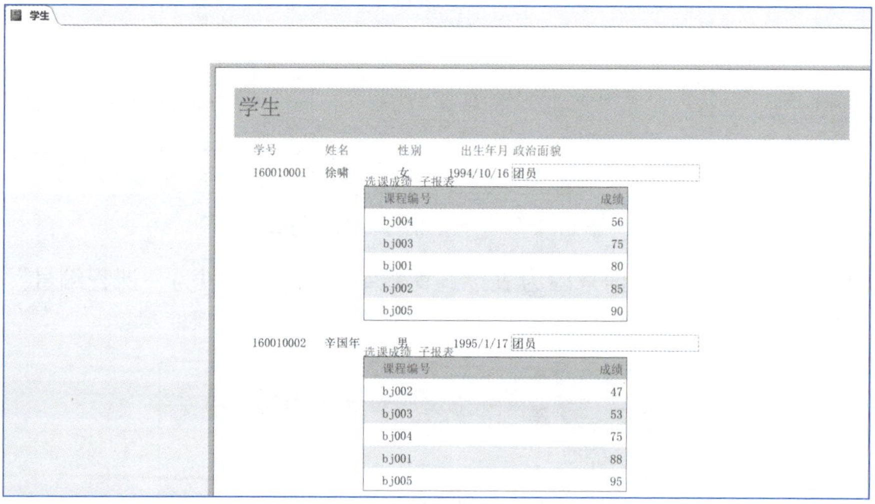

图 5.40 带有子报表的报表运行结果

通过上述方法，可以在Access 2016中创建出满足各种需求的报表。Access 2016报表的设计非常灵活，可以根据需要调整报表的布局、样式和格式。报表完成后，可以预览报表以查看其打印效果，并切换到报表的“设计视图”进行必要的调整。

值得注意的是在设计报表时，务必确保报表的记录源（表或查询）已经正确设置，并且包含了所有需要的字段。合理利用Access 2016提供的分组、排序和筛选功能，可以使报表更加清晰和有用。报表的设计应考虑到用户的阅读习惯和报表的打印效果，确保报表既美观又实用。

动手实践

在“教务管理系统”数据库中，请按以下要求完成相关操作：

1. 使用“报表向导”创建学生成绩汇总报表

要求：在“教务管理系统”数据库中，使用报表向导创建一个名为“学生成绩汇总报表”的报表。该报表应基于“学生成绩表”，包括学生的“学号”“姓名”“课程名称”和“成绩”字段。报表需按“课程名称”进行分组，并计算每门课程的平均分和最高分。

2. 使用“空报表”设计课程时间表

要求：创建一个名为“课程时间表”的空报表。该报表需从“课程表”和“教师表”中提取数据，展示每门课程的上课时间、地点、授课教师及课程简介。设计报表时，可以自行添加控件并设置其属性，以确保时间表和课程信息清晰可读。

3. 使用图表报表展示学科成绩分布

要求：创建一个名为“学科成绩分布图”的图表报表。该报表基于“学生成绩表”，为每个学科生成一个成绩分布图（如柱状图或饼图），展示该学科成绩的分布情况（如不同分数段的学生比例）。选择适当的图表类型和样式，并设置图表的标题、图例和数据标签等属性。

润物无声

工匠准则：严谨求实

严谨求实是一种科学态度，它要求我们在学习、研究和工作中，始终保持高度的责任心和使命感，对待每一个细节都精益求精，追求真理和准确性。在数据库报表生成时，要注重细节和规范性，确保掌握正确的操作方法和技巧。张效祥院士在科研和教学中就始终秉持着严谨求实的态度，为中国计算机事业的起步和发展奠定了坚实基础。

张效祥，1918年出生，浙江海宁人，中国科学院院士，中国计算机专家。主要贡献：主持了中国第一台仿苏电子计算机的制造，是中国自行设计的电子管、晶体管和大规模集成电路各代大型计算机研制的组织者和直接参与者，在中国计算机事业的开拓和发展中发挥了重要作用。

20世纪50年代末，张效祥主持研制成功中国第一台大型通用电子计算机——104机。20世纪70年代中期，在他的领导和参与下，在中国开展多处理并行计算机系统的探索与研制工作，1985年研制成功亿次巨型并行计算机系统。截至2015年10月，张效祥编著的论著有《中国计算机学会关于发展我国大型通用机的建议》《计算机科学技术百科全书》《现代科技与战争》《大步跨越时空信息技术》《计算机科学技术学科发展战略：战略研讨会论文集》等。

知识巩固

选择题

1. 报表的主要功能是（　　）。

A. 输入数据　　B. 显示和汇总数据　　C. 操纵数据　　D. 输出数据

2. 在报表中，若要使标题信息仅显示在报表第一页的顶部，应将标题设置在（　　）节中。

A. 报表页眉　　B. 页面页眉　　C. 页面页脚　　D. 报表页脚

3. 要在报表每一页的顶部输出相同信息，那么需要将这些信息设置在（　　）节。

A. 报表页眉　　B. 报表页脚　　C. 页面页眉　　D. 页面页脚

4. 关于报表页眉和页面页眉的说法，正确的是（　　）。

A. 页面页眉只出现在报表开始的位置，报表页眉位于每页的最上部

B. 报表页眉只出现在报表开始的位置，页面页眉位于每页的最上部

C. 报表页眉和页面页眉对整个报表来说，其显示的效果是一样的

D. 报表页眉在报表的每页出现一次，页面页眉在报表中只出现一次

5. 报表的（　　）用于显示整个报表的汇总信息。

A. 报表页眉　　B. 报表页脚　　C. 页面页眉　　D. 页面页脚

6. 以下（　　）不是报表视图中的一种。

A. 设计视图　　B. 报表视图　　C. 表单视图　　D. 布局视图

任务二　设 计 报 表

在创建报表的基础上可以进一步对报表进行修饰、完善，使其更加合理化。在Access 2016中，由于窗体和报表的“设计视图”的结构和操作很类似，因此已经熟悉窗体设计器的用户来说，掌握报表设计器的使用并非难事。

任务情境

小李：贺老师，咱们教务管理系统的报表设计为什么要那么复杂？直接用表格展示不就好了吗？

老贺：哈哈，小李，你这个问题问得好！咱们教务管理系统的报表，可不仅仅是简单的数据堆砌哦。使用控件来设计报表，并进行页面编辑和打印预览，这里面可是大有学问的。

小李：哦，那您快给我说说，这学问在哪儿？

老贺：首先，控件设计就像是我们给报表穿上了漂亮的衣服。不同的控件，如图表、

数据表格、按钮等，它们都有自己的特点和用途。通过这些控件的巧妙组合，我们可以让报表变得更加直观、生动，一眼就能看出数据的重点和趋势。这对于教务工作者来说，可是大大提高了工作效率和决策准确性呢！

小李：原来如此！那页面编辑又是怎么回事呢？

老贺：页面编辑就像是给这份“衣服”做定制。每个人的审美和需求都不同，所以我们需要根据用户的反馈和需求，对报表的页面进行个性化的调整。例如，调整字体大小、颜色搭配、布局结构等，让报表更符合用户的阅读习惯和使用习惯。这样一来，用户在使用报表时就会感到更加舒适和便捷。

小李：听起来确实很不错！那打印预览又是为什么呢？

老贺：打印预览啊，它就像是我们在打印前的一次“试穿”。在正式打印之前，我们可以通过打印预览功能来查看报表的打印效果。这样，我们就可以提前发现可能存在的问题，如格式错乱、内容缺失等，并及时进行调整。这样一来，我们就可以确保打印出来的报表既美观又准确，避免了不必要的浪费和麻烦。

小李：哇，原来控件设计、页面编辑和打印预览在教务管理系统的报表中扮演着这么重要的角色啊！我现在终于明白了。

老贺：没错，小李。这些功能虽然看似简单，但实际上却是教务管理系统中不可或缺的一部分。它们共同协作，为教务工作者提供了更加高效、便捷、准确的数据服务。所以，我们在设计和使用教务管理系统时，一定要充分重视这些功能的作用和价值哦！

小李：是的，贺老师，那我现在就试试用控件来设计一个学生报表。

任务描述

使用Access 2016软件在“教务管理系统”数据库中创建一个“学生成绩单”报表，如图5.41所示。要求使用报表设计视图中的各种控件创建报表结构，在页面上能够显示每一位学生的学号、姓名、页面页数页码信息；每位学生下面能够显示这位同学每门课的成绩、课程类型信息。

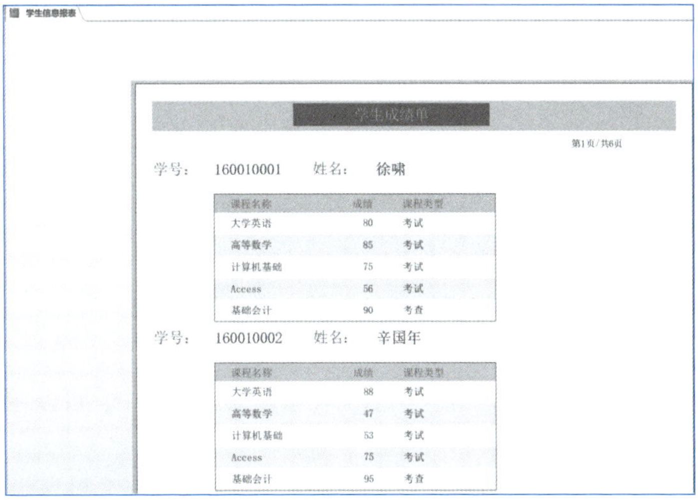

图 5.41 “学生成绩单”报表

实现以上案例，要求掌握的知识：

（1）Access 2016数据库报表的设计视图创建报表的方法；

（2）报表中控件的使用，报表日期、页码的应用；

（3）报表的页面设置、打印预览。

经过本项目知识学习，读者即可掌握上述知识并创建出本报表。

知识链接

一、报表控件的使用

在Access 2016中，报表的控件用于显示数据、执行操作或增强报表的外观。主要使用的是标签和文本框控件，但有时根据需要也会添加一些其他的控件，由于和窗体中控件的使用方法类似，因此在这里只作简要说明。

1. 标签控件

标签控件用于在报表上添加静态文本，如标题、说明文字等。它不显示来自数据源的数据，而是显示固定的文本信息。标签控件常用于增强报表的可读性，为用户提供清晰的导航和说明。例如，在学生信息报表的顶部，可以使用标签控件添加“学生信息”作为标题。此外，在每个文本框控件旁边，也可以使用标签控件添加字段名称，如“姓名”、“学号”和“出生年月”，以便用户更好地理解报表内容。

在报表视图中，打开“工具箱”，按按钮，移动鼠标拖至报表“节”中，并输入所需的文本。然后定义或修改标签控件的属性，例如，标签控件在报表中的位置，以及标签控件的标题、所显示内容的字体、字号、字体的粗细、背景颜色、前景颜色、边框样式、颜色、宽度等。

2. 文本框控件

文本框控件用于显示文本、数字、日期、时间和备注字段。当设计一个学生信息报表时，可以将文本框控件绑定到“姓名”和“出生年月”字段，以显示员工的姓名和出生年月信息。

在报表视图中，打开“工具箱”，单击按钮，移动鼠标拖至报表“节”中，然后定义文本框控件的属性，例如，文本框控件在报表中的位置，所显示内容的字体、字号、字体的粗细、背景样式、颜色、边框样式、颜色、宽度等基本属性；其次可以通过文本框控件的控件来源属性将其绑定到基础表或查询中的字段；此外，用户也可以输入计算表达式来显示计算结果。例如，有一个销售报表，需要显示每个产品的销售总额。可以在报表中添加一个文本框控件，并将其“控件来源”属性设置为“单价”字段与“数量”字段的乘积表达式（[单价]*[数量]），这样报表就会显示每个产品的销售总额。

3. 图像控件

图像控件用于在报表中显示图片。例如，在学生信息报表中，可以在每位同学的记录旁边显示其照片。

在报表视图中，打开“工具箱”，按按钮，移动鼠标拖至报表“节”中，然后定义图像控件的属性，例如，图像控件在报表中的位置、所显示内容的显示格式、背景样式、颜色、边框样式、颜色、宽度等外观属性。设置其“控件来源”属性为要显示图片的路径。

4. 命令按钮控件

命令按钮控件用于执行宏或Visual Basic过程，或打开超链接。例如，在报表的底部添加一个命令按钮，用于导出报表数据到Excel文件。

设计报表时可以将命令按钮控件拖到报表“节”中，设置其“控件来源”属性为要执行的宏、事件过程或超链接地址。

5. 分页符控件

分页符控件用于在报表中插入分页，定义分页位置，以便在打印或查看报表时控制每页的内容，能够按照指定的位置进行分页。这对于包含大量数据的报表尤其有用，因为它可以确保报表的内容在打印时不会跨页断裂。例如，学生成绩报表中包含多个学生的多门课的成绩数据，可以在每个学生的记录之前插入分页符，以便每个学生的数据打印在不同的页面上。

设计报表时在“设计”视图中打开报表，然后在“设计”选项卡上的“控件”组中单击“插入分页符”。将分页符放置在需要分页的位置。

在使用控件时，要注意控件的属性和事件，以便更好地控制控件的行为和外观。在设计报表时，要合理安排控件的布局和大小，确保报表的美观和易读性。同时，报表的打印预览功能可以帮助用户查看报表的最终打印效果，以便进行必要的调整和优化。

此外，Access 2016还提供了其他多种控件，如组合框和列表框控件、选项组控件、子报表控件等。这些控件可以根据报表的具体需求进行选择和配置。其中，文本框控件和标签控件是设计报表时最常用的两类控件，两者在使用时有一定的区别，主要体现在以下几个方面：

1）功能用途不同

文本框控件主要用于显示或输入数据，包括文本、数字、日期等。它可以绑定到数据源字段，显示字段值或计算结果。

标签控件主要用于显示静态文本，如标题、说明文字等。它不绑定到数据源字段，而是显示固定的文本信息。

2）是否可编辑不同

文本框控件通常具有编辑性，用户可以在文本框中输入或修改数据（取决于控件的锁定属性和数据源的可编辑性）。

标签控件不可编辑，用户无法更改标签控件上显示的文本信息。

3）数据来源不同

文本框控件显示的内容通常来源于数据源字段或计算结果表达式。

标签控件显示的内容是固定的文本信息，不来源于数据源字段。

综上所述，文本框控件和标签控件在Access 2016报表设计中扮演着不同的角色，具有各自独特的功能和用途。正确选择和使用这些控件，可以大大提高报表的可用性和可读性。

例 5.8 以“教务管理系统”数据库，创建“学生成绩单”报表。

操作步骤如下：

（1）启动“教务管理系统”数据库，选择“创建”选项卡下的“报表设计”按钮。

（2）在报表设计视图下，创建“成绩查询”作为报表的数据源，再按图5.42所示布局设计报表。分别选中每个文本控件的控件来源下拉列表，将“学号：”“姓名：”“课程编号”“课程名称”“成绩”“授课教师”文本框的内容分别选择对应内容，表示页数和页码的文本框控件来源设置为“="第" & [Page] & "页/共" & [Pages] & "页"”。

（3）保存报表为“学生成绩单”，并预览报表。

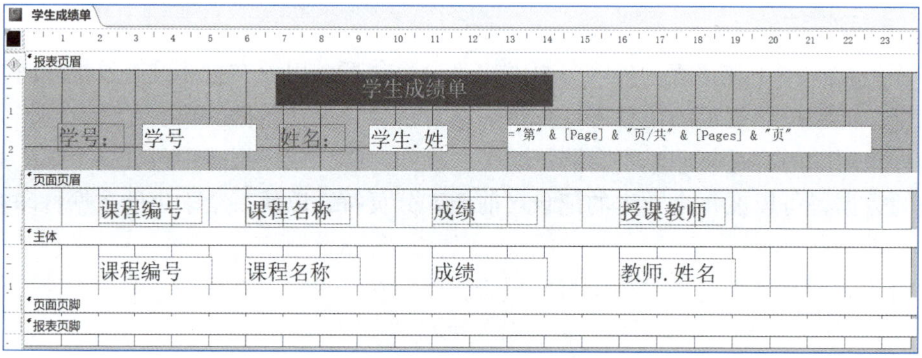

图 5.42 “学生成绩单”报表设计

二、创建有计算数据的报表

报表设计过程中经常要进行计算并将计算结果显示出来。例如，前面的分组统计报表成绩的数据的输出等均是通过设置绑定控件的控件来源为计算表达式形式而实现的，这些的控件就称为“计算控件”。文本框是最常用的计算控件。

例 5.9 用设计控件创建“学生信息”报表，显示学号、姓名、性别、政治面貌字段，同时能够根据学生的“出生年月”字段值显示学生年龄字段。

操作步骤如下：

（1）启动“教务管理系统”数据库，选择“创建”选项卡下的“报表设计”按钮。

（2）报表页眉节添加标签内容为“学生信息”。在页面页眉节添加4个标签，分别设置内容为“学号”“姓名”“性别”“年龄”。在主体节添加4个文本框。

（3）在“属性表”窗格中，选择报表数据源为“学生”表。分别设置“学号”“姓名”“性别”的控件来源为“学生表”的对应数据。选择“年龄”文本框，设置“控件来源”属性为计算年龄的表达式“=Year(Date())-Year([出生日期])”，如图5.43所示。

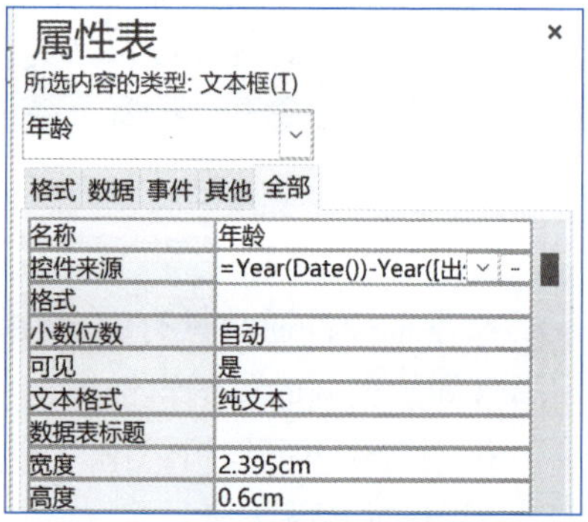

图 5.43 设置“年龄”文本框的“控件来源”属性

（4）单击“视图”组中的“打印预览”按钮，预览报表设计结果，如图5.44 所示。最后命名“学生信息表”并保存报表。

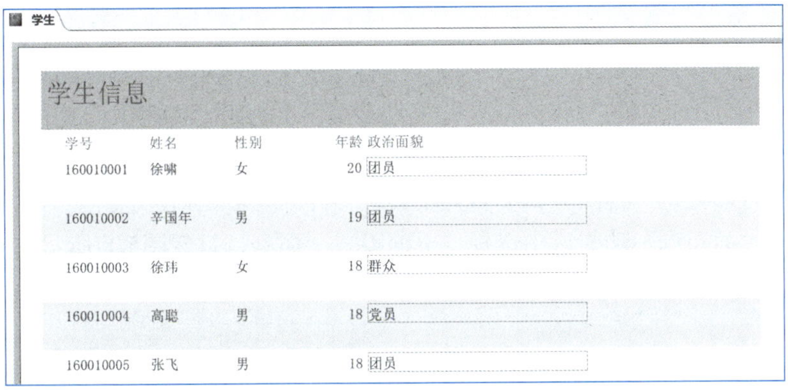

图 5.44　显示“年龄”的学生信息报表结果

例 5.10 在“教务管理系统”数据库中创建“学生成绩表”报表，包含“学号”“姓名”“课程名称”“成绩”字段，并添加一个“备注”字段，可根据“成绩”来判断并显示优秀、良好等文字说明信息。

操作步骤如下：

（1）使用报表向导创建“学生成绩表”报表，并打开设计视图。

（2）在页面页眉的“成绩”后面增加一个标签“备注”；在主体的“成绩”后面增加一个文本框。

（3）打开文本框的“属性表”窗格，选择“全部”选项卡，设置“名称”属性为“备注”，设置“控件来源”属性为根据成绩判断评级的表达式“=IIf([成绩]<60,"不及格",IIf([成绩]<70,"及格",IIf([成绩]<80,"中等",IIf([成绩]<90,"良好","优秀"))))”，如图5.45所示。

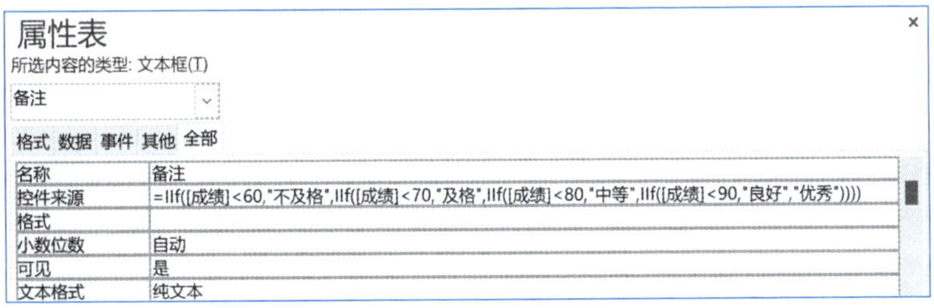

图 5.45　设置“备注”文本框的“控件来源”属性

（4）单击“视图”组中的“打印预览”按钮，预览报表设计结果，如图5.46所示。

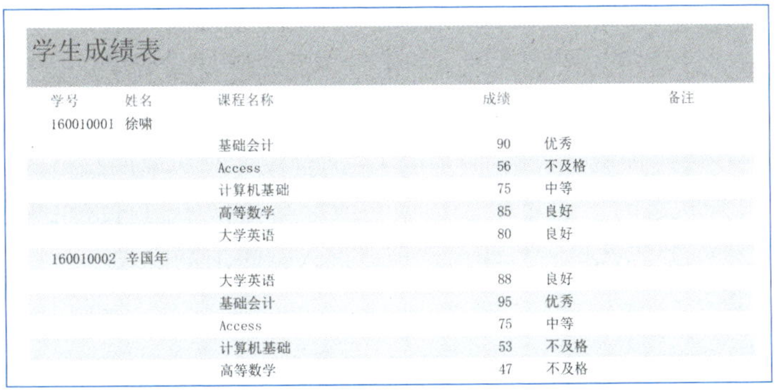

图 5.46　设置成绩等级后的报表结果

三、报表页面设置

在打印前通常会对页面进行设置，以保证打印出来的报表符合自己的要求。页面设置是用来设置打印时所使用的打印机型号、纸张大小、页边距、打印方向等选项。设置的步骤如下：

（1）在“打印预览”视图方式下打开报表。

（2）在“页面布局”功能区中选择“页面设置”命令，打开图5.47所示的“页面设置”对话框。

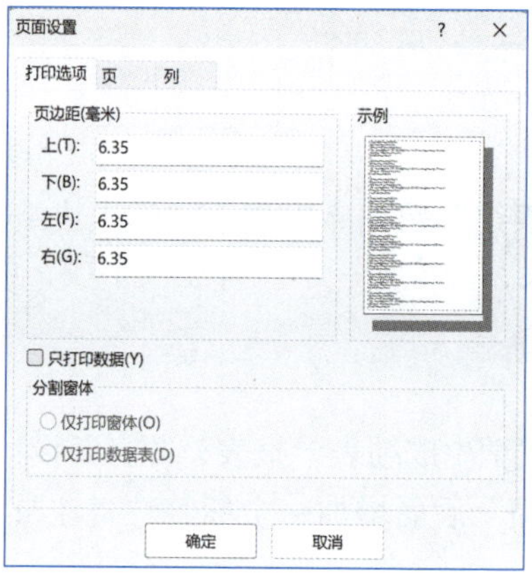

图 5.47 “页面设置”对话框

（3）在“页面设置”对话框中执行设置选项：“打印选项”选项卡中的“页边距”可以设置上、下、左、右页边距，并确认是否打印数据；“页”选项卡用来设置打印方向、页面大小和打印机型号；“列”选项卡用于设置报表的列数、列宽和列高，如果列数大于1列，还要设置列的布局。

（4）单击“确定”按钮，完成设置。Access 2016将保存窗体和报表页面设置选项的设置值，所以每个窗体或报表的页面设置选项只须设置一次。但是表、查询和模块每次打印时都要重新设置页面设置选项。

四、预览报表

在Access 2016中，预览报表是指在屏幕上模拟显示报表的实际打印效果，以便用户检查数据、布局、格式等是否符合需求，避免直接打印时出现错误。常见的预览方式有打印预览和布局视图预览。

（1）打印预览：最常用的预览方式，显示报表的实际打印效果，包括分页、边距、纸张方向等。支持调整页面设置（如缩放、页边距）后实时查看效果。

（2）布局视图：快速预览报表的布局结构，适合设计时快速调整格式。

在报表处于打开状态时，通过报表选项卡或导航窗格中的右键菜单直接进入预览模式。还可通过“文件”菜单选择“打印”选项，进入打印预览模式。

五、打印报表

在设置页面以后，可以按如下方法打印报表。

打开要打印的报表。单击“文件”选项卡中的“打印”命令，出现图5.48所示的“打印”对话框。

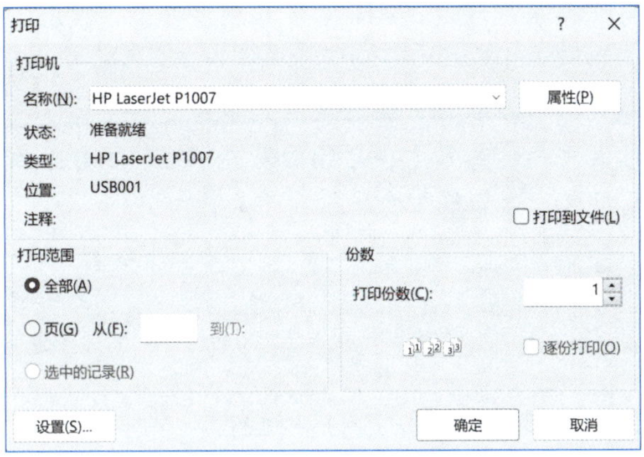

图 5.48　“打印”对话框

在“打印”对话框中进行以下操作：

（1）在“打印机”区域内指定打印机的名称、型号和连接的位置。

（2）在“打印范围”区域内，确定要打印的页面。

（3）在“份数”区域内，指定要打印的份数和是否需要对其进行归类，即对同一报表的不同页首先打印，打印完一份后再打印下一份。

（4）单击“确定”按钮，开始打印。

如果直接通过工具栏上的“打印”按钮，Access 2016将按照默认的设置打印报表。

动手实践

在“教务管理系统”数据库中，请按以下要求完成相关操作：

（1）利用“报表设计视图”创建学生信息卡片报表。

要求：在报表设计视图中创建一个名为“学生信息卡片报表”的报表。该报表应基于“学生信息表”，为每位学生生成一张信息卡片，卡片上包含学生的姓名、学号、专业、班级及联系方式等基本信息。利用文本框和标签来设计卡片布局。

（2）创建带条件筛选的选课情况报表。

要求：使用查询作为报表的数据源，创建一个名为“选课情况报表”的报表。首先，创建一个查询来筛选出特定学期内选课人数超过30人的课程。然后，基于该查询创建报表，展示这些课程的名称、选课人数和授课教师。报表应包含适当的标题和页脚信息。

润物无声

萨师煊，1922年出生，福建人，计算机科学家。是中国人民大学经济信息管理系的创建人，是我国数据库学科的奠基人之一，数据库学术活动的积极倡导者和组织者。他在1982年起草了国内第一个计算机专业本科“数据库系统概论”课程的教学大纲，将“数据库”概念引入中国高等教育，为中国数据库领域培养了第一批专业人才。他是数据库学术活动的积极倡导者和组织者，曾担任中国计算机学会常务理事、软件专业委员会常务委员兼数据库学组组长等职务，为中国数据库学术界的交流和发展做出了重要贡献。1978年，萨师煊等学者最早引入“信息”一词作为我国高等学校经济管理类的专业名称，并创建了中国人民大学经济信息管理系，这是我国高等学校中第一个以信息技术在经济管理领域中的应用为特色的学科。

萨师煊的工作不仅限于理论研究，更重要的是他通过教育体系的建设，为中国数据库领域培养了大量的后续人才，这些人才在后续的发展中推动了数据库技术在国防、军工等领域的应用，对中国数据库行业的整体发展起到了关键作用。

知识巩固

选择题

1. 设置报表及控件的属性，需在（　　）中进行。

A. 报表视图　　B. 页面视图　　C. 设计视图　　D. 打印预览视图

2. 报表设计过程中，如果要强制分页，应使用的控件图标是（　　）。

A. 　　B. 　　C. 　　D. 

3. 以下控件不能用于Access 2016报表中的是（　　）。

A. 文本框　　B. 列表框　　C. 标签　　D. 图表

4. 在Access 2016报表中，（　　）设置字段的显示格式（如货币、日期等）。

A. 在报表设计视图中直接设置字段的属性

B. 在数据表视图中设置字段的属性

C. 通过SQL查询设置

D. 无法设置

5. 以下（　　）不是报表设计时需要考虑的因素。

A. 报表的布局和格式　　B. 报表的数据源

C. 报表的打印设置　　D. 数据库的表结构

任务三　排序及分组报表

在实际应用中创建报表后，用户可能需要根据不同的需求对数据进行排序。例如，员工信息报表可能需要根据入职时间进行排序；销售报表可能需要根据销售额进行排序，按照地区或产品线对数据进行分组，在每个分组内添加汇总信息（如求和、平均值等）。这些就需要对报表进行排序和分组，使用户能够更快地找到所需信息，提高数据报表的可读性。

任务情境

小李：贺老师，我最近在使用教务管理系统时，发现排序和分组报表功能真的太有用了！您觉得呢？

老贺：哈哈，小李，你说得没错！排序和分组报表简直就是教务管理的“神器”。

小李：是啊，贺老师。如果咱们要查看学生成绩，没有排序的话，那简直就像是在一堆乱糟糟的纸堆里找一张特定的纸条，多费劲啊！

老贺：没错，小李。有了排序功能，咱们就可以轻松地把学生成绩从高到低或从低到高排列，这样一来，找优秀学生或需要关注的学生就一目了然了。

小李：对呀，而且分组报表也超级有用。例如，咱们要统计男同学和女同学的学生人数、平均成绩什么的，如果没有分组，那得一个一个地数，多麻烦啊！

老贺：哈哈，你说得对。分组报表就像是一个“魔法盒”，它可以把相同类型的数据放在一起，然后咱们就可以轻松地看到每个分组的汇总信息了。这样一来，咱们就可以更快地了解各个学院的情况，做出更准确的决策了。

小李：没错没错，贺老师。我觉得排序和分组报表就像是教务管理的“左右手”，缺了它们，咱们的工作可就难做多了！

老贺：哈哈，小李，你说得太对了！排序和分组报表确实是教务管理的得力助手。它们不仅提高了咱们的工作效率，还让咱们的数据分析更加准确、更加有条理。所以啊，咱们一定要好好利用这两个“神器”，让教务管理变得更加轻松、更加高效！

任务描述

使用Access 2016软件在“教务管理系统”数据库中创建一个“学生入学成绩汇总表”报表，如图5.49所示。要求使用报表设计视图创建报表，能够按照学生的性别进行分组，同时分别汇总统计出男同学的平均入学成绩、女同学的平均入学成绩，以及所有同学的平均入学成绩等信息。

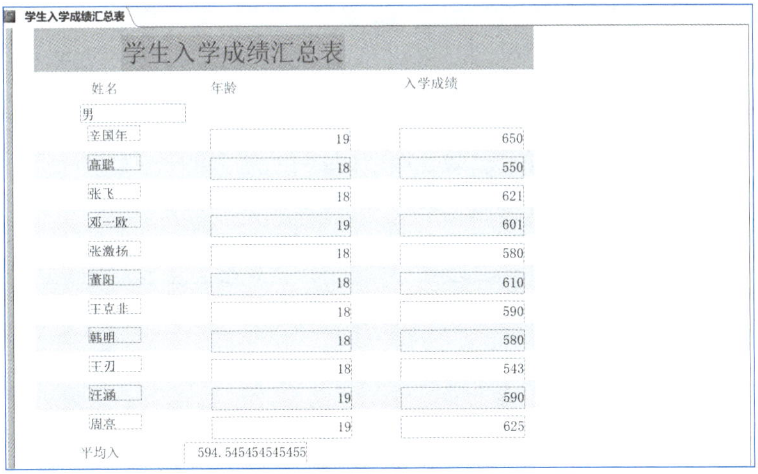

学生入学成绩汇总表

学生入学成绩汇总表

姓名	年龄	入学成绩
男		
辛国年	19	650
高聪	18	550
张飞	18	621
邓一欧	19	601
张激扬	18	580
董阳	18	610
王克非	18	590
韩明	18	580
王刃	18	543
汪涵	19	590
周亮	19	625
平均入	594.545454545455	

图 5.49　“学生成绩汇总表”报表

实现以上案例，要求掌握的知识：

（1）报表的排序和分组；

（2）控件在报表中不同“节”显示内容的区别。

经过本项目知识学习，读者即可掌握上述知识并创建出本报表。

知识链接

一、报表排序

排序一般用来整理数据记录，以便查找和输出。

例 5.11 创建以“选课成绩”表为数据源的“选课成绩”报表，按“成绩”进行降序排序。

操作步骤如下：

（1）以“成绩表”为数据源，利用报表向导或报表设计视图创建“选课成绩”报表。

（2）单击报表“设计”选项卡下的“分组和汇总”组中的“分组和排序”按钮，在窗体下方显示“分组、排序和汇总”对话框。

（3）单击“添加排序”按钮，选择“成绩”字段，在“排序次序”栏中选择“降序”选项，如图5.50所示。

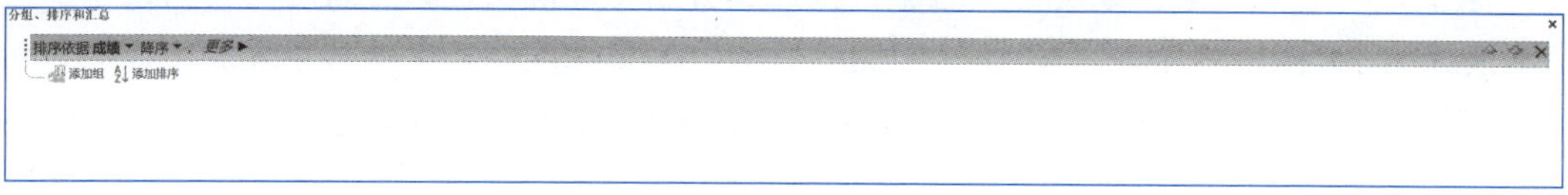

图 5.50 “分组、排序和汇总”对话框

（4）单击“视图”组中的“视图”按钮下拉菜单中的“打印预览”按钮，预览结果如图5.51所示。

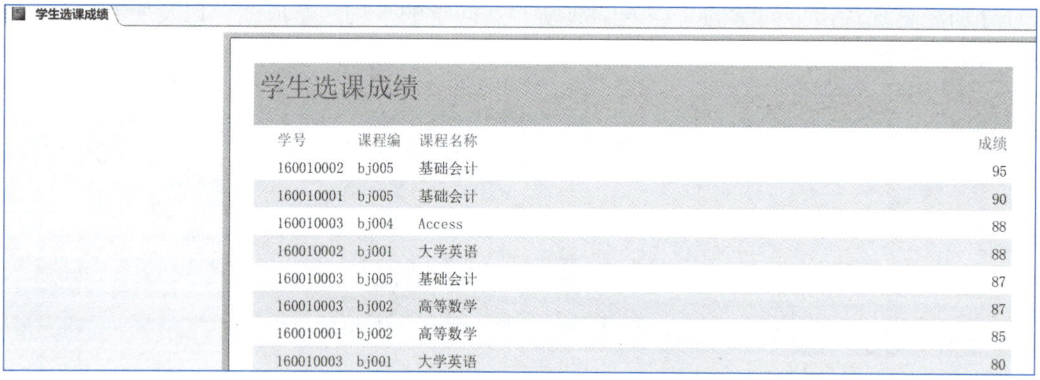

图 5.51 按照成绩排序的报表预览结果

二、报表分组

分组是指按某个字段值进行分类，将字段值相同的记录分在一组之中。使用报表视图也可以根据一定的条件对记录进行输出，使具有相同条件的记录在一个组中。

例 5.12 将上例5-11中的“选课成绩”报表按“学号”进行分组汇总统计每位学生每门课的成绩和平均成绩。

操作步骤如下：

（1）打开“选课成绩”报表，在设计视图下单击报表“设计”选项卡下“分组和汇总”组中的“分组和排序”按钮，在窗体下方显示“分组、排序和汇总”对话框。

（2）单击“添加排序”按钮，选择“学号”字段，在“排序次序”栏中选择“升序”选项。

（3）单击“添加组”按钮，选择“学号”字段，设置学号字段有组页眉，有组页脚。“分组、排序和汇总”对话框设置如图5.52所示。

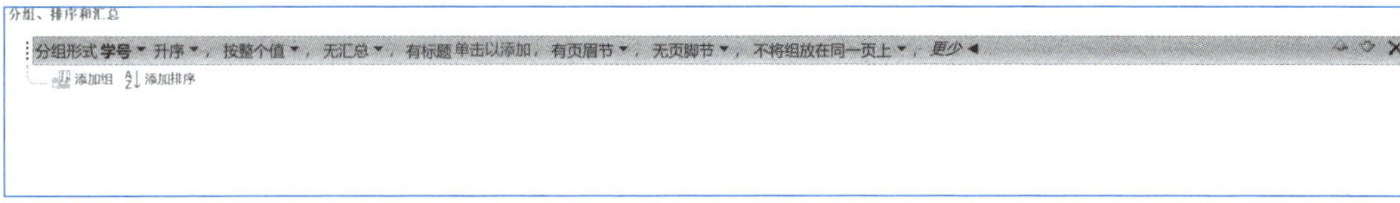

图 5.52　按照“学号”分组排序

（4）选择主体中的“学号”将其复制到“学号页眉”节中，并调整到合适位置。再按【Shift】键，分别单击主体中的“课程号”“成绩”文本框，将其调整到合适位置。

（5）单击工具栏上的文本框控件，在“学号页脚”节中添加文本框控件。在相应的标签控件中输入“平均成绩”，在文本框控件中输入表达式“=Avg（[成绩]）”或在“属性”窗格的“控件来源”中输入该表达式，如图5.53所示。

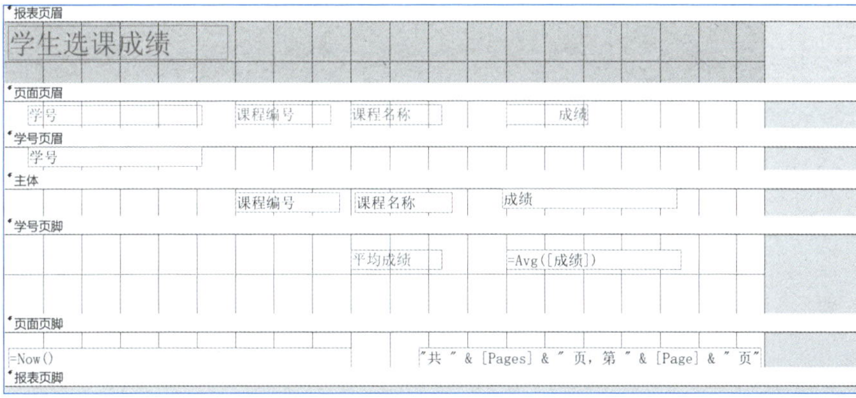

图 5.53　按“学号”分组统计成绩

（6）选择“文件”选项卡中的“另存为”命令，输入“学生平均成绩报表”。

（7）单击“视图”组中的“打印预览”按钮，结果如图5.54所示。

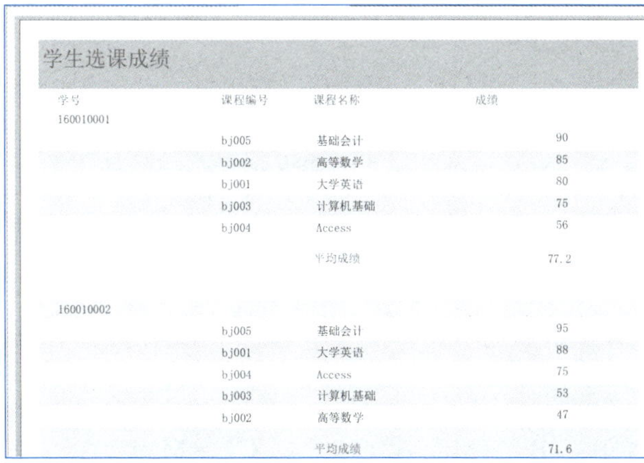

图 5.54　分组报表设计结果

动手实践

在“教务管理系统”数据库中，请按以下要求完成相关操作：

1. 设计包含计算字段的班级成绩分析报告

要求：在报表设计视图中设计一个名为“班级成绩分析报告”的报表。该报表基于“学生成绩表”，为每个班级生成一份成绩分析报告。报告需包含班级名称、平均成绩、及格率（成绩>=60分的学生比例）和优秀率（成绩>=90分的学生比例）等计算字段。使用表达式和函数来计算这些字段的值，并调整报表布局以清晰展示分析结果。

2. 修改现有报表以添加新字段和排序

要求：以“学生表”为数据源设计一个名为“学生名单报表”的报表，包含姓名、性别、出生年月三个字段。对其进行修改，首先，添加“入学年份”字段到报表中。然后，调整报表的排序方式，使其首先按“专业”排序，然后在每个专业内部按“入学年份”降序排序。最后，确保报表的布局和格式仍然清晰易读。

润物无声

冯裕才，1944年出生，江苏省靖江市，中国计算机数据库领域的杰出科学家和企业家。他在数据库技术的研究、开发和应用方面做出了重要贡献。1982年，他开始带领团队研发数据库，克服了经费缺乏等重重困难，于1988年成功研制出我国第一个自主版权的“数据库管理系统CRDS”。此后，他继续带领团队在数据库领域深耕，开发出多个具有自主知识产权的数据库产品，如DM系列数据库等。2000年，冯裕才创立了武汉达梦数据库有限公司，该公司致力于数据库产品的研发、销售和服务，逐步成长为国产数据库的领军企业，多次获得国家和省部级科技进步奖等荣誉。

知识巩固

一、选择题

1. 使用报表设计视图创建一个分组统计报表的操作步骤包括：①指定报表的数据来源；②计算汇总信息；③创建一个空白报表；④设置报表排序和分组信息；⑤添加或删除各种控件。正确的操作步骤为（　　）。

A. ③②④⑤①　　B. ③①⑤④②　　C. ③①②④⑤　　D. ①③⑤④②

2. 在设计工资报表时，要显示每位职工的实发工资，一般将计算表达式放在（　　）。

A. 组页眉/组页脚　　B. 页面页眉/页面页脚

C. 报表页眉/报表页脚　　D. 主体节

3. 在报表中，要计算“数学”字段的最低分，应将控件的“控件来源”属性设置为（　　）。

A. =Min([数学])　　B. =Min(数学)　　C. =Min[数学]　　D. Min(数学)

4. 在报表设计过程中，要对各部门按部门分别计算平均值、最大值和最小值，则需要设置（　　）。

A. 分组级别　　B. 汇总选项　　C. 分组间隔　　D. 排序字段

5. 在Access 2016报表中，（　　）属性用于设置报表的排序顺序。

A. OrderBy　　B. SortOrder

C. GroupLevel　　D. 报表的“排序与分组”属性

6. 要在报表上显示“页码/总页数”的格式，应该使用的控件或表达式为（　　）。

A. [Page] & "/" & [TotalPages]　　B. "=Page & ""/"" & TotalPages"

C. Page & "/" & TotalPages　　D. [Page] / [TotalPages]

7. 在Access 2016报表中，可以为不同的记录分组并显示每个组的汇总信息的是（　　）。

A. 使用“排序与分组”属性设置分组字段

B. 在SQL查询中设置分组

C. 使用报表的“筛选”功能

D. 报表无法直接分组

8. 报表中的“分组页眉/分组页脚”用于（　　）。

A. 显示整个报表的页眉和页脚

B. 显示每页的页眉和页脚

C. 显示每个分组的页眉和页脚

D. 以上都不是

二、操作题

已有数据库文件Sample.mdb其中包含“工资”表、“职工”表。请按要求完成相关操作：

（1）利用报表向导创建名为“工资信息”报表，输出“姓名”“工资”“水电费”三个字段，通过职工查看数据，汇总“工资”“水电费”，仅显示汇总信息，调整标题“工资信息”的距离窗体左边距5 cm，距离窗体上边距0.5 cm。

（2）在“工资信息”报表的页脚节中添加一个文本框控件，名称为“tName”，字体颜色为“深蓝”，相应标签的标题为“平均基本工资”，文本框用于显示所有职工的“基本工资”字段的平均值（使用avg()函数）。

项目小结

报表是应用系统打印输出的主要方法，Access 2016数据库的报表形式灵活，制作方法多样。在实际应用过程中，首先考虑使用哪种形式的报表，其次确定报表的制作方法。创建报表可以先用向导，然后使用设计视图和布局视图进行完善，最后打印输出。本项目主要介绍了报表的基本概念、创建报表、编辑报表和报表设计。通过本项目学习，读者可创建精美的报表。

项目六 宏的设计与创建

宏是Access 2016数据库的对象之一。它是一个或多个操作命令的集合，其中每个操作都能够实现特定的功能。宏是Access 2016中提供的一种自动完成一系列操作的机制,Access 2016提供了很多宏操作命令，运行宏时，Access 2016会按照所定义的顺序依次执行各个宏操作。宏可以自动执行一些简单而重复的任务。通过宏能够将表、查询、窗体、报表等有机地联系起来，从而构成一个完整的系统。

项目内容

- 任务一　创建操作序列宏
- 任务二　创建子宏和宏组
- 任务三　创建条件宏

项目目标

知识目标：掌握宏的基本概念；创建与编辑宏、宏组、条件宏的方法；常见的宏操作命令及宏的应用。

能力目标：能够根据实际需求，在Access 2016中创建基本的宏和宏组，设置正确的宏操作顺序和参数。学会调试、优化宏，并能够将宏应用于实际的数据库管理中，如自动化数据录入、报表生成、用户交互等场景。

素养目标：通过设计宏的执行流程，培养读者的逻辑思维能力，使其能够清晰地表达和解决复杂问题；面对宏执行过程中出现的问题，读者需要运用所学知识和技能进行问题分析和解决，从而培养其问题解决能力，以及自主学习和团队合作的精神。

任务一　创建操作序列宏

在数据库中，为了能够提高工作效率、减少人为错误，自动化一些重复性的任务，所以要创建和使用宏。简单来说，就是为了让数据库更加“聪明”，能够自动帮我们完成一系列原本需要手动做的任务。想象一下，如果你每天都要做同样的一套动作，如打开几个表，运行几个查询，然后再更新一些数据，这个过程是不是很烦琐？而宏就像是你的一个“小助手”，它能够记住这些步骤，并且在你需要的时候自动帮你完成它们。因此，在Access 2016数据库的开发和管理过程中，创建和操作宏是一项非常重要的技能。

任务情境

小李： 贺经理，我们创建的教务管理系统里，您总是提到还要创建宏，这是什么神奇的东西啊？为什么要创建它呢？

老贺： 哈哈，小李，你这个问题问得好！想象一下，如果你每天都需要做一套固定的体操动作来锻炼身体，但每次都要从头开始想每个动作怎么做，是不是很麻烦？

小李： 嗯，确实是的，那样会很累，还容易忘记。

老贺： 对啊，宏在数据库中就是扮演了这样一个“体操教练”的角色。它把一系列需要经常执行的操作，像做体操一样，编排成一套固定的流程。这样，当我们需要执行这些操作时，就只需要启动这个宏，它就像自动播放的体操视频一样，一步步帮我们完成所有动作。

小李： 哦！我明白了，那这样不是省去了很多重复劳动，还能减少出错的机会吗？

老贺： 没错，小李你真聪明！创建宏的目的就是为了让数据库更加高效、准确。例如，老师需要定期更新学生成绩，如果每次都要手动打开表格、输入数据、保存关闭，那得多麻烦啊。但是有了宏，这一切都可以自动化完成，老师只需要轻轻一点，宏就会帮他把所有步骤都执行了。

小李： 哇，听起来好厉害！那这样老师们就可以有更多的时间去做更有意义的事情了。

老贺： 没错，而且宏还可以根据学校的具体需求进行定制，实现一些特殊的功能。例如，自动发送成绩通知邮件给学生和家长，或者根据成绩自动计算奖学金等等。这些都能让教务管理工作变得更加智能化、人性化。

小李： 真是太实用了！看来在教务管理系统里创建宏，真是找了个不可或缺的好帮手啊！

任务描述

在“教务管理系统”中，经常需要生成学生信息的报表以供分析或打印。为了提高工作效率，可以创建一个操作序列宏来自动化报表的生成过程。图6.1 所示的“教务管理系统”中，创建一个简单的操作序列宏，该宏将自动执行一系列操作，包括打开学生成绩表、应用预设的报表视图，并保存报表为特定格式的文件，如输出PDF格式报表。

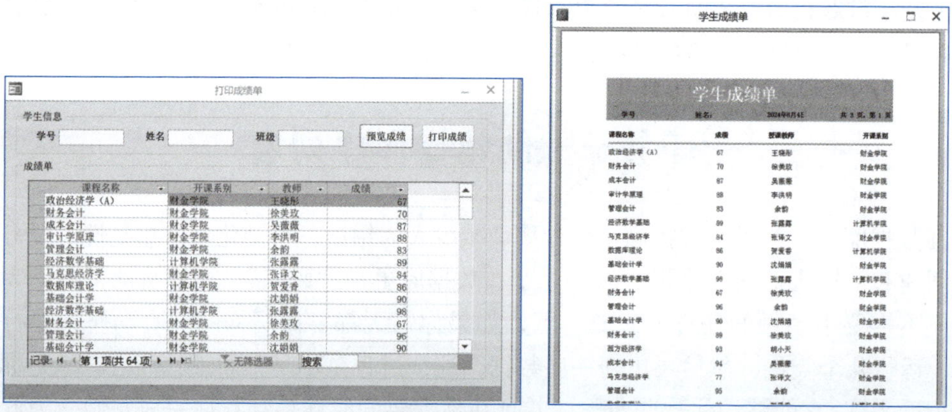

图 6.1 创建报表预览操作序列宏

通过以上功能的实现，我们将掌握的知识：

（1）宏的相关概念；

（2）宏对象的创建与保存；

（3）宏命令的使用，以及宏的调用。

知识链接

一、宏的基本概念

在Access 2016中，宏是一种特定的数据库对象，是一个或多个操作命令组成的集合，其中每个操作都自动执行，并实现特定的功能，帮助用户简化重复性任务、提高工作效率、减少人为错误，并实现复杂的数据库操作。宏不能直接操纵变量，它可以将各种对象有机的组织起来，按照某个顺序执行操作，完成一系列操作动作，如打开表单、生成报表、执行查询等，从而实现复杂的数据处理流程。

1. 宏的类型

1）根据宏所依附的位置来分类

（1）独立宏是最基本的宏类型。它是包含一条或多条操作的宏。独立宏对象显示在导航窗格中的“宏”组下，执行时按照操作顺序一条一条地执行。Access 2016中的窗体、报表或空间的任意事件都可以调用宏对象中的宏。如果程序中重复使用宏，则独立宏是非常有用的。通过调用宏，可以避免在多个位置使用相同的代码。

（2）嵌入宏是直接嵌入在Access 2016数据库对象中的宏，而不是作为独立的宏文件存在。这些数据库对象可以包括窗体、报表或模块等。嵌入宏与特定的数据库对象相关联，并在该对象的相关事件发生时自动执行一系列预定义的操作。

嵌入宏与独立宏不同，因为它们是嵌入在对象的事件属性中的宏。嵌入的宏在导航窗格中不可见。运行时，通过触发窗体、报表和控件对象的事件来运行。嵌入宏只作用于特定的对象。例如，在窗体中嵌入宏可以自动执行与窗体控件相关的事件操作，如按钮点击、文本框内容变化等。这有助于简化用户界面交互，提高用户体验。在报表对象中嵌入宏可以自动触发报表的生成和显示过程，使用户能够轻松获取所需的数据报表。在数据输入或更新过程中嵌入宏可以执行数据验证操作，确保数据的准确性和一致性。例如，可以设置宏来检查输入的数据是否符合特定的格式或范围要求。

（3）数据宏是建立在表对象上的。当对表中的数据进行插入、删除和修改操作时，可以调用数据宏进行相关的操作。例如，在数据插入到表之前，使用数据宏验证数据的完整性和准确性。当某个表中的数据更新时，使用数据宏自动更新其他相关表中的数据，以保持数据的一致性。在特定业务场景下，使用数据宏执行复杂的业务规则，如计算字段值、设置字段默认值等。数据宏也不显示在导航窗格的“宏”下。

它的特点是具备自动触发和数据验证。首先，数据宏与表事件相关联，当特定事件发生时自动触发，无须用户手动干预；其次，可以在数据宏中设置验证规则，以确保插入或更新的数据符合业务逻辑和数据完整性要求。

2）根据宏操作命令的组织方式分类

根据宏操作命令的组织方式，宏可以分为操作序列宏、子宏、宏组和条件宏。

（1）操作序列宏是指组成宏的操作命令按照顺序关系依次排列，运行时按顺序从第一个宏操作依次向下执行。如果用户需要重复一系列操作，就可以用创建操作序列宏的方式来执行这些操作。

（2）独立完成某个操作的宏操作命令可以定义成子宏，子宏通过其名称来调用。多个子宏可以组成一个宏。应使用“宏组名.子宏名”的结构。

（3）宏组是一系列相关宏的集合，一个宏文件中包含一个或者多个宏，方便对数据库进行管理。每个宏都是独立的，有各自的宏名。在数据库窗口中的宏名称列表中将显示宏组名称，如果要指定宏组中的某个宏，应使用“宏组名.宏名”的结构。

（4）条件宏是满足一定条件才会执行的宏。条件宏的条件是一个逻辑表达式，宏将根据表达式结果而确定操作是否进行，使得宏在处理复杂任务时更加灵活。

2. 宏的使用

在Access 2016中，使用宏非常方便，不需要记住各种语法，也不需要编程，只需利用几个简单的宏操作，就可以对数据库完成一系列操作。宏一般是通过窗体、报表中的命令按钮控件实现调用的。在窗体或报表中添加部分命令按钮控件，定义命令按钮控件的单击或双击，可指定“宏”的操作及方式。只要打开窗体或报表，再触发命令按钮控件，就可实现宏操作命令的指定动作。

宏操作一般都有具体的操作参数，这些参数定义了操作的具体细节和条件。例如，在执行打开表单的操作时，需要指定要打开的表单名称。

在“创建”选项卡的“宏与代码”命令组中，单击“宏”命令按钮，即可进入宏的操作界面。该界面包含“宏工具/设计”选项卡，“操作目录”窗格和宏设计窗口三部分。宏的操作就是通过这些操作界面来实现的。下面具体介绍这3个部分：

1）“宏工具/设计”选项卡

如图6.2 所示，“宏工具/设计”选项卡有3个命令组，分别是“工具”“折叠/展开”和“显示/隐藏”。

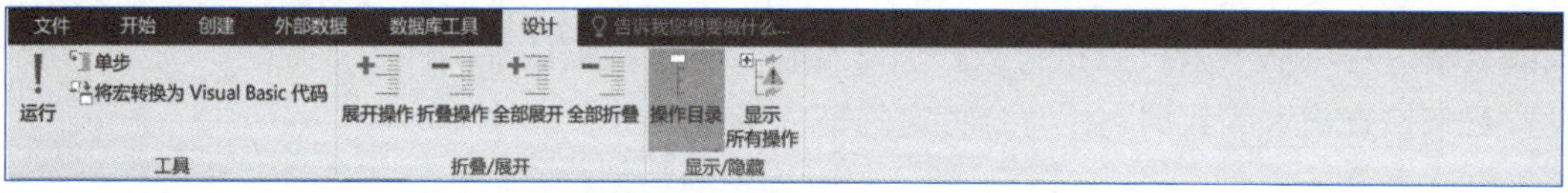

图 6.2 “宏工具 - 设计”选项卡

各命令组的作用如下：

（1）“工具”命令组包括运行、单步以及将宏转换为Visual Basic代码这3个操作。

（2）“折叠/展开”命令组提供浏览代码宏的几种方式：展开操作、折叠操作、全部展开和全部折叠。

① 展开操作：可以详细地阅读每个操作的细节，包括每个参数的具体内容。

② 折叠操作：收起宏操作，不显示操作参数，只显示操作名称。

（3）“显示/隐藏”命令组：隐藏或显示“操作目录”窗格。

2）“操作目录”窗格

为了方便用户操作，Access 2016用“操作目录”窗格分类列出了所有宏操作命令，用户可以根据需要选择。当选择一个宏操作命令后，在窗格中会显示相应命令的说明信息，如图6.3所示。

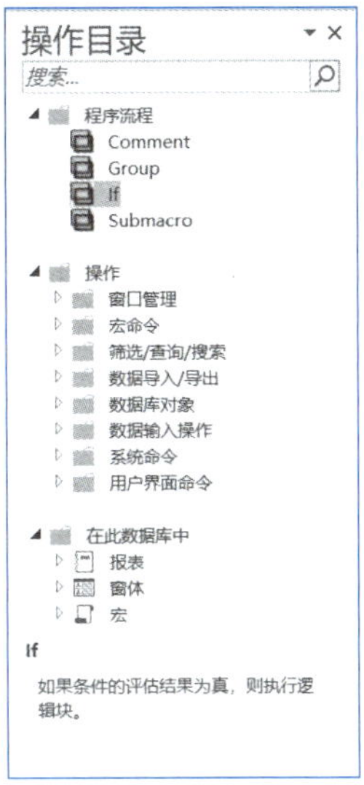

图 6.3　“操作目录”窗格

“操作目录”窗格由三部分组成：

（1）“程序流程”：包括Comment（注释）、Group（组）、If（条件）和Submacro（子宏）等选项。其中，Comment用于给宏命令添加注释说明，以提高宏程序代码的可读性；Group运行对宏命令进行分组，以使宏的结构更清楚；If通过条件表达式的值来控制宏操作的执行；Submacro用于在宏内创建子宏。

（2）“操作”部分按照操作性质将宏操作分成8组操作。用户进行宏创建时可以更为方便和容易。

（3）“在此数据库中”列举出了当前数据库中的所有宏命令。展开该部分，可显示下一级列表，包括“报表”“窗体”和“宏”。

3. 常用的宏命令

在Access 2016中，提供了多种宏操作指令，这些指令可以组合成宏或宏组来执行复杂的任务。在图6.3 中，“操作目录”下面列举出常用的宏操作命令。

（1）窗口管理；

（2）宏命令；

（3）筛选/查询/搜索；

（4）数据库导入/导出；

（5）数据库对象；

（6）数据输入操作；

（7）系统命令；

（8）用户界面命令。

其中，常见的宏命令:

① Beep。通过计算机的扬声器发出“嘟嘟”声，以提醒用户注意。

② OpenForm。打开一个窗体，并通过选择窗体的数据输入与窗口方式，来限制窗体所显示的记录。OpenForm操作需要设置相应的参数，包括设置要打开的窗体的名称、窗体的视图、筛选名称及where条件等。

③ OpenQuery。打开一个查询。OpenQuery操作需要设置相应的参数，包括设置要打开的查询的名称，查询的视图。

④ OpenReport。在“设计”视图或打印预览中打开报表或立即打印报表，也可以限制需要在报表中打印的记录(需要设置相应的参数)。

⑤ CloseWindow操作。关闭指定的Access窗口。如果没有指定窗口，则关闭活动窗口。Close操作需要设定相应的参数，参数包括要关闭的对象类型及要关闭的对象名称。

⑥ AddMenu。为窗体将菜单添加到自定义菜单栏。

⑦ GoToControl。把焦点移到打开的窗体、窗体数据表、表数据表、查询数据表中当前记录的特定字段或控件上。

⑧ MaximizeWindow。可以放大活动窗口，使其充满Access 2016窗口。该操作可以使用户尽可能多地看到活动窗口中的对象。

⑨ MinimizeWindow。将活动窗口最小化为窗口底部的标题栏。

⑩ MessgeBox。显示包含警告信息或其他信息的消息框。

⑪ PrintOut。打印打开数据库中的活动对象，也可以打印数据表、报表、窗体和模块。

⑫ Quit。退出Access。退出之前可以指定是否保存数据库对象。

⑬ RepaintObject。使用RepaintObject操作可以完成指定数据库对象的屏幕更新。如果没有指定数据库对象，则对活动数据库对象进行更新，包括对象的所有控件的所有重新计算。

⑭ RestoreWindow。可以将处于最大化或最小化的窗口恢复为原来的大小。

⑮ RunMacro。运行宏，并且可以从其他宏中运行宏。

⑯ StopMacro。可以停止当前正在运行的宏。

二、宏的创建

创建宏可以通过Access 2016的宏设计器来创建。打开数据库，选择“创建”选项卡，在“宏与代码”子功能区中，单击“宏”按钮，即可显示宏设计窗口如图6.4 所示。打开宏的定义窗口和宏的设计工具栏。创建宏具体主要包括三个步骤：

（1）添加操作。

（2）设置参数。

（3）保存宏。

以上三步均在Access 2016系统窗口中完成。

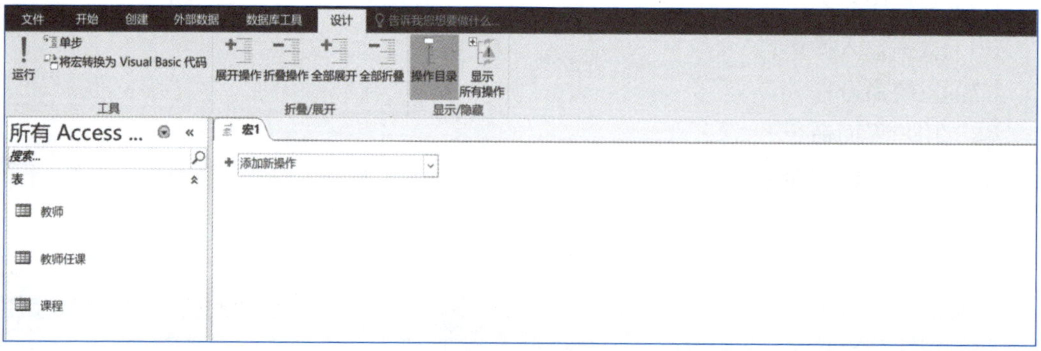

图 6.4 宏设计窗口

在宏设计窗口中“添加新操作”的组合框中，用户可以通过单击下拉按钮，添加各种宏操作。选择或输入宏的名称、设置条件表达式、添加或删除操作行、设置操作参数等，如图6.5 所示。

图 6.5　选择宏操作命令

每选择一种操作，窗口下方会出现与操作相关的操作参数。如图6.6 所示，在“添加新操作”组合框中添加了OpenTable操作后，下方出现了OpenTable操作相关的所有参数，用户可以根据需要进行设置。单击OpenTable操作左边的⊟按钮和右侧的✕按钮，可以隐藏操作参数和删除该操作。宏创建完成以后，可以通过保存宏，结束对宏的操作，如图6.7所示。

图 6.6　宏命令中设置参数

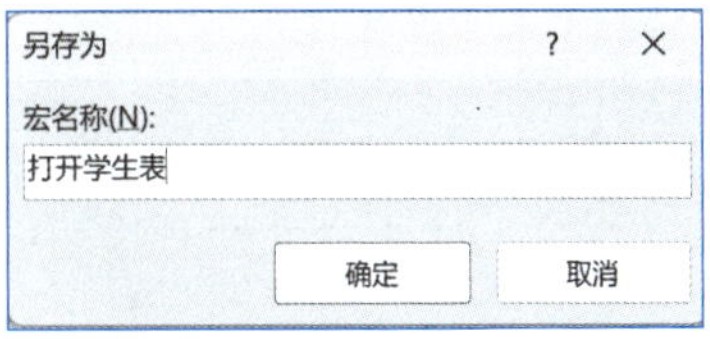

图 6.7　输入宏名称保存宏

例 6.1 打开教务管理系统，创建一个打开“学生”表格的宏。

操作步骤如下：

（1）打开教务管理系统数据库，单击“创建”选项卡中“宏与代码”命令组中的“宏”按钮，在弹出的宏设计窗口中，选择OpenTable命令，设置表名为“学生”，其他参数默认，如图6.8所示。

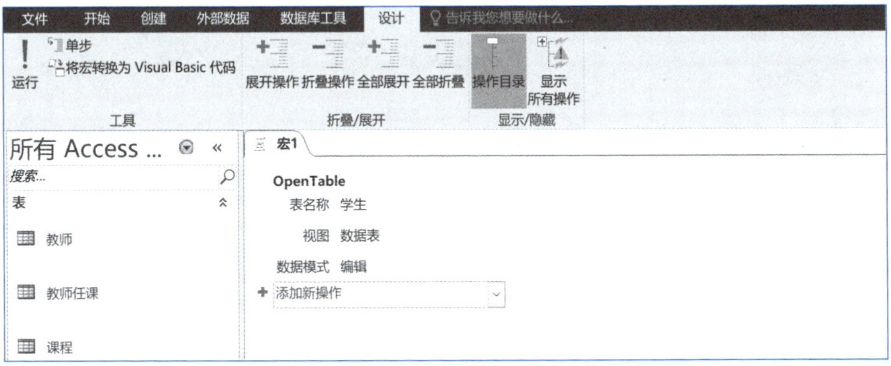

图 6.8　创建宏

（2）成功保存宏后，完成宏的创建。

三、宏的运行与调试

宏创建完成后，就可以直接指定宏名运行该宏。如果运行宏组中的宏，则直接指定宏组名，会默认执行宏组中的第一个宏名的宏，其他宏则以“宏组名.宏名”格式指定。运行宏有以下几种方法。

1. 直接运行宏

（1）在数据库导航窗格中直接选择宏，双击或右击，在弹出的快捷菜单中单击“运行”命令，即可运行宏。

（2）在“数据库工具”选项卡，单击“宏”子功能区的“运行宏”按钮，在“执行宏”对话框中输入要运行的宏，如图6.9所示。对于宏组，需要以“宏组.宏名”格式指定某个宏。

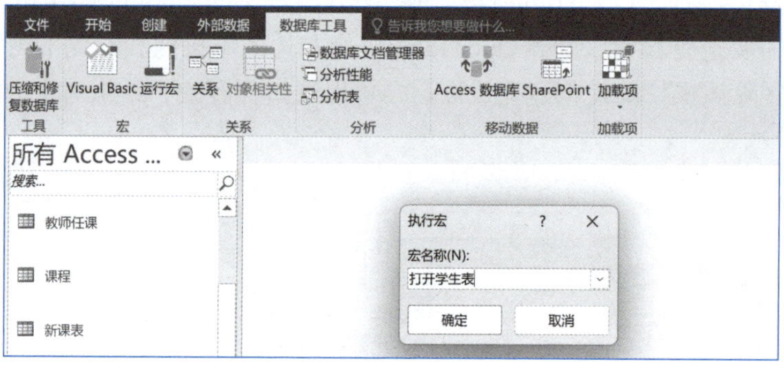

图 6.9　执行宏

例 6.2 运行宏。

操作步骤如下：

（1）打开数据库“教务管理系统”。

（2）在数据库导航窗格中选择宏“系统菜单_打印统计”为操作对象，右击打开快捷菜单，在快捷菜单中单击“运行”命令，则可运行“宏”对象，如图6.10所示。

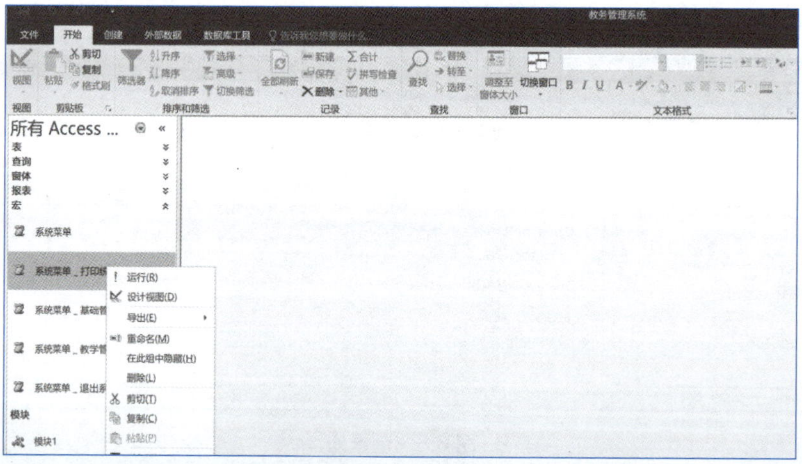

图 6.10　运行宏

例6.3 运行宏组。

操作步骤如下：

（1）打开数据库“教务管理系统”。

（2）在“数据库工具”选项卡，单击“宏”子功能区的“运行宏”按钮，在“执行宏”对话框中选择宏组中的任何一个宏，单击“确定”按钮，则可运行宏组，如图6.11所示。

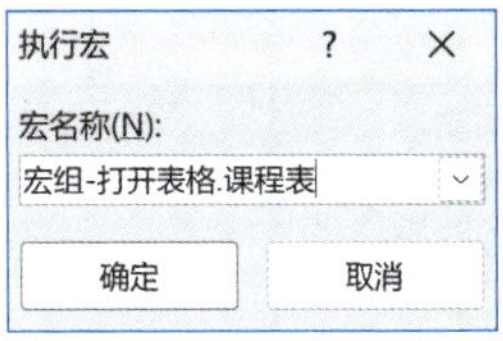

图 6.11　运行宏组

2. 触发事件运行宏

在Access 2016中，经常使用的宏运行方法是将宏赋予某一窗体或报表控件的事件属性值，通过触发事件运行宏。操作步骤如下：

（1）打开包含控件的对象，并打开定义该控件的“属性”窗格。选择“事件”选项卡，选择触发动作（单击或双击）属性，选择要运行的宏。

（2）打开包含控件的对象，触发已赋予宏事件的控件，将运行宏。

例6.4 创建一个窗体，包含1个命令按钮控件，通过命令按钮控件运行宏。

操作步骤如下：

（1）打开数据库“教务管理系统”。

（2）在“数据库”窗口，选择“创建”选项卡。

（3）在“创建”选项卡中，选择“窗体”命令组中的“窗体设计”命令，进入“窗体设计”窗口。

（4）在“窗体设计工具/设计”选项卡的“控件”命令组选择“按钮”控件。

（5）在“窗体”的主体节中按下左键拖动鼠标画出控件Command0，同时弹出了“命令按钮向导”对话框之一，（若无向导，首先在控件命令组中选中“使用控件向导”）如图6.12所示。

（6）选择“命令按钮向导”对话框（一）中“杂项”右边的“运行宏”，单击“下一步”按钮。

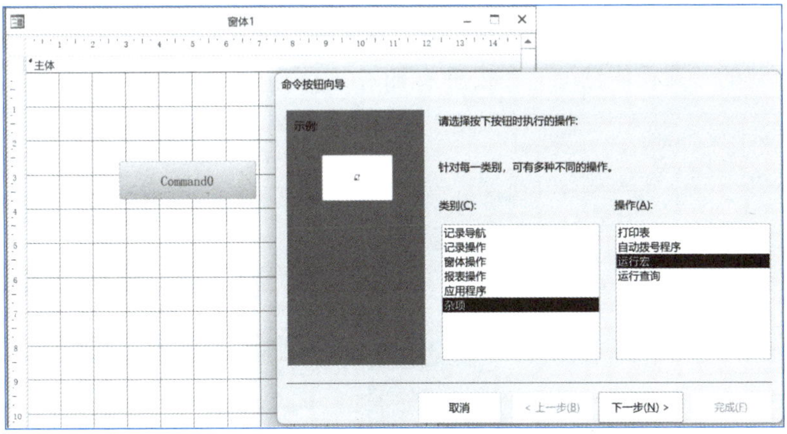

图 6.12　创建“命令按钮向导”对话框（一）

（7）在弹出图6.13所示的“命令按钮向导”对话框（二）中选择命令按钮运行的宏，单击“下一步”按钮。

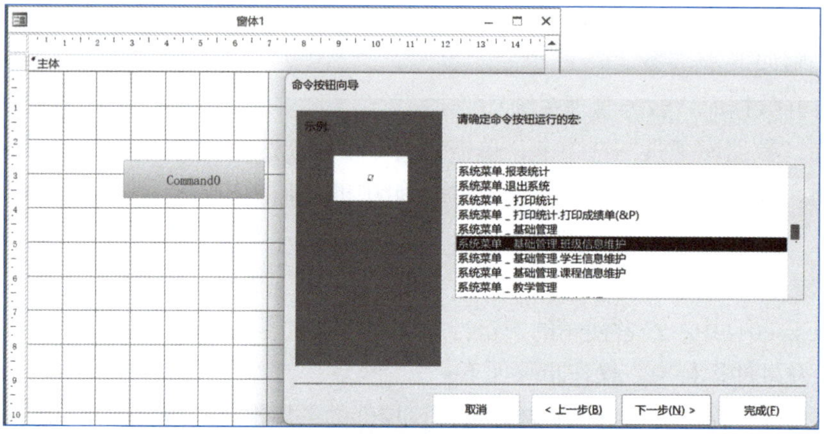

图 6.13 “命令按钮向导”对话框（二）

（8）在弹出图6.14所示的“命令按钮向导”对话框（三）中选择“文本”单选按钮，并在其后的文本框中输入“课程信息维护”，单击“下一步”按钮。

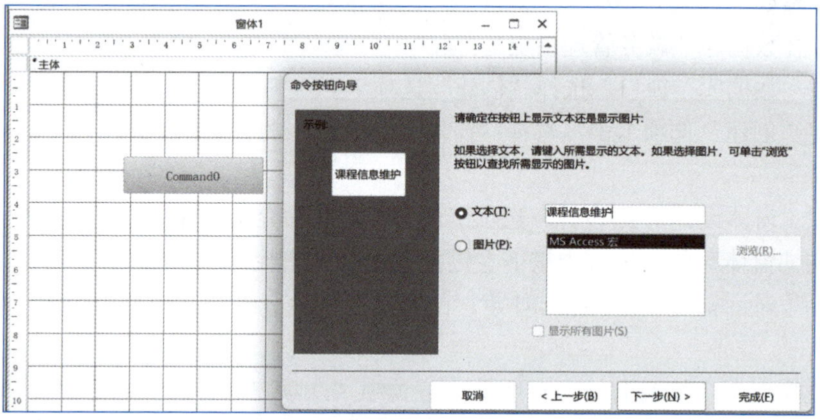

图 6.14 “命令按钮向导”对话框（三）

（9）弹出图6.15所示的“命令按钮向导”对话框（四），指定命令按钮名称，单击“完成”按钮。创建的“课程信息维护”按钮如图6.16所示。

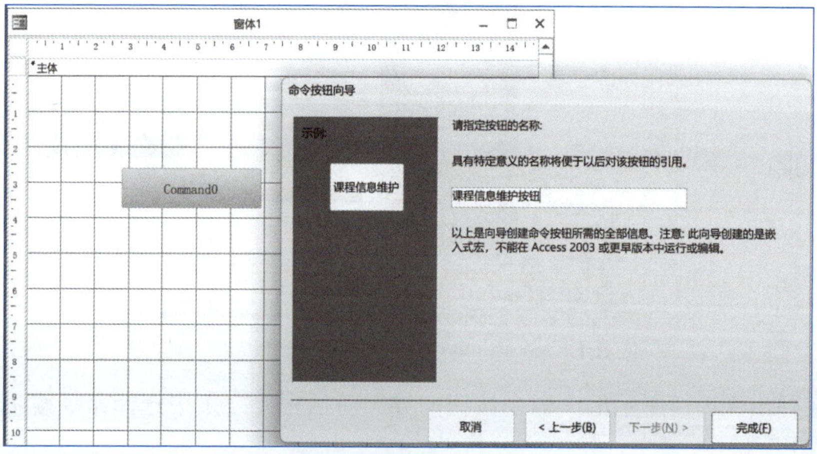

图 6.15 “命令按钮向导”对话框（四）

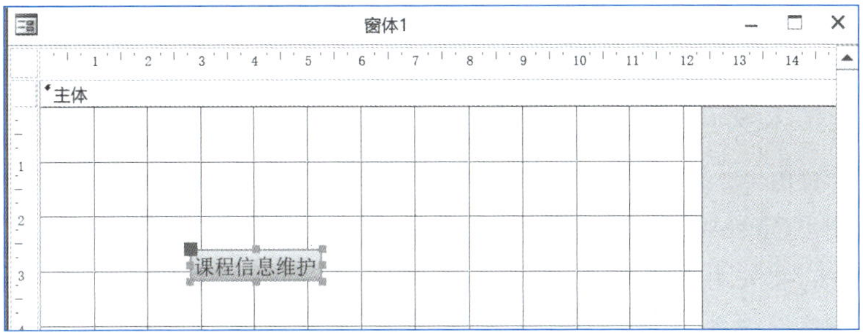

图 6.16　创建完成的命令按钮

（10）保存窗体并启动窗体，单击“课程信息维护”命令按钮，即可运行宏，同时打开了“课程信息维护”窗体，如图6.17所示。

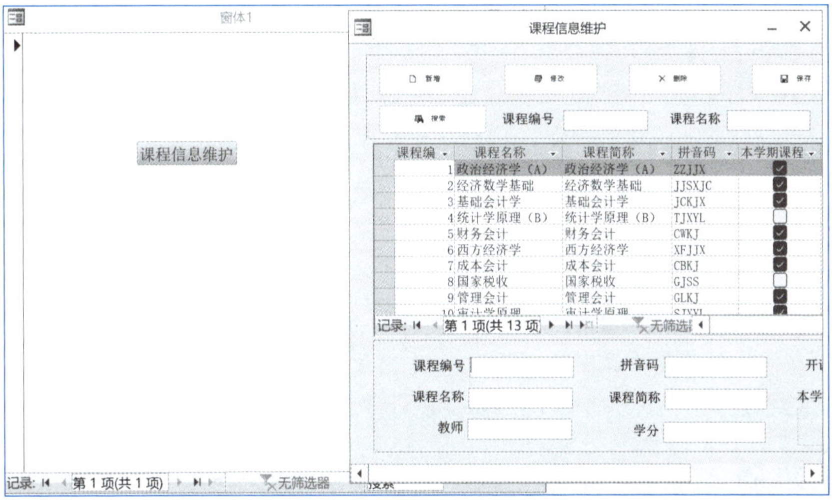

图 6.17　运行命令按钮触发宏

3. 打开数据库时自动运行宏

Access 2016中设置了一个特殊的宏名AutoExec。AutoExec代表自动加载或处理。如果数据库中创建了一个名为AutoExec的宏对象，那么在打开该数据库时将首先运行该AutoExec宏中的第一个宏。适当地设计AutoExec对象，可以在打开数据库时执行一个或一系列的操作，为运行该数据库系统做好必要的初始化准备。若想阻止AutoExec宏的运行，可在打开数据库时长按【Shift】键，直到数据库打开为止。

动手实践

请按以下要求完成相关操作：

1. 自动打开窗体宏

要求：设计一个名为“Macro_OpenForm”的宏，当在数据库中执行该宏时，它会自动打开名为“StudentInfoForm”的窗体，并最大化显示。

提示：使用“OpenForm”宏命令，设置“窗口模式”为“对话框”或“窗体”，并根据需要选择是否最大化（注意：直接最大化可能需要结合VBA，但可以在窗体的“属性”

中设置默认最大化，宏只负责打开)。

2. 关闭所有打开窗体宏

要求：设计一个名为“Macro_CloseAllForms”的宏，当执行该宏时，它会关闭数据库中当前打开的所有窗体。

提示：使用“CloseWindow”操作。设计一个宏，当点击某个按钮时，关闭当前窗体，并提示用户是否继续关闭其他窗体（通过一系列宏和按钮操作模拟）。

3. 打印当前报表宏

要求：设计一个名为“Macro_PrintCurrentForm”的宏，当在名为“ReportCardForm”的窗体中执行该宏时，它会打印当前显示的报表卡表单。

提示：使用“PrintOut”操作，确保“ReportCardForm”是一个可以打印的表单（即表单上包含的数据可以打印成报表的形式）。

润物无声

钱德沛，1952年8月20日出生于上海，籍贯浙江海宁，是中国科学院院士，同时也是一位在计算机科学领域具有深厚造诣的科学家和教育家，在高性能计算、云计算、大数据等领域有卓越贡献。他目前担任北京航空航天大学计算机学院教授。钱德沛主要从事计算机体系结构和高性能计算系统研究。他解决了基于分散、异构、动态资源构建网络计算环境的关键技术问题，并提出了多项创新性成果。他主持研发了中国国家高性能计算环境CNGrid，为高性能计算在中国的普及和应用作出了重要贡献。此外，他还提出了改善众核并行编程的系统性方法，进一步推动了高性能计算的发展。

知识巩固

一、选择题

1. 若一个宏包括多个操作，在运行宏时将按（　　）顺序来运行这些操作。

A. 从上到下　　B. 从下到上　　C. 从左到右　　D. 从右到左

2. 在宏中，OpenForm操作可以用来打开（　　）。

A. 查询　　B. 状态栏　　C. 窗体　　D. 报表

3. 创建宏时至少要定义一个宏操作，并要设置对应的（　　）。

A. 条件　　B. 命令按钮　　C. 宏操作参数　　D. 注释信息

4. 在宏中，OpenReport操作可以用来打开（　　）。

A. 查询　　B. 状态栏　　C. 窗体　　D. 报表

5. 在Access系统中提供了（　　）执行的宏调用工具。

A. 单步　　B. 同步　　C. 运行　　D. 继续

6. 在使用操作序列宏时，首先需要（　　）。

A. 编写宏代码　　B. 定义宏的名称

C. 选择要执行的操作　　D. 设定触发宏的条件

7. 下列（　　）不是操作序列宏的一个典型应用场景。

A. 自动化数据录入　　B. 批量修改文件属性

C. 实时翻译文本　　D. 定时备份数据库

二、填空题

1. 宏是一个或多个________的集合。

2. 因为有了________，数据库应用系统中不同的对象就可以联系起来。

3. 用于打开一个窗体的宏命令是________，用于打开一个报表的宏命令是________，用于打开一个查询的宏命令是________。

三、思考题

1. 简述宏的概念。

2. 如何运行宏？一般有哪几种运行方式？

任务二　创建子宏和宏组

通常，为了让Access 2016中的宏操作变得更加清晰、有条理和易于管理会创建子宏和宏组。子宏可以分解复杂的任务，而宏组则组织和分类这些任务，使得整个数据库的管理和维护变得更加高效和便捷。

任务情境

小李：贺老师，我听说教务管理系统中不仅有操作序列宏，还有宏组和子宏，这些听起来好复杂啊！能跟我解释一下它们是什么，以及为什么要创建它们吗？

老贺：当然可以，小李。你想象一下，你的书桌上堆满了各种文件和文具，如果每次找东西都要翻遍整个桌面，是不是既费时又费力？

小李：是啊，每次找东西都像是在玩寻宝游戏。

老贺：那么，宏组就像是你给这些文件和文具分门别类放好的收纳盒。每个宏组都是一个独立的盒子，里面装着与特定任务相关的宏。例如，一个宏组专门用来处理学生信息管理，另一个宏组则负责课程安排。

小李：哦，我懂了！那子宏又是什么呢？

老贺：子宏就像是收纳盒里的小隔间。在每个宏组内，我们还可以根据需要创建多个子宏，每个子宏都负责执行宏组内的一个具体任务。例如，在学生信息维护宏组里，我们可以有“添加新学生”“修改学生信息”“删除学生记录”等子宏。

小李：哇，这样一来，每个任务都有了自己的专属位置，找起来就方便多了！

老贺：没错！创建宏组和子宏的目的就是为了让教务管理系统的操作更加有序、高效。通过合理的分类和组织，我们可以快速定位到需要执行的宏，避免在众多的宏中迷失方向。同时，宏组和子宏的结构也使得系统的维护和升级变得更加容易。

小李：真是太实用了！教务管理系统有了宏组和子宏，就像是给我们的工作装上了导航系统，让我们能够轻松应对各种复杂的任务。

老贺：是的，小李。而且随着教务管理工作的不断发展，我们还可以根据需要添加新的宏组或子宏，以适应新的需求。这种灵活性和可扩展性也是宏组和子宏的重要优势。

小李：太好了，那我们现在就开始给我们的教务系统数据库创建宏组和子宏吧！

任务描述

在“教务管理系统”中，对于基础信息维护、教学管理等发生频率较高的操作，通常为了提高系统操作的效率和整体一致性，可以使用“宏组”来实现。图6.18所示的“教务管理系统”中，创建“系统菜单_基础管理”宏组，通过对该宏组的调用，可以打开“班级信息维护”“学生信息维护”“课程信息维护”窗体。

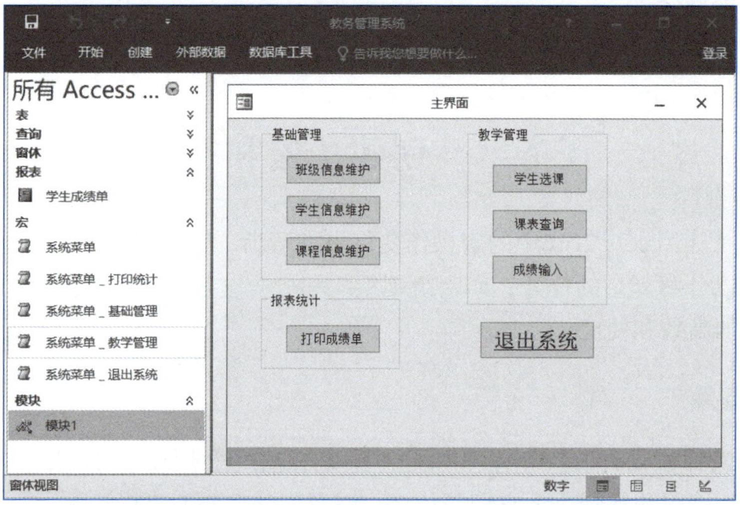

图 6.18 “教务管理系统”中宏组的运用

实现以上案例，要求掌握的知识：

（1）宏对象的创建与保存；

（2）宏组的概念；

（3）宏组中子宏的调用。

知识链接

一、创建子宏和宏组的必要性

创建子宏和宏组在数据库管理，特别是在Access 2016数据库管理中，具有显著的必要性和优势，主要体现在以下几个方面。

1. 模块化设计

子宏允许将复杂的宏分解为更小、更易于管理的部分。每个子宏可以执行特定的任务或一组操作，这种模块化设计使得宏的维护和修改变得更加简单和直接。

通过将相关的宏组织在宏组中，可以更容易地理解和修改这些宏之间的依赖关系和交互逻辑。

2. 提高可读性

通过将宏分解为子宏，可以提高宏的整体可读性。每个子宏都有一个清晰的名称，描述它所执行的任务，这使得其他开发者或未来的自己能够更容易地理解宏的逻辑和结构。

3. 增强复用性

子宏可以被多个宏调用，从而避免了重复编写相同的宏操作。这种复用性不仅减少了工作量，还确保了代码的一致性和准确性。

4. 组织与管理

当数据库中创建的宏数量很多时，将相关的宏分组到不同的宏组中有助于更好地管理和维护宏。宏组提供了一个清晰的结构来组织宏，使得查找和引用宏变得更加容易。

5. 提高执行效率

对于需要执行一系列相关操作的场景，可以将这些操作封装在一个宏组中。通过直接运行宏组，可以一次性执行多个宏，从而提高执行效率。

6. 简化调用

宏组允许通过“宏组名.子宏名”的方式来调用子宏，这种调用方式简化了宏的调用过程，减少了输入错误的可能性。

综上所述，创建子宏和宏组是数据库管理中一项重要的技术手段。它不仅提高了宏的可读性、复用性和健壮性，还简化了宏的组织、管理和调用过程，从而提高了数据库管理的效率和准确性。

二、子宏和宏组的创建

宏组是共同存储在一个宏名下的相关宏的集合。一个宏组可以包含多个子宏，而一个子宏又可以包含多个操作。在“宏”设计窗口中便可完成宏组的创建。

在Access 2016中，宏组的创建与宏窗口的创建步骤相似，仅需要在设计视图中打开“操作目录”窗格，把submacro宏操作拖放在“添加新操作”上面，或者双击submacro宏操作，输入子宏名，并输入操作名。

执行宏组中的子宏时要在宏名前加上宏组名，格式为：宏组名.子宏名。本项目引例中的教务管理系统的宏对象中，就有宏组的创建和应用。

例6.5 创建宏组“系统菜单_教学管理”，通过宏组中的两个子宏，打开学生选课和课程查询窗体。

操作步骤如下：

（1）打开“教务管理系统”数据库，单击“创建”选项卡的“宏与代码”选项组中的按钮“宏”，打开宏设计器。

（2）在“操作目录”窗格中，双击submacro宏操作，设置子宏名为：“学生选课”。

（3）向该子宏块中添加“OpenForm”操作，设置窗体名称。

（4）采用同样的方法建立另一个子宏，如图6.19所示。

（5）保存宏为“系统菜单_教学管理”，如图6.20所示，关闭宏设计器。

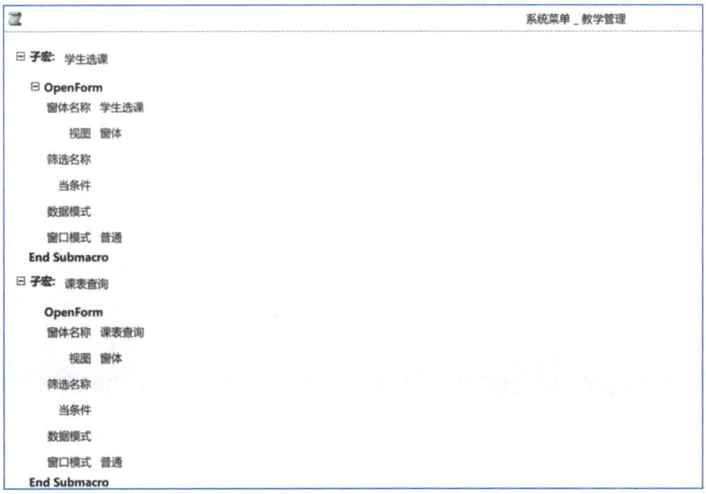

图 6.19　创建宏组

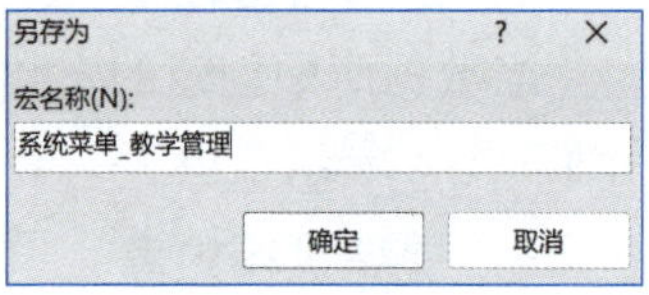

图 6.20　保存宏组

三、实例——“教务管理系统”中宏组的创建

例6.6 在“教务管理系统”中创建宏组“系统菜单_基础管理”，再创建子宏，打开班级信息、学生信息、课程信息窗体。

操作步骤如下：

（1）启动“教务管理系统”，选择“创建”选项卡中“宏与代码”组中的“宏”命令，打开宏设计器。

（2）按图6.21所示添加宏命令，并保存为“系统菜单_基础管理”。

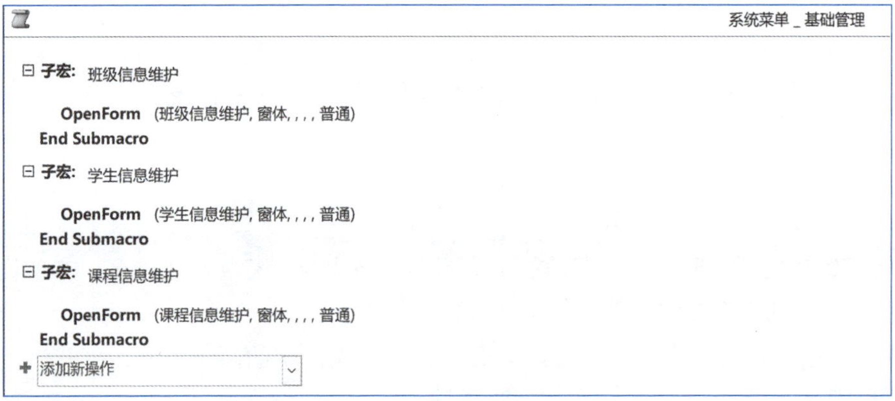

图 6.21　创建“系统菜单_基础管理”宏组

（3）打开图6.22所示的“主窗体”设计视图，选中“班级信息维护”按钮，打开其“属性”对话框，选择单击事件为“系统菜单_基础管理.班级信息维护”。

（4）启动“主窗体”后，单击“班级信息维护”按钮即可运行该宏。

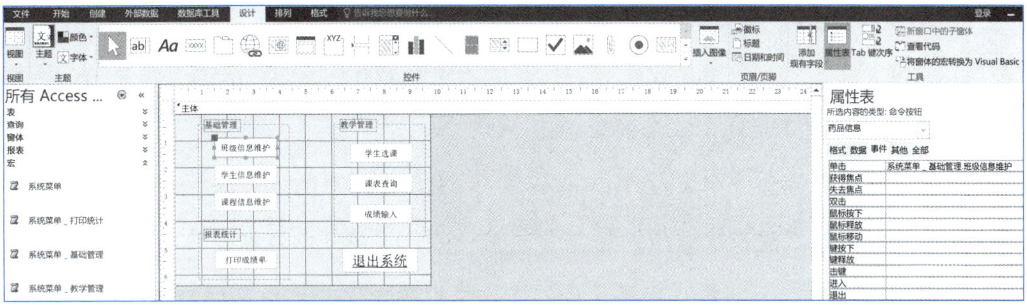

图 6.22　调用“系统菜单 _ 基础管理”宏

动手实践

创建一个导航菜单宏，请按以下要求完成相关操作：

要求：设计一个名为“Macro_NavigationMenu”的宏，该宏在窗体上根据用户的点击事件来打开不同的表单或报表。假设窗体上有一个导航菜单，包含多个按钮，每个按钮对应一个不同的表单或报表。当用户点击某个按钮时，宏应检查按钮的标识（如按钮名称或标签），并根据该标识打开相应的对象。

润物无声

孙家广，1946年1月4日出生于江苏省镇江市，是中国工程院院士、清华大学教授，同时也是一位在计算机图形学、计算机辅助设计、软件系统建模、分析与验证及软件工程与系统领域有深厚造诣的专家。曾任清华大学软件学院院长、信息科学技术学院院长，以及大数据系统软件国家工程实验室和清华大学大数据研究中心的首任主任。孙家广负责研制了具有中国知识产权的二维CAD系统、三维产品造型核心平台、产品数据全生命周期管理系统及企业信息化集成系统（EIS）等大型软件，这些软件在数百家大中型企业中得到广泛应用，极大地推动了中国制造业信息化和软件产业化能力的提升。

知识巩固

一、选择题

1. 定义（　　）有利于数据库中宏对象的管理。

A. 宏　　B. 宏组　　C. 宏操作　　D. 宏定义

2. 直接运行含有子宏的宏时，只执行该宏中的（　　）里的所有操作命令。

A. 第1个子宏　　B. 第2个子宏　　C. 最后一个子宏　　D. 所有子宏

3. 宏由若干个宏操作组成，宏组由（　　）组成。

A. 一个宏　　B. 若干个宏操作　　C. 若干宏　　D. 上述都不对

4. 宏组中的宏的调用格式是（　　）。

A. 宏名　　B. 宏名.宏组名　　C. 宏组名.宏名　　D. 以上都不对

5. 在Access 2016中，以下对象可以包含多个宏的是（　　）。

A. 宏　　B. 宏组　　C. 窗体　　D. 报表

6. 关于宏组，以下描述不正确的是（　　）。

A. 宏组可以包含多个宏　　B. 宏组中的宏可以独立运行

C. 宏组中的宏必须按顺序执行　　D. 宏组可以通过事件触发执行

7. 在创建宏组时，应该考虑以下（　　）因素以确保宏的正确执行。

A. 宏的命名　　B. 宏的执行速度

C. 宏的存储位置　　D. 宏的编译方式

二、填空题

1. Access 2016中，宏组是________的集合，每个宏可以独立执行，也可以按照特定顺序执行。

2. 在设计宏组时，应确保每个宏都有清晰的________和________，以便于理解和维护。

3. 宏组中的每个宏都可以被单独调用，也可以通过________的方式从其他宏或事件中调用。

三、思考题

1. 宏与宏组的区别是什么？

2. 简述如何利用“宏设计器”设计宏与宏组。

3. 在Access 2016中，如何确保宏组中的宏按照特定顺序执行？

任务三　创建条件宏

在Access 2016中，条件宏是一种非常实用的工具，它的作用可以根据设定的条件来决定是否执行宏中的某些操作。假设有一个Access数据库，用于管理学生的成绩信息。希望在添加新成绩记录时，如果成绩超过90分，则自动将学生的等级设置为“优秀”；如果成绩在80～89分，则设置为“良好”；其他情况则设置为“一般”。这时，就可以使用条件宏来实现这个需求。在添加新记录时，条件宏会根据成绩字段的值来判断应该执行哪个操作来设置等级字段的值。

通过使用条件宏，可以提高数据库操作的灵活性和效率，减少错误的发生，并实现更复杂的自动化处理流程。

任务情境

小李：贺老师，教务管理系统里的条件宏是什么，为什么要创建它呢？

老贺：当然可以，小李。想象一下，你每天上学前都要根据天气情况选择穿什么衣服，对吧？如果天晴，你可能会选择短袖；如果下雨，则会换上雨衣和雨鞋。这里的“天晴”和“下雨”就是条件，而你根据这些条件做出的选择，就像是执行了不同的行动方案。

小李：嗯，我明白了。那条件宏在教务管理系统中是怎么工作的呢？

老贺：在教务管理系统中，条件宏就是根据设定的条件来决定是否执行某个操作或执行哪个操作的宏。它就像是系统里的智能小助手，能够自动判断当前的情况，并据此作出相应的反应。

小李：那它具体能做什么呢？能给我举个例子吗？

老贺：可以。例如，在安排考试时，我们可以创建一个条件宏来检查学生的出勤率。如果学生的出勤率低于某个设定的阈值，如80%，那么条件宏就会触发一个操作，自动将该学生标记为“需要特别关注”，或者限制其某些课程的选择权。这样，系统就能根据每个学生的具体情况，灵活地调整管理策略。

小李：哦，我懂了！条件宏就像是教务管理系统里的“天气预报员”，根据不同的条件来预测并应对各种情况。

老贺：没错，小李。创建条件宏的目的就是为了让教务管理系统的操作更加智能化、个性化。通过设定不同的条件，我们可以让系统更加精准地满足各种管理需求，提高工作效率和准确性。

任务描述

在教务管理系统中，为了保证数据的安全性，系统需要实现会员登录才能打开学生表的功能。请设计一个登录窗体，窗体中包含两个文本框（T_Username 和 T_Password）用于输入用户名和密码，以及一个命令按钮（C_Login）用于触发登录操作。再设计一个条件宏来验证用户的登录信息。该宏在C_Login被点击时执行，并根据T_Username和T_Password中的值来判断用户是否为有效会员。假设所有用户名为“admin”，密码为“123456”。如果用户名和密码都正确，则显示消息框“登录成功！欢迎打开学生表”，否则显示“用户名密码错误！”，效果如图6.23所示。

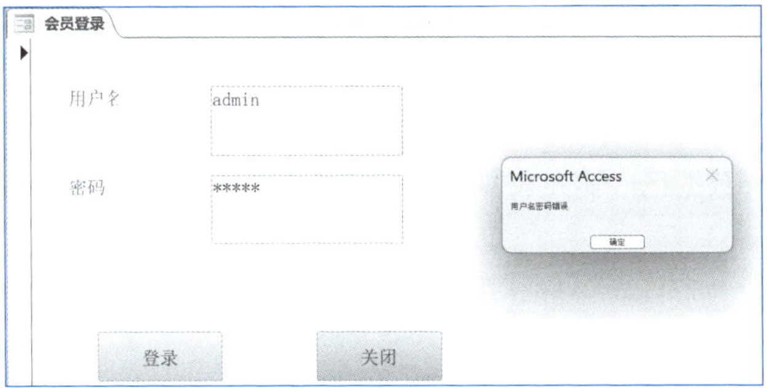

图 6.23 会员登录

实现以上案例，要求掌握的知识：

（1）条件宏的概念与作用。

（2）条件宏的创建和调用。

知识链接

一、条件宏的基本概念

条件宏，就是带有条件的宏。在Access 2016中创建宏时，可以为宏中的某个或某些操作设置条件。这些条件通常是一个或多个逻辑表达式，根据这些表达式的运算结果（真或假），Access 2016会决定是否执行相应的宏操作。这种机制极大地增强了宏的灵活性和实用性，使得数据库操作能够根据数据的实际情况自动调整执行路径。

二、核心要素

条件宏主要包含以下几个核心要素。

1. 条件表达式

这是条件宏的核心，它是一个或多个逻辑表达式的组合，用于判断当前的数据或环境是否满足特定的条件。条件表达式可以是简单的比较运算（如等于、大于、小于等），也可以是复杂的逻辑运算（如与、或、非等）。

2. 操作集合

在条件宏中，通常会定义一系列的操作，这些操作是在条件满足时被执行的。操作集合可以包含多个操作，每个操作都对应着数据库中的一个具体动作，如打开窗体、关闭报表、设置控件值等。

3. 执行流程

条件宏的执行流程是基于条件表达式的运算结果来决定的。如果条件表达式的结果为真（True），则执行相应的操作集合；如果条件表达式的结果为假（False），则跳过该操作集合，继续执行宏中的其他操作（如果有其他操作）。

三、特点与优势

灵活性高：条件宏允许用户根据数据的实际情况动态地调整宏的执行流程，这使得数据库操作更加灵活多变。

自动化处理：通过条件宏，用户可以根据数据的实际情况来执行不同的操作，从而实现更复杂的自动化的数据库操作流程，减少人工干预和错误的发生。

效率提升：条件宏可以避免执行不必要的操作，从而提高数据库操作的效率。例如，在更新数据时，如果数据已经满足特定条件，则无须执行更新操作，跳过更新操作，从而节省时间和资源。

错误减少：通过为宏设置条件，用户可以确保在数据不满足条件时不会执行可能导致错误的操作，从而降低错误发生的概率。

四、应用场景

条件宏在Access 2016数据库程序设计中有着广泛的应用场景，例如：

数据校验：在输入数据时，可以使用条件宏来校验数据的合法性。例如，如果输入的年龄小于0或大于120，则显示错误消息并阻止数据的进一步处理。

权限控制：在访问数据库对象（如表、窗体、报表等）时，可以使用条件宏来检查用户的权限。如果用户没有足够的权限，则拒绝其访问请求。

数据处理：在处理数据时，可以根据数据的实际情况来决定执行哪些操作。例如，在更新库存信息时，如果库存数量低于设定的阈值，则自动触发补货流程。

报表生成：在生成报表时，可以根据条件来筛选需要展示的数据。例如，只展示销售额超过100万的产品的销售情况。

例6.7 在“教务管理系统”中创建条件宏，实现教务管理系统会员登录打开学生表的功能。假设用户名为admin，密码为123456。

操作步骤如下：

（1）启动“教务管理系统”，选择“创建”选项卡“窗体”组中的“窗体设计”命令，创建登录窗体如图6.24所示，其中文本框名称分别命名为a和b。

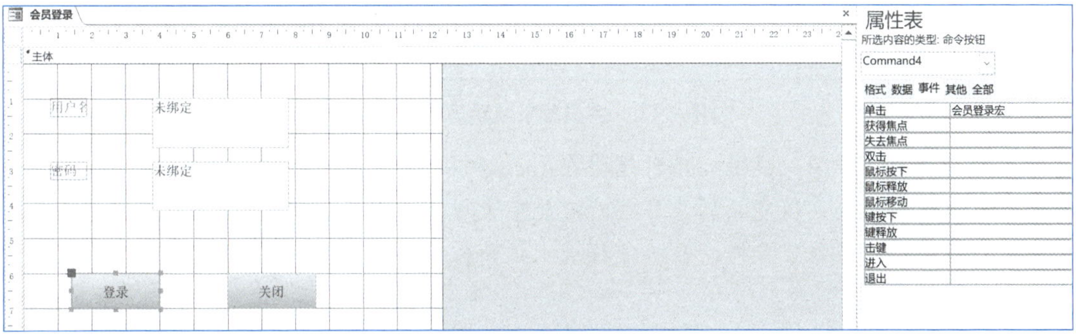

图 6.24　会员登录窗体设计

（2）选择“创建”选项卡“宏与代码”组中的“宏”命令，打开宏设计器。新建一个宏，添加条件宏命令，如图6.25所示。

图 6.25　会员登录条件宏设计

宏通常不直接支持在单个操作中设置条件判断（如If语句），使用两个MsgBox操作，配合使用两个If...Then...操作来实现。（注意：这里简化为直接比较固定值，实际中应连接数据库进行验证）。两个MsgBox，一个用于提示正确情况，一个用于提示错误情况，并通过宏的执行顺序来“模拟”条件判断。

（3）保存宏名为“会员登录宏”。

（4）设置“会员登录”窗体中的“登录”按钮，“单击事件”属性选择“会员登录宏”。

（5）保存运行“会员登录”窗体，如果输入用户名正确即可显示“欢迎打开学生表”对话框，并打开学生表，运行结果如图6.26所示。

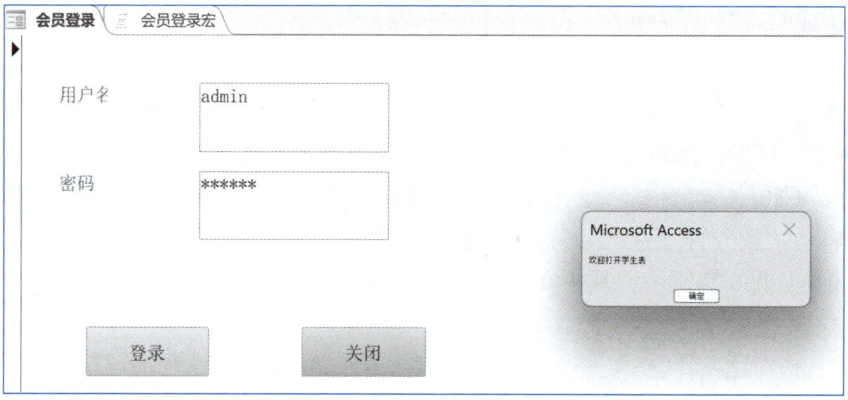

图 6.26　会员登录成功运行结果

注意：本题主要目的是展示条件逻辑在Access 2016中的应用，但由于Access 2016宏的限制，直接使用宏来实现复杂的条件判断可能不太现实。因此，建议使用VBA来处理这类需求。题目中的“条件宏”概念在一定程度上被简化，实际中可能需要结合VBA来实现更复杂的逻辑。

动手实践

条件显示消息框宏（简化版，不直接检查数据库条件），请按以下要求完成相关操作：

要求：设计一个名为“Macro_ConditionalMessageBox”的宏，该宏根据一个隐藏文本框（如T_Condition）的值来决定显示哪个消息框。如果T_Condition的值为“True”，则显示“条件满足！”消息框；否则显示“条件不满足！”消息框。这里假设T_Condition的值已经通过某种方式（如用户输入、其他宏或事件）被设置。

提示：添加一个“If...Then...Else”逻辑判断宏命令。

润物无声

李国杰，1943年出生，中国科学院院士，是一位在计算机科学领域具有深厚造诣的科学家。曾任中国科学院计算技术研究所所长，在中国计算机科学技术界的重要地位和影响力，特别是在高性能计算机、并行处理、智能计算等领域有深入研究，推动了中国计算机技术的发展和应用。在并行处理领域，他深入研究了如何有效利用并行计算资源，提高计算任务的执行速度。这一领域的研究对于解决大规模科学计算问题具有重要意义。随着人工智能的兴起，李国杰也积极投身于智能计算的研究中。他探索了计算机在智能决策、模式识别等方面的应用，推动了智能计算技术的发展。作为中国科学院计算技术研究所的所长，李国杰领导了该所的科学研究和技术开发工作。他注重科研团队的建设和人才培养，为中国的计算机科学技术事业培养了大量优秀人才。

知识巩固

一、选择题

1. 如需决定宏的操作在某些情况下是否执行，可以在创建宏时定义（　　）。

A. 子宏　　　　B. 宏操作参数

C. “If”操作　　　　D. 窗体或报表的控件属性

2. 在Access 2016中，用于在宏中执行条件判断的操作是（　　）。

A. If...Then...Else　　B. Switch　　C. Condition　　D. Choose

3. 宏操作中，若要根据某字段的值来决定是否执行某个操作，应使用（　　）宏命令结合条件表达式。

A. RunCode　　　　B. GoToControl

C. MessageBox（带条件）　　　　D. OpenForm

4. 在Access 2016中，宏的“条件”字段通常用于（　　）。

A. 定义宏的名称　　　　B. 设置宏的触发事件

C. 控制宏中操作的执行条件　　　　D. 指定宏的返回值

5. 在Access 2016中，（　　）使宏在特定控件的某个事件（如点击）发生时，且满足一定条件时执行。

A. 在控件的“事件”属性中设置宏，并在宏的“条件”字段中指定条件

B. 使用VBA代码代替宏，因为宏不支持条件执行

C. 宏本身不支持条件执行，必须结合VBA

D. 宏不能绑定到控件事件

二、填空题

1. Access 2016中的宏操作可以通过设置________字段来实现条件执行。

2. 宏操作中，要显示一个消息框，并根据某字段的值决定是否显示，应使用________宏命令，并在其“条件”字段中设置条件表达式。

3. 条件表达式[Forms]![Form1]![TextField] = "完成"用于在Access 2016的宏中检查________。

4. Access 2016的宏设计中，条件表达式通常用于限制宏中________的执行条件。

项目小结

本项目讲解了宏的基本概念，包括其定义、特点，以及在Access 2016数据库中的作用。可以了解到，宏不仅可以实现数据库内部的自动化操作，还能与窗体、控件等用户界面元素紧密结合，为用户提供更加直观和便捷的操作体验。在宏的创建与管理方面，掌握了如何在Access 2016中创建宏、组织宏组，以及设置宏的条件表达式。这些技能可以灵活地定义宏的行为，根据实际需求调整操作的执行顺序和条件，从而实现更加精准和高效的自动化操作。

综上所述，宏是Access 2016中一个不可或缺的功能模块。通过掌握宏的创建、管理以及条件应用等技能，能够更加高效地利用Access 2016来管理数据库、优化工作流程以及提升用户体验。在未来的数据库应用开发中，宏将继续发挥其重要作用，成为实现自动化操作和优化数据库性能的得力助手。

项目七 模块与 VBA 程序设计

通过Access 2016自带的向导工具，能够创建表、窗体、报表和宏等基本对象。但是，由于创建过程完全依赖于Access 2016内在的、固有的程序模块，这样虽然方便了用户的使用，但是同时也降低了所建系统的灵活性，对于数据库中一些复杂问题的处理则难以实现。因此，为了满足用户更加广泛的需求，Access 2016为用户提供了自带的编程语言VBA。

VBA是Visual Basic for Applications的英文缩写，是用Basic语言作为语法基础的可视化的高级语言。它使用了对象、属性、方法和事件等概念。由于VBA也是采用Basic语言作为语法基础，就使得初学者在编程的过程中感到十分容易。

项目内容

- 任务一　创建模块
- 任务二　VBA编程基础
- 任务三　VBA数据库编程

项目目标

知识目标：掌握模块及VBA程序设计相关概念、VBA程序开发环境、VBA程序开发基础知识、VBA程序控制语句、VBA自定义过程的定义与调用、VBA数据库访问技术、VBA程序的调试。

能力目标：培养计算思维方式和编程能力。

素养目标：培养技术应用及创新意识。

任务一　利用 VBA 创建“登录”模块

数据库建立好就可以供不同用户进行操作访问，但每个用户的功能权限不一样，这就需要确保每个用户只能操作权限范围内的数据。登录模块的主要功能就是允许用户进行注册、登录及找回密码等操作，同时要保证用户信息安全以及系统的安全性。

任务情境

小李：贺老师，数据库已经建好了，数据表也有不少数据了，接下来我们可以一起增删改查了吧？

老贺：对！数据表创建好了，学生数据也添加了，就是为了满足不同用户的不同操作，想想看教务系统有哪些用户？这些用户有哪些不同的操作要求？

小李：有导员、教师和学生，那用得最多的就是我们学生了，最主要的就是查成绩。

老贺：没错，但他不能查别的同学的成绩，这就叫权限。那你想想，通过什么方式去确定你小明？

小李：每个学生要有一个唯一的名字，还要有一个只有自己知道的密码，这就是一个登录校验过程。

老贺：是的，赶紧行动吧。

任务描述

例7.1 使用VBA程序模块制作一个“登录”模块。

要求程序运行后：生成一个登录界面，具有用户名和密码的输入对话框（见图7.1），能够自动判断用户输入的用户名及密码是否正确，如果正确，则显示“主界面”，如果不正确，则显示“错误提示”界面。

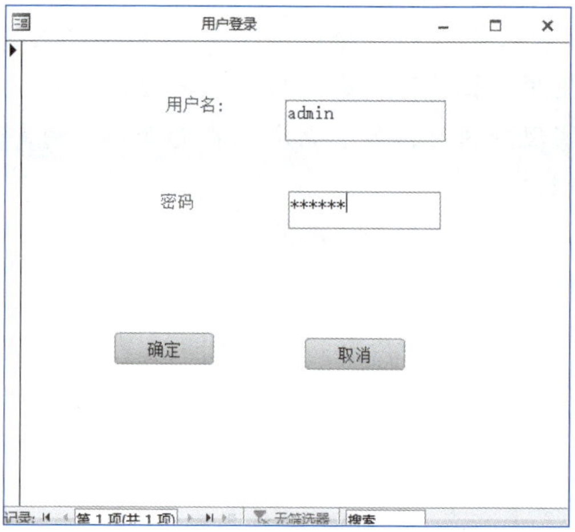

图 7.1 “用户登录”界面

实现以上案例，要求掌握的知识：

（1）Access 2016中数据表的创建。

（2）Access 2016中窗体的创建及属性设置的方法。

（3）利用VBA进行程序设计实现相应功能。

通过本项目及之前相关内容的学习，读者应可掌握上述知识并创建出本案例效果。

知识链接

模块是Access 2016数据库中的一个重要的对象，其代码用VBA（visual basic for application）语言编写。模块是保存VBA代码的容器，将VBA的声明和过程作为一个单元进行保存。

一、模块的分类

模块有两种基本类型：标准模块和类模块。

1. 标准模块

标准模块包含的是通用过程和常用过程，这些通用过程不与任何对象相关联，可以在数据库中被任意一个对象调用。通常将一些公共变量和公共过程设计成标准模块，其作用范围为整个应用系统。

2. 类模块

类模块是可以包含新对象定义的模块。新建一个类实例时，也就新建了一个对象。在

Access 2016中，类模块是可以单独存在的。实际上，窗体和报表模块都是类模块，而且它们各自与某一窗体或报表相关联。窗体和报表模块通常都含有事件过程，该过程用于响应窗体或报表中的事件。

二、模块的组成

一个模块包含声明部分，Sub子过程和Function()函数过程等。其中声明部分主要进行常量、变量或自定义数据类型等的声明。Sub子过程和Function()函数过程都是通过执行VBA代码中的语句来完成相应的操作，区别在于Sub子过程无返回值，而Function()函数过程执行后会有返回值。

三、简单的 VBA 窗体模块实例

通过一个简单的例子来说明VBA窗体模块的创建。

创建一个窗体，在窗体上放置一个名称为C1的命令按钮，按钮上显示“欢迎”。运行窗体时，单击命令按钮后弹出“欢迎使用VBA程序！”消息框。操作步骤如下：

（1）单击“创建”选项卡中“窗体”命令组中的“窗体设计”按钮，打开窗体的“设计视图”。

（2）在窗体中添加一个命令按钮，在属性表中将其名称属性设置为C1，标题属性设置为“欢迎”。

（3）右击该命令按钮，在弹出的快捷菜单中选择“事件生成器”命令，弹出“选择生成器”对话框，如图7.2所示。

图 7.2　“选择生成器”对话框

（4）选中“代码生成器”命令，单击“确定”按钮，进入窗体模块的VBA代码编辑窗口。光标自动定位在名为“C1_Click()”的SUB子过程中，输入如图7.3所示的显示消息框的代码。

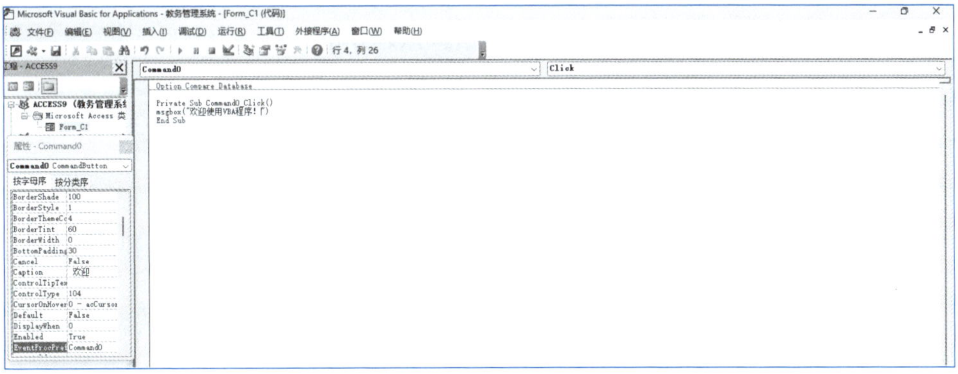

图 7.3　窗体模块的代码窗口

（5）关闭VBA代码窗口，返回窗体设计视图。

（6）切换到“窗体”视图运行该窗体，单击窗体中的“命令”按钮会立刻弹出图7.4所示的对话框。

说明：

（1）在面向对象的程序设计中，每一个控件都是对象，对象都有自己的属性。在本例中使用的命令按钮对象，并对其“名称”属性和“标题”属性进行了设置。

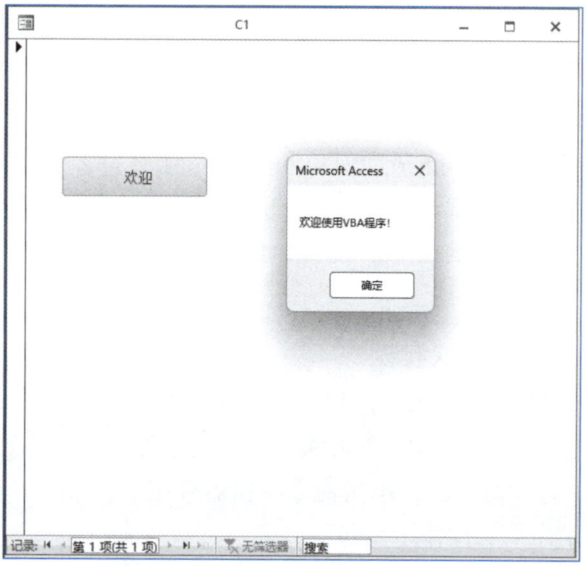

图 7.4　窗体模块的运行结果

（2）在窗体运行时，单击“命令”按钮会产生Click事件，当Click事件触发后会自动执行相应的事件过程。在本例中单击命令按钮则弹出了相应的消息框。

动手实践

通过VBA基本知识的学习，下面将实现例7.1中的VBA编程。请按以下要求完成相关操作：

（1）启动“教务管理系统”，选择“创建”选项卡中的“窗体设计”按钮，打开窗体设计窗口。

（2）按图7.5所示添加窗体控件，并布局控件和设置相应控件的属性。

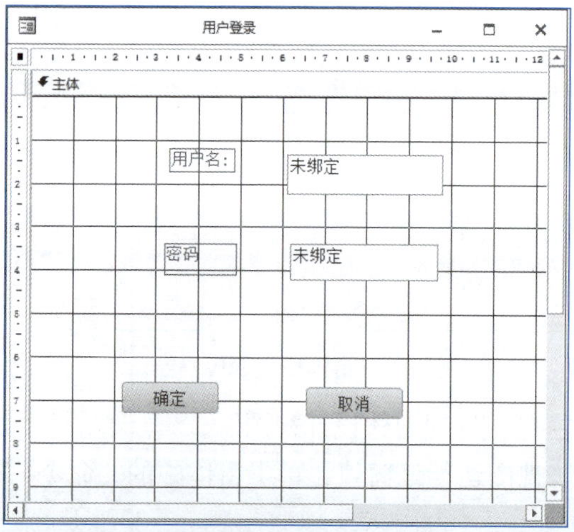

图 7.5　“用户登录”界面设计

（3）按图7.6所示，建立“用户表”。

用户表

字段1	字段2	字段3	单击以添加
用户	密码	角色	
admin	123456	1	
hax	123456	2	
yxs	123456	2	

图 7.6　用户表

（4）在“用户登录”窗体中右击“登录”按钮，单击“事件生成器”命令，打开“选择生成器”对话框，选择“代码生成器”，则打开VBE编辑窗口。输入“登录”按钮的事件过程代码如下：

```
Private Sub 登录_Click()
Dim cn As New ADODB.Connection
Dim rs As New ADODB.Recordset
Dim strSQL As String
Set cn = CurrentProject.Connection
strSQL = "select * from 用户表"
rs.Open strSQL, cn, asopendynamic, adLockOptimistic, adCmdText
Do While Not rs.EOF
If yhm = rs.Fields("用户名") And mm = rs.Fields("密码") Then
 DoCmd.OpenForm "主界面"
 Exit Sub
End If
rs.MoveNext
Loop
If rs.EOF Then
 MsgBox "用户名或密码不正确！"
 yhm = ""
 mm = ""
 End If
 rs.Close
 cn.Close
 Set rs = Nothing
 Set cn = Nothing
End Sub
```

（5）编辑“取消”按钮的事件过程代码如下：

```
Private Sub 取消_Click()
DoCmd.Close
End Sub
```

（6）保存“用户登录”窗体，运行该窗体，输入用户名和密码测试“登录”和“取消”按钮功能的实现。

润物无声

求伯君，男，1964年11月26日出生于浙江省绍兴市新昌县，毕业于中国人民解放军国防科技大学。金山软件股份有限公司创始人之一，有“中国第一程序员“之称。

求伯君决定做一张汉卡装字库，写一个字处理系统，能够取代WordStar，这个目标就是后来的WPS。从1988年5月到1989年9月，求伯君把自己关在深圳的一个房间里，只要是醒着，就不停地写。什么时候困了，就睡一会儿，饿了就吃方便面，期间由于过度疲劳多次入院治疗。在这样的一年零四个月中，不是病魔缠身，也不是身心交瘁，而是孤独。“有了难题，不知道问谁，解决了难题，也没人分享喜悦。”求伯君在这孤独中，写下了十几万行的WPS。从1990年到21世纪初，中国的办公电脑上几乎都安装的是中文WPS。在中国的计算机历史中做到了前无古人，后无来者：之前没有一个中国程序员做出如此功能齐全应用广泛的应用程序，后来没有一个程序员做出如此功能齐全应用广泛的应用程序。

知识巩固

选择题

1. 下列关于VBA事件的叙述中，正确的是（　　）。

   A. 触发相同的事件可以执行不同的事件过程

   B. 每个对象的事件都是不相同的

   C. 事件都是由用户操作触发的

   D. 事件可以由程序员定义

2. 下面关于VBA面向对象中的“事件”，说法正确的是（　　）。

   A. 每个对象的事件都是不相同的

   B. 事件可以由程序员定义

   C. 触发相同的事件，可以执行不同的事件过程

   D. 事件都是由用户的操作触发的

3. 在面向对象程序设计中，为处理“一只白色的足球被踢进球门”，“白色”“踢”和“进球门”可分别定义成足球对象的（　　）。

   A. 属性、方法、事件　　B. 属性、事件、方法

   C. 方法、事件、属性　　D. 事件、属性、方法

任务二　VBA 编程基础

数据的处理方式多种多样，有少量数据的求和、求平均、求极值，也有根据数据范围进行分析分类，也有大量数据的数理统计，这就需要制定一个规则让计算机按照预设的流程自动处理数据，这就是编程。

任务情境

小李：贺老师，登录了教务系统，我们就可以处理数据了吧？

老贺：对！老师输入完成绩，学生马上就想知道什么数据呢？

小李：那肯定就是考试有没有及格吧？

老贺：是的，但除了知道不及格的人数，也要知道优秀、中等和及格的人数，这就需要根据分数判断多种情况了。

小李：是呀，那如何按照规则把数据分类呢？

任务描述

例 7.2　使用VBA程序实现输入百分制成绩输出等级制。

输入一个学生的分数，输出其对应的等级，如图7.7所示。成绩在85～100为“优秀”；70～84为“中等”；60～69为“及格”；60以下为“不及格”。

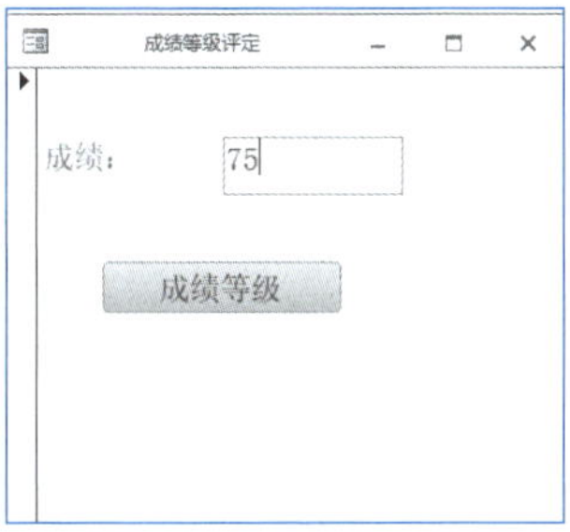

（a）窗体

（b）等级“良好”

图 7.7　成绩等级评定

实现以上案例，要求掌握的知识：

（1）Access 2016中输入、输出窗体的创建及属性设置的方法；

（2）利用VBA进行程序设计实现相应功能；

（3）VBA自定义过程的定义与调用；

通过本项目及之前相关内容的学习，读者应可掌握上述知识并创建出本例效果。

知识链接

一、VBA 程序设计概述

1. 对象和对象名

对象是面向对象方法中最基本的概念。对象可以用来表示客观世界中的任何实体，它既可以是具体的物理实体的抽象，也可以是人为的概念，或者是任何有明确边界和意义的东西。例如，一个人、一本书、一台计算机等都是对象。

在Access 2016数据库中，表、查询、窗体、报表、宏和模块等都是对象。对象也可以包含其他对象，例如，窗体是一个对象，它又可以包含标签、文本框、命令按钮等对象。包含其他对象的对象称为容器对象。

创建对象时，系统会自动给每个对象起个默认的对象名。未绑定控件对象的默认名称是控件的类型加上一个唯一的整数，如Form1；绑定的控件对象，如果是通过从字段列表中拖曳字段来创建的控件，则该控件对象的默认名称是记录源中字段的名称。

2. 对象的属性

在面向对象程序设计中，对象的状态称为对象的属性，描述该对象特性的具体数据称为属性值。通过设置对象的属性可以定义对象的特征和状态。

1）在属性表中设置属性值

在窗体设计视图下，窗体和窗体中的控件的属性都可以在“属性表”窗格中设定。

“属性表”窗格的上部分组合框中列出了窗体和窗体中控件的名称。下部分包含5个选项卡，分别是“格式”“数据”“事件”“其他”和“全部”。其中，“格式”选项卡包含对象的外观类属性；“数据”选项卡包含与数据源相关的属性；“事件”选项卡包含窗体或控件响应的事件；“其他”选项卡包含控件名称等属性。选项卡左侧显示对应属性的中文名称，右侧则是其对应的属性值。如图7.8所示为命令按钮控件的属性表。

2）在VBA代码中设置属性值

在VBA代码中引用对象属性的格式为：“对象名.属性”。

在VBA代码中使用的属性名称是英文的，当用户输入“对象名.”后会自动显示“属性及方法”列表框，直接选择所需选项即可。

例如，在窗体中将命令按钮Command1的显示内容（Caption）设置为“删除”，可使用代码：Command1.Caption= “删除”。

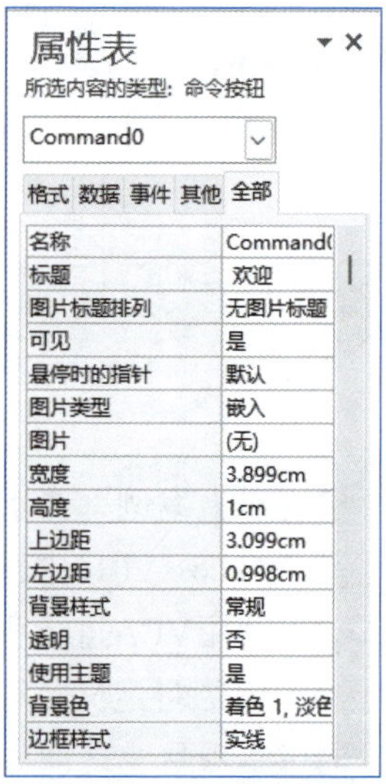

图 7.8 “命令”按钮属性表

3. 对象的方法

方法就是事件发生时对象执行的操作。方法与对象是紧密联系的。例如，单击命令按钮时显示消息框，则显示消息框就是命令按钮对象在识别到单击事件时的方法。如果说属性是静态成员，那么方法就是动态操作。

方法的引用格式为：“对象名.方法名”。

例如，为窗体中的命令按钮C1设置获得焦点，使用的命令为：C1.SetFocus。

4. 事件和事件驱动

事件就是对象可以识别和响应的操作。事件是预先定义的特定的操作。不同的对象能够识别不同的事件。例如，鼠标能识别单击、双击、右键单击等操作，而键盘则能识别键按下、键释放、击键等操作。

事件驱动是面向对象编程和面向过程编程之间的一大区别，在视窗操作系统中，用户在操作系统下的各个动作都可以看成是激发了某个事件。例如，单击某个按钮，就相当于激发了该按钮的单击事件。

在Access 2016系统中，可以通过两种方式处理窗体、报表或控件的事件响应。一是使用宏对象设置属性；二是为某个事件编写VBA代码过程，完成指定动作，这样的代码过程称为事件过程。

5. DoCmd对象

Access 2016中除数据库的7个对象外，还提供一个重要的对象：DoCmd对象。它的主要功能是通过调用包含在内部的方法来实现VBA编程中对Access 2016的操作。

例如，利用DoCmd对象的OpenForm方法打开“学生”窗体的语句格式为：DoCmd. OpenForm “学生”

二、VBA 程序开发环境

VBE（visual basic editor）编辑器是编辑VBA代码时使用的界面。VBE提供了完整的开发和调试环境，可以用于创建和编辑VBA程序代码。

1. 打开VBE编程窗口

在Access 2016中进入到VBE环境有以下几种方法。

在窗体或者报表中，进入VBE环境有两种方法。一种方法是在设计视图中打开窗体或者报表，然后单击“设计”功能区中“工具”命令组中的“查看代码”按钮；另一种方法是在设计视图中打开窗体或者报表，然后在某个控件上单击鼠标右键，系统将弹出“选择生成器”对话框，在该对话框中，选择其中的“代码生成器”项，然后单击“确定”按钮即可。

在窗体或者报表外，进入VBE环境也有两种方法。一种方法是单击“数据库工具”功能区中“宏”命令组中的“Visual Basic”命令；另一种方法是选择“创建”功能区中“宏与代码”命令组中的“模块”命令。

2. VBE窗口的组成

VBE的窗口主要由标题栏、菜单栏、工具栏、工程资源管理器窗口、属性窗口、代码窗口、立即窗口、本地窗口和监视窗口等组成，如图7.9所示。通过主窗口的“视图”菜单可以打开各个窗口。

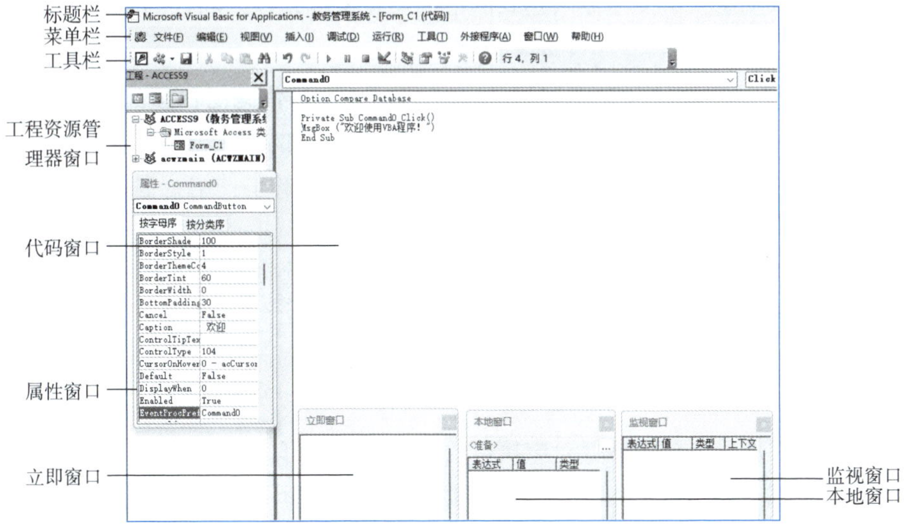

图 7.9　VBE 窗口组成

1）工程资源管理器窗口

在该窗口中用树型结构列出了应用程序中的所有模块，双击其中的某一个模块，该模块对应的代码窗口就会显示。

2）属性窗口

在该窗口中列出了所选对象的所有属性，可以按照“按字母排序”和“按分类排序”两种方法查看。用户可以在该属性窗口中对所选对象的属性值进行设置。

3）代码窗口

在该窗口中可以输入和编辑VBA代码。

4）立即窗口

立即窗口是用来进行快速计算表达式的值，完成简单方法的操作和进行程序测试工作的窗口。在立即窗口在输入语句代码后按回车键会立即执行该语句代码，但是立即窗口中的代码不被存储。

在立即窗口中可以使用如下语句显示表达式的值：

（1）Debug.Print 表达式；

（2）Print 表达式；

（3）？ 表达式。

例如，在如图7-10所示的窗口中用三种方法分别输出了10+7的结果、当前的系统日期和当前的年份。

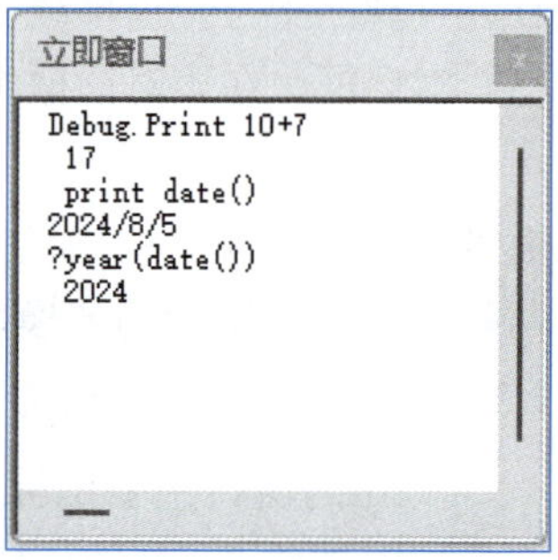

图 7.10 “立即”窗口

5）本地窗口

在调试程序时，本地窗口中会自动显示所执行代码中的所有变量声明和变量值。

6）监视窗口

监视窗口用于调试Visual Basic过程，通过在监视窗口添加监视表达式，可以动态了解变量或表达式的值的变化情况，以判断代码是否正确。

3. 编写代码

VBE窗口提供了完整的开发和调试VBA代码的环境。代码窗口顶部包含两个组合框：左侧的对象列表和右侧的事件列表。编写代码的操作步骤如下：

（1）从左侧对象列表中点击预编写代码的对象，右侧的事件组合框中会列出该对象的所有事件。

（2）从该对象的事件列表中选择某个事件名称，系统将自动生成相应的事件代码结构。例如，选中命令按钮C1后，在事件列表中选择单击事件，系统自动生成如下所示代码：

```
Private Sub C1_Click()
End Sub
```

用户只需在中间添加上该单击事件对应执行的功能语句即可。

在代码窗口输入程序代码时，VBA会根据输入内容显示不同的提示信息。

① 输入属性和方法。当输入对象名称后接着输入圆点字符“.”时，VBE会自动弹出

该控件可以使用的属性和方法列表，用户可以直接进行选择。

② 输入函数。当输入函数时，VBE会自动列出该函数的使用格式，包含参数的提示信息等。

③ 输入命令。在关闭VBE窗口时，VBE会自动检查命令代码的语法是否正确。

三、VBA 程序基础

使用VBA编写应用程序时，主要的处理对象是各种数据，所以首先要掌握数据的类型和相关运算等基础知识。

1. 数据类型

VBA支持多种数据类型，Access 2016中的数据类型在VBA中都可以使用，表7-1中列出了VBA程序中的基本数据类型，以及它们在计算机中所占用的字节数和取值范围等。

表 7-1　VBA 的数据类型

数据类型	类型标识	符号	字节数	取值范围
字节型	Byte	无	1 字节	0 ～ 255
整型	Integer	%	2 字节	-32 768 ～ 32 767
长整型	Long	&	4 字节	-2 147 483 648 ～ 2 147 483 647
单精度	Single	!	4 字节	负数：-3.402823E38 ～ -1.401298E-45 正数：1.401298E-45 ～ 3.402823E38
双精度	Double	#	8 字节	负数：1.79769313486232E308 ～ -4.9406545841247E-324 正数：4.9406545841247E-324 ～ 1.79769313486232E308
货币型	Currency	@	8 字节	-922 337 203 685 477.580 8 ～ -922 337 203 685 477.580 7
日期型	Date	无	8 字节	100 年 1 月 1 日～ 9999 年 12 月 31 日
字符串型	String	$	不定	0 ～ 65 535 个字符
布尔型	Boolean	无	2 字节	True、False
对象型	Object	无	4 字节	任何对象引用
变体型	Variant	无	不定	由最终的数据类型决定

2. 标识符

1）标识符的定义

标识符是一种标识变量、常量、过程、函数、类等语言构成单位的符号，利用它可以完成对变量、常量、过程、函数、类等的引用。

2）标识符的命名规则

（1）可以包含汉字、字母、数字或下划线，可以以字母或汉字开头。

（2）字母不区分大小写。

（3）长度不超过255个字符。

（4）不可以使用VBA的关键字。

例如，班级、class-1、a3等都是合法的，而1班、class 1、long等是不合法的标识符名称。

3. 常量

在程序运行过程中，其值不可以发生变化的量叫做常量。

1）普通常量

普通常量直接按照其实际值出现在程序中，它的形式决定了其类型。常用的普通常量有以下几种类型。

（1）数值常量：由数字组成，如123、9.72、3.14E-3。

（2）字符常量：由双引号括起来的字符串，如“China”“数据库管理系统”“ABC123”。

（3）时间常量：由“#”括起来的用于表示时间的数据，如#2008-8-8#、#2016/9/110:20:30#。

（4）布尔常量：对应两个值Ture和False。

2）符号常量

符号常量是用标识符表示的常量，符号常量需要先进行声明，然后才可以使用。符号常量声明语句的格式为：Const 符号常量名=常量值

例如，Const PI=3.14159265执行程序语句l=2*PI*r时，系统会自动用3.14159265替换程序中出现的PI。

声明符号常量的好处是：一方面是增加了程序的可读性，“简单明了”；另一方面便于程序的维护和修改，可以做到“一改全改”。

3）系统常量

系统常量是由系统预先定义好的，有着特定含义的，用户可以直接引用。如acForm、vbRed、adOpenKeyset等。

4. 变量

在程序运行的过程中，其值可以发生变化的量叫做变量。变量用于暂时存储程序运行中所产生的一些中间值。几乎所有的VBA程序都离不开变量。

一个变量有3个基本要素：变量名、变量的数据类型和变量值。

1）变量名

同一个程序中，任意两个不同的变量都不能使用相同的名字。其命名应遵循标识符的命名规则。另外，变量的命名最好遵循“见名知意”的原则，以方便使用。

2）变量的声明

一般来说，在程序中使用的变量应先声明后使用。声明变量可以起到两个作用：一是指定变量的名称和数据类型；二是指定变量的取值范围。以便于系统为其分配存储空间并检查其使用是否合法。

（1）显式变量声明。可以通过Dim语句对变量进行显式声明。Dim语句的格式如下：

```
Dim  变量名  AS  变量类型
```

该语句的作用为：定义变量并为其分配内存空间。其中Dim为关键字；AS用于指定变量的数据类型，如果省略，则默认该变量为变体型（Variant）。例如：

```
Dim  Sum  As  Integer
```

声明了一个整型变量Sum。

```
Dim r As Double, name As String, n As Boolean,x
```

分别定义了双精度变量r，变长字符串型变量name,布尔型变量n及变体型变量x。

在定义中，应该注意以下两点：

① 定长字符串型变量的定义方式。其语句格式如下：

```
Dim 变量名 As String * n
```

其中，n代表整数，表示该字符串型变量所包含的字符个数。如果n值小于字符串的实际长度，则变量中只存放该字符串的前n位；如果n值等于字符串的实际长度，则该字符串全部存入变量中；如果n值大于字符串的实际长度，则将该字符串全部存入变量中后，不足的位数用空格填补。例如：

```
Dim s As String * 10
```

表示定义了一个长度为10的字符串型变量。

② 在Dim语句中，可以直接在变量名的后面加类型符号来定义。例如：

```
Dim r#, name$, sum%
```

与语句Dim r As Double，name As String，Sum As Integer的作用相同。

（2）隐式变量声明是指变量没有进行声明就直接进行使用，在这种情况下，变量的数据类型就是变体型（Variant）。例如：

```
Max=0
```

因为没有对Max进行声明，所以Max变量就是变体型，其值为0。

（3）强制变量声明。用户在使用中应尽量减少隐式变量的使用，大量使用隐式变量会增加识别变量的难度，为调试程序带来了困难，而显示声明变量可以使程序更加清晰。可以通过设置强制显式声明变量的方法使用户必须显式声明变量。设置强制显式声明变量有以下两种方法。

方法一：在VBE环境下选择“工具”菜单中的“选项”命令，在打开的“选项”对话框中的“编辑器”选项卡上选中“要求变量声明”复选框后，单击“确定”按钮，则在代码区域会出现语句Option Explicit。在输入程序时，所有的变量必须进行显式声明。

方法二：可以在代码区域程序开始处直接输入语句Option Explicit。同样可以实现设置强制对模块中的所有变量进行显式声明。

3）变量的作用域

在VBA编程中，变量定义的位置和方式不同，则它存在的时间和起作用的范围也有所不同，这就是变量的作用域与生命周期。

（1）局部变量，变量定义在模块的过程内部，过程代码执行时才可见。在子过程或函数过程中定义的或不用Dim…As关键字定义而直接使用的变量作用范围都是局部的。

（2）模块级变量，变量定义在模块的所有过程之外起始位置的通用声明部分，运行时在模块所包含的所有子过程和函数过程中可见。在模块的变量定义区域，用Dim...As关键字定义的变量就是模块范围的。

（3）全局变量，在标准模块的通用声明部分，用Public...As关键字说明的变量是全局变量。运行时在所有类模块和标准模块的所有子过程与函数过程中都可见。

（4）静态变量，变量的生命周期也称为持续时间，它是指从变量定义语句所在的过程第一次运行到程序代码执行完毕并将控制权交回调用它的过程为止的这段时间。

要在过程的实例间保留局部变量的值，可以用Static关键字代替Dim以定义静态变量。静态变量的持续时间是整个模块执行的时间，但它的有效作用范围是由其定义位置决定的。

5. 数组

数组是若干相同类型的数据的有序集合，数组中的数据称为元素。在VBA中，按照维数分类，数组可以分为一维数组和多维数组。数组不允许隐式声明，必须进行显式声明。

1）一维数组

声明一维数组的语句格式如下：

```
Dim  数组名([下标下限 To] 下标上限)  As  数据类型
```

例如：

```
Dim   a(-6 to 8)  As  Integer
```

表示该数组元素为整型，下标在-6～8，共有15个元素。

说明：

（1）下标的下限缺省值为0，也可以人为指定。

（2）可以在模块声明部分指定数组的默认下标下限为0或1。方法为：Option Base1。则将数组的默认下标下限设置为1。

例如：

```
Dim   b(10)  As  Double
```

表示声明了一个有10个元素的数组，数组元素为双精度型，其下标在1～10。

（3）可以通过在数组名后面添加数据类型符号来指定数组的数据类型。

例如：

```
Dim   c$(5 to 15)
```

表示该数组元素为字符串型，下标在5～15，共有11个元素。

2）二维数组

声明二维数组的语句格式如下：

```
Dim  数组名([下标下限1 To] 下标上限1,[下标下限2 To] 下标上限2)  As  数据类型
```

如果省略下标下限，则默认值为0。

例如：

```
Dim   d(2,3)  As  Integer
```

该语句声明了一个名称为d的二维数组，元素的数据类型为整型。该数组包含3行（0～2）4列（0～3）共12个元素。在内存中二维数组的元素是按行存储的，见表7-2。

表 7-2　二维数组中元素的存储顺序

行　号	列　号			
	第 1 列	第 2 列	第 3 列	第 4 列
第 1 行	d(0,0)	d(0,1)	d(0,2)	d(0,3)
第 2 行	d(1,0)	d(1,1)	d(1,2)	d(1,3)
第 3 行	d(2,0)	d(2,1)	d(2,2)	d(2,3)

3）数组的引用

数组声明后，就可以在程序中使用。数组的使用就是对数组元素的引用，数组元素的引用形式如下：

```
数组名（下标）
```

如果是一维数组，只有一个下标；如果是多维数组，则需要用“,”分隔开每个下标。使用时要注意下标的取值范围。

例如，可以引用前面声明的数组元素。

a(-5)：引用一维数组a的第2个元素，数组下标下限为-6。

b(5)：引用一维数组b的第5个元素，数组下标下限为1。

d(2,1)：引用二维数组d中第3行第2个元素，数组行列下标的下限都为0。

6. 运算符

VBA 提供了多种类型的运算符，通过运算符与操作数组合成表达式，完成各种形式的运算和处理。

运算符是表示进行某种运算的符号，根据运算形式的不同，可以将运算符分为算术运算符、关系运算符、逻辑运算符、字符连接运算符和对象运算符。

1）算术运算符

算术运算符用于数值的计算。常用的算术运算符见表7-3。

表 7-3　算术运算符

运　算　符	功　　能	优　先　级	示　　例	结　　果
^	乘幂	1	3^2	9
-	取负	2	-(-5)	5
*	乘法	3	2*9	18
/	除法	3	9/5	1.8
\	整除	4	9\5	1
Mod	取模	5	13 Mod 3	1
+	加法	6	4+9	13
-	减法	6	9-5	4

说明：

（1）对于整除运算符，如果被除数和除数都是整数，则取商的整数部分。如果被除数和除数有一个是实数，则先将实数四舍五入取其整数部分，再求商，求商的过程与整数之间整除求商相同。

例如，17.9\2.4的值是9。

（2）对于取模（mod）运算符，如果被除数和除数是整数，则直接求两者的余数。如果被除数和除数至少有一个是实数，则先将实数四舍五入取其整数部分，再求余。另外，余数的符号仅取决于被除数的符号。

例如，9.6 Mod -4 的值是2，而-11 MOD 3的值是-2。

2）关系运算符

关系运算用来对两个操作数进行比较，比较的结果只有两种可能，真（true）或假（false）。VBA中的关系运算符有7个，见表7-4。这6个关系运算符的优先级是相同的，但是比算术运算符的优先级低。

表 7-4　关系运算符

运　算　符	运　　算	示　　例	结　　果
=	等于	9=9	True
>	大于	3>7	False
≥	大于等于	7 ≥ 7	True
<	小于	"a"<"A"	False
≤	小于等于	"ABCD" ≤ "ab"	True
<>	不等于	"123"<>"456"	True
Like	字符串匹配	" 李红 " Like "* 宏 "	False

说明：

（1）数值型数据按照数值大小进行比较。

（2）字符型数据按照其ASCII码值进行比较。

（3）汉字按照区位码进行比较。

（4）汉字字符大于西文字符。

3）逻辑运算符

逻辑运算符被称作布尔运算符，用来完成逻辑运算。常用的逻辑运算符有“非”运算符（Not）、“与”运算符（And）和“或”运算符（Or），其运算关系见表7-5。逻辑运算符的优先级低于关系运算符。这三个逻辑运算符之间的优先级为：Not > And > Or。

表 7-5　逻辑运算符

运　算　符	运　　算	示　　例	结　　果
Not	非	Not True	False
And	与	3>9 And 5>1	False
Or	或	3>9 Or 5>1	True

说明：

（1）当与运算的两个操作数均为真时，结果为真；当其中任意一个值为假时，结果为假。

（2）当或运算的两个操作数均为假时，结果为假；当其中任意一个值为真时，结果为真。

（3）除此之外，还有些不常用的逻辑运算符。例如，异或运算符（xor）、等价运算符（eqv）和蕴含运算符（imp）等。

4）字符连接运算符

字符连接运算符的作用是将两个字符串连接生成一个新的字符串。字符串的连接运算符有“&”和“+”两种。

（1）“&”运算符用来强制将两个表达式作为字符串连接，而不论这两个表达式是何种类型。注意，在字符串变量后使用运算符“&”时，字符串变量与运算符“&”之间需要加一个空格。例如：

```
Dim str As String
str="你好" & "中国"
```

结果为“你好中国”。

```
str=123 & "456"
```

结果为“123456”。

用文本框在报表每页底部显示页码，格式为：当前页/总页数，则文本框的控件来源应设置为：=[page] & ” /” & [pages]。

（2）“+”运算符仅用于连接字符串，从而构成一个新的字符串。例如：

```
"我的名字叫"+"张三"
```

结果为"我的名字叫张三"。

```
"123"+"456"
```

结果为“123456”。

```
123+"456"
```

结果为系统报错。

5）对象运算符

在VBA中，对象运算符有两个，分别是“！”和“.”。

（1）“！”用于引用用户创建的窗体、报表或控件对象。

（2）“.”用于引用窗体、报表或控件对象的属性。

在实际应用中，“！”和“.”运算符通常是配合使用的，用于标识引用一个对象或对象的属性。

- 窗体对象的引用格式为：Forms！窗体名！控件名[.属性名]。
- 报表对象的引用格式为：Reports！报表名！控件名[.属性名]。

说明：Forms表示窗体；Reports表示报表。父对象与子对象之间用“！”分隔，控件名与属性之间用“.”分隔。[.属性名]若省略，则引用该控件的默认属性。

例如，在图7.11所示的窗口中，有三个文本框，名称分别为“Text1”、“Text2”和“Text3”；命令按钮的名称为“Cmd1”可以使用如下的语句对控件进行引用。

```
x= Forms！计算总分！ Text1.Value
y= Forms！计算总分！ Text2.Value
Forms！计算总分！ Text3.Value=x+y
```

如果在本窗体的模块中引用控件对象，可以将“Forms！窗体名”用“Me”代替或省略。例如，引用按钮可以使用：Me！ Cmd1.Caption= “计算”。

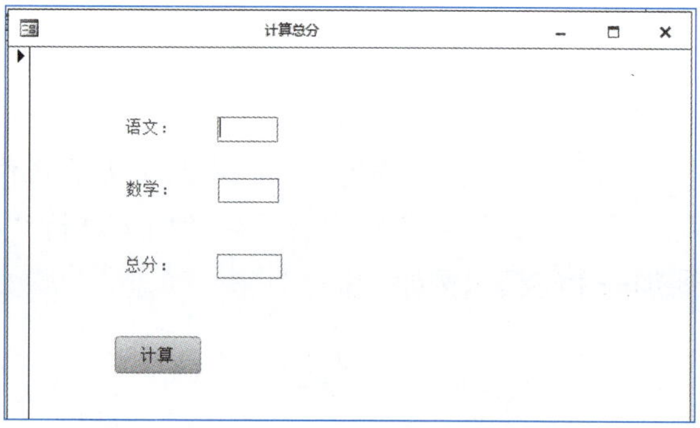

图 7.11 “计算总分”窗体

7. 标准函数

在VBA中，系统提供了一个颇为完善的函数库，函数库中有一些常用的且被定义好的函数供用户直接调用。这些由系统提供的函数称为标准函数。标准函数一般用于表达式中，其使用格式如下：

```
函数名（<参数 1>[<, 参数 2>][, 参数 3]…）
```

其中，函数名必不可少，函数的参数放在函数名后的圆括号中，参数可以是常量、变量或表达式。函数的参数可以有一个或多个，少数函数为无参函数。函数被调用后，会得到一个返回值，需要注意的是函数的参数和返回值都有特定的数据类型。

1）数学函数

数学函数能够完成相应的数学计算功能，常用的数学函数见表7-6。

表 7-6 常用的数学函数

函　数	函 数 功 能	示　例	返 回 结 果
Abs(n)	返回数值表达式 n 的绝对值	Abs(−3.3)	3.3
Int(n)	返回不大于数值表达式值的最大整数	Int(7.4)	7
Fix(n)	返回大于等于数值表达式值的最小整数	Fix(7.4)	8
Round(n,m)	返回按照指定的小数位数 m 进行四舍五入的值	Round(93.7,0)	94
Rnd()	返回一个 [0,1] 范围内的随机数	Rnd	0.7687
Sqr(n)	返回数值表达式的平方根	Sqr(9)	3

2）字符串函数

字符串函数用来处理字符型变量或字符串表达式。在VBA中，字符串的长度是以字为单位的，即每个西文字符或汉字都作为一个字，常用的字符串函数见表7-7。

表 7-7　常用的字符串函数

函　数	函 数 功 能	示　例	返 回 结 果
Instr([n,]c1,c2[,[m]]	从 c1 字符串中查找 c2 字符串，返回 c2 字符串在 c1 串中第一次出现的位置。若查找不到则返回 0。n 表示开始的位置，默认值为 1。m 表示比较的方式，默认值为 0，比较式区分大小写；m 为 1 时比较时不区分大小写	Instr("12312","12"]	1
Len (s)	求字符串的长度	Len ("C 语言程序 ")	5
Left(s,n)	取字符串左边的 n 个字符	Left("123456",3)	"123"
Right(s,n)	取字符串右边的 n 个字符	Right("123456",3)	"456"
Mid(s,n1[,n2])	从字符串 n1 位置开始取 n2 个字符。缺省 n2 时，从 n1 位置开始取到串尾	Mid("123456",3,3)	"345"
Ltrim(s)	去掉字符串中左边的空格	Ltrim(" 123456")	"123456"
Rtrim(s)	去掉字符串中右边的空格	Rtrim("123456 ")	"123456"
Trim(s)	去掉字符串中两边的空格	Trim(" 123456 ")	"123456"
Lcase(c)	将字符串中的所有字母转换成小写	Lcase("AbCd")	"abcd"
Ucase(c)	将字符串中的所有字母转换成大写	Ucase("AbCd")	"ABCD"

3）日期/时间函数

日期/时间函数用于处理日期和时间表达式或变量，常用的日期/时间函数见表7-8。

表 7-8　常用的日期 / 时间函数

函　数	函 数 功 能	示　例	返 回 结 果
Date( )	返回系统当前日期	Date()	2016-4-16
Time()	返回系统当前时间	Time()	8:15:26
Now()	返回当前日期和时间	Now()	2016-4-168:15:26
Year(日期型表达式)	返回日期表达式的年份	Year(#2016-4-16#)	2016
Month(日期型表达式)	返回日期表达式的月份	Month(#2016-4-16#)	4
Day(日期型表达式)	返回日期表达式的天数	Day(#2016-4-16#)	16
Weekday（日期型表达式，[W]）	返回日期表达式为本周的第几天。W 为可选项，用来指定一周中的第一天是星期几。如省略，默认星期日为一周的第一天	Weekday(#2016-4-16#)	7

4）类型转换函数

类型转换函数的功能是将数据转换成指定的数据类型，常用的类型转换函数见表7-9。

表 7-9　常用的类型转换函数

函　数	函 数 功 能	示　例	返 回 结 果
Asc(c,s)	返回字符串第一个字符的 ASCII 码	Asc("Access")	65
Chr(n)	返回 ASCII 码对应的字符	Chr(65)	"A"
Str(n)	将数值表达式的值转换成字符串	Str(3.14)	"3.14"
Val(s)	将字符串转换成数值型数据	Val("100Access")	100
Cdate(s)	将字符串转换成日期型数据	Cdate("2016/4/16")	#2016-4-16#

8. 表达式

表达式是由运算符、函数和数据等内容组合而成的。表达式的结果是一个值，其类型由表达式中操作数的类型和所做运算决定。

1）表达式的书写规则

（1）表达式从中向右写在同一行中，不能出现上标或下标。例如，r^2的正确写法为r^2。

（2）不能省略运算符。例如，2ab的正确写法为2*a*b。

（3）只能使用圆括号且必须成对出现。

（4）将数学表达式中的符号写成VBA中可以使用的符号。例如，数学中一元二次方程的求根公式：$x=\dfrac{-b+\sqrt{b^2-4ac}}{2a}$。正确的VBA写法为：(-b+sqr(b^2-4*a*c))/(2*a)，其中的sqr为求平方根函数。

2）表达式的运算顺序

如果一个表达式中含有多种不同类型的运算符时，进行运算的先后顺序由运算符的优先级决定。当优先级相同时按照从左到右的顺序进行。可以通过圆括号来改变运算的优先级别。不同类型运算符之间的优先级如下：算术运算符>字符串运算符>关系运算符>逻辑运算符

四、VBA 程序语句

VBA程序的功能是由语句序列构成的，语句是指能够完成某项操作的命令，包括关键字、运算符、常量、变量和表达式等。

VBA程序语句按照功能的不同可以分为两类：

声明语句：用于给变量、常量或过程定义命名，并指明数据类型。

执行语句：用于执行赋值操作、过程调用和实现各种流程控制。

1. 语句的书写规则

VBA程序语句在书写的时候有一定的要求，主要的书写规则如下：

（1）通常将一条语句书写在同一行中。若语句较长时，可以使用续行符（空格加下划线）在下一行继续书写语句。

（2）在同一行中可以书写多条语句，语句之间需要用冒号“：”进行分隔。

（3）语句中不区分字母的大小写。语句的关键字首字母自动转换成大写，其余字母转换为小写。

（4）语句中的所有符号和括号必须使用英文格式。

2. 声明语句

声明语句可以命名和定义常量、变量、数组、过程等。当声明一个变量、数组、子过程、函数时，同时定义了它们的作用范围，此范围取决于声明位置和使用的关键字。例如：

```
Private  Sub  Sum()
    Const  M=100
    Dim s As Long, i As Integer
     …
```

```
End Sub
```

该段程序代码定义了一个名为Sum的局部子过程，在过程开始部分用Const语句声明了一个名为M的符号常量，其值为100；用Dim定义了一个名为s的长整型变量和一个名为i的整型变量。M，s，i的作用域都在Sum子过程内部。

3. 赋值语句

赋值语句给某个变量或对象赋予一个值或表达式。赋值语句有以下两种形式。

1）对普通变量赋值

```
[Let] 变量名 = 表达式
```

功能：计算右边表达式的值，将结果赋值给左边的变量。Let是可选项，通常可以省略。

例如：a=100*20　或 let a=100*20。

说明：

（1）不能在一个赋值语句中同时给多个变量赋值。

例如：x=y=z=0。该语句没有语法错误，但运行结果是错误的。

（2）赋值号左端不能是常量、常量标识符或表达式。

例如：5=a+b或a+b=5都是错误的。

2）为对象变量赋值

```
Set 对象 = 表达式
```

例如：Dim StrName As Control。

```
Set StrName=Forms！学生基本情况！姓名
 StrName.ForColore=255
 StrName.FontName="宋体"
```

4. 注释语句

在代码书写过程中适当地添加注释，有助于程序的阅读和维护。其实现方式有以下两种：

方法一：Rem 注释语句。

方法二：’注释语句。

注释语句可以添加到程序的任意位置，默认以绿色文本显示。用Rem格式进行注释时，必须在语句与Rem之间用冒号进行分隔。例如：

```
Rem  以下设置窗体的标题和数据源
Me.Caption="学生管理"    '窗体标题"学生管理"
Me.RecordSource="学生"   ：Rem 数据来源为"学生"
```

5. 输入输出语句

在VBA程序中用户工程先使用输入语句输入数据，然后对数据进行计算和处理，最后将结果用输出语句进行输出显示。VBA中提供了InputBox()函数实现输入；MsgBox()函数实现输出。

1）InputBox()函数

InputBox()函数是用来输入数据的函数，该函数显示一个输入对话框，等待用户输入。用户输入数据后，单击“确定”按钮时，函数返回输入的字符串；单击“取消”按钮时，函数返回空字符串。InputBox()函数格式如下：

```
InputBox (Prompt[, Title][, Default][,xpos][, ypos])
```

参数说明：

（1）Prompt：指定显示在对话框的提示消息，是必需指定的参数，最大长度为1 024个字符。多行间可用Chr（13）回车符、Chr（10）换行符或两者组合将各行分开。

（2）Title：指定对话框标题栏中显示的字符串。缺省情况下，标题为“Microsoft Access”。

（3）Default：指定显示在输入文本框中的字符串表达式，在没有其他输入时作为缺省值。如果省略Default，则文本框为空。

（4）xpos和ypos：指定对话框与屏幕左边和上边的距离。

例如：

```
strName=InputBox("请输入你的名字：", , "李四")
```

语句执行后将会显示如图7.12所示对话框，文本框中有默认值为"李四"，用户可以输入自己的姓名或使用默认值。

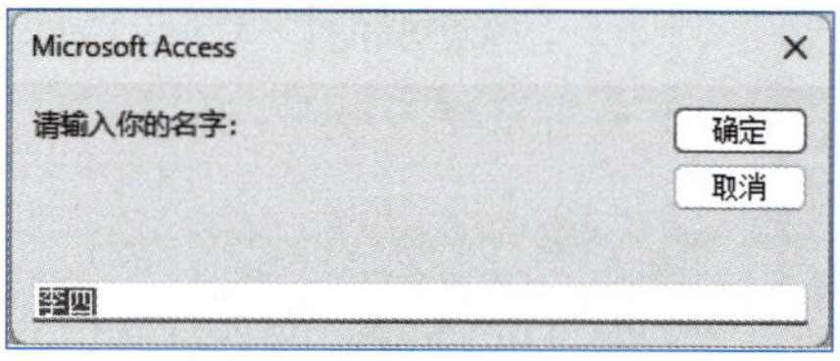

图 7.12　InputBox() 函数

2）MsgBox()函数

MsgBox()函数用于在一个对话框中显示消息，通常用在错误提示、结果显示或等待用户选择执行操作的情况下。当用户单击命令按钮后，系统会返回一个整型值来反馈用户所选择的命令按钮。MsgBox()函数的调用格式如下：

```
MsgBox ( prompt[, buttons][, title] )
```

参数说明：

（1）prompt：用于指定显示在对话框的的消息，是必需指定的参数，最大长度为1 024个字符。

（2）buttons：用于指定显示按钮的数目、形式及使用的图标样式，为可选项，其默认值为0。按钮设置值的含义见表7-10。

表 7-10　MsgBox 函数中“buttons”的取值及对应含义

分　组	常　数	按 钮 值	含　义
按钮数目	vbOkOnly	0	只显示“确定”按钮
	vbOkCancel	1	显示“确定”“取消”按钮
	vbAbortRetryIgnore	2	显示“终止”“重试”“忽略”按钮
	vbYesNoCancel	3	显示“是”“否”“取消”按钮
	vbYesNo	4	显示“是”“否”按钮
	vbRetryCancel	5	显示“重试”“取消”按钮

续表

分　组	常　数	按 钮 值	含　义
图标类型	vbCritical	16	显示红色停止图标
	vbQuestion	32	显示询问信息图标
	vbExclamation	48	显示警告信息图标
	vbInformation	64	显示信息图标

（3）Title：用于指定对话框标题栏中显示的字符串。缺省情况下，标题为“Microsoft Access”。

例如，MsgBox("欢迎进入教务管理系统", vbOKCancel + vbInformation, "首页") 显示如图7.13（a）所示消息框；MsgBox("要退出吗？", 4+32, "退出提示")显示如图7.13（b）所示消息框。

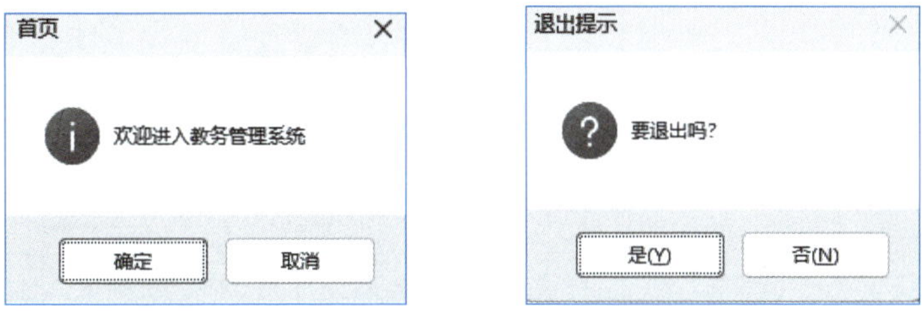

（a）消息框　　（b）询问框

图 7.13　MsgBox() 函数应用举例

五、VBA 程序的控制结构

程序是按照一定的结构来控制整个程序的流程的。常用的程序控制结构有三种：顺序结构、选择结构和循环结构。

1. 顺序结构

顺序结构是在程序执行时，按照程序中语句的书写顺序依次执行的语句序列，在顺序结构中常用的语句有输入语句、赋值语句和输出语句等。

2. 选择结构

选择结构是指程序在执行过程中，根据条件选择执行不同的语句。VBA提供了以下两种选择语句。

1）If语句

（1）单分支If语句，有以下两种格式。

格式一：

```
If 表达式 Then 语句
```

格式二：

```
If 表达式 Then
        语句序列
    End If
```

功能：先计算表达式的值，若表达式的值为真，则执行相应的语句序列，其执行过程如图7.14所示。

（2）双分支If语句，格式如下：

```
If 表达式 Then
    语句序列 1
Else
    语句序列 2
End If
```

功能：先计算表达式的值，若表达式的值为真，则执行语句序列1；若表达式的值为假，则执行语句序列2，其执行过程如图7.15所示。

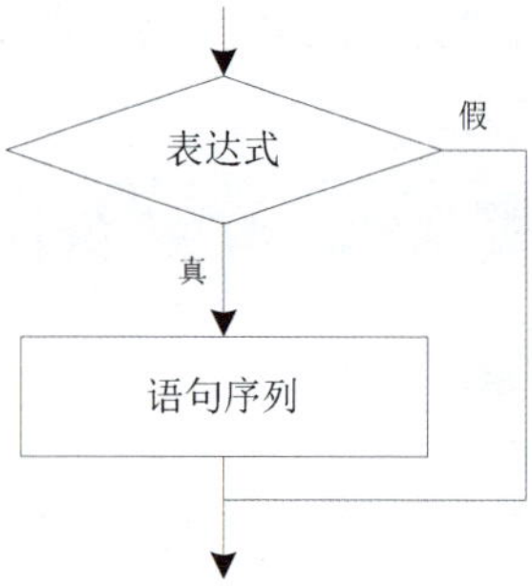

图 7.14　单分支 IF 语句流程图

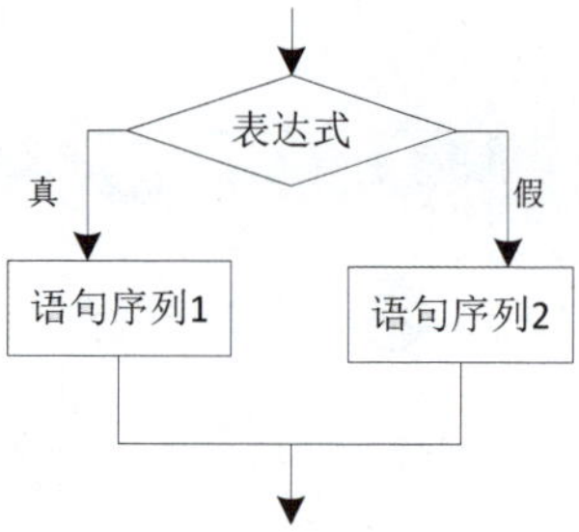

图 7.15　双分支 IF 语句流程图

（3）多分支If语句。当判断的条件比较复杂时，可以使用If语句的多分支形式。语句格式如下：

```
If 表达式 1 Then
   语句序列 1
ElseIf 表达式 2 Then
   语句序列 2
[Else
   语句序列 3]
End If
```

功能：先计算表达式1的值，若表达式1的值为真，则执行语句序列1；若表达式1的值为假，则继续判断表达式2的值，若表达式2的值为真，则执行语句序列2；若表达式2的值为假，则执行表达式3的值。

2）多路分支Select Case语句

在VBA中，还提供了一种专门面向多个条件的选择结构，称为多路分支选择结构。多路分支选择结构采用Select Case语句，其语法格式如下：

```
Select  Case 表达式
   Case  表达式 1
         语句序列 1
    Case  表达式 2
          语句序列 2
    …
```

```
    Case  表达式n
          语句序列n
    [Case  Else
          语句序列n+1 ]
End  Select
```

功能：先计算表达式的值，如果表达式的值与第i（i=1，2，…，n）个Case表达式列表的值匹配，则执行语句序列i中的语句；如果表达式的值与所有表达式列表中的值都不匹配，则执行语句序列n+1。

说明：

（1）Select Case后面的表达式只能是数值型或字符型。

（2）语句中的各个表达式列表应与Select Case后面的表达式具有相同的数据类型。表达式列表可以采用以下的形式：

- 可以是单个值或者是几个值。如果是多个值，各值之间用逗号分隔。
- 可以用关键字to来指定范围。例如，Case 3 to 5，表示3～5的整数，即3、4、5。
- 可以是连续的一段值。这时要在Case后面加Is。例如，Case Is>3，表示大于3的所有实数。

（3）Case语句是依次测试的，并执行第一个匹配的Case语句序列，后面即使再有符合条件的分支也不被执行。

例7.5 输入两个数，选择运算符（+、-、*、/），求出运行结果并显示。

操作步骤如下：

（1）创建一个如图7.16所示名为“计算器”的窗体。

图 7.16 “计算器”窗体

（2）窗体中添加3个文本框Text1、Text2和Text3，其标签分别为“数值1”“数值2”和“结果为”。

（3）窗体中添加1个组合框Comb1，在属性表中设置行来源为：“+”“-”“*”“/”；行来源类型为：值列表；限于列表为：是；默认值为：“+”。

（4）窗体中添加两个命令按钮Cmd1和Cmd2，标题分别为：“计算”和“退出”。单击“计算”按钮对两数进行计算并将结果显示在Text3中；单击“退出”按钮关闭窗体。

计算按钮的程序代码如下：

```
Private Sub Cmd1_Click()
Dim n1 As Single, n2 As Single, n3 As Single, op As String
n1 = Text1.Value: n2 = Text2.Value: op = Comb1.Value
Select Case op
Case "+": n3 = n1 + n2
Case "-": n3 = n1 - n2
Case "*": n3 = n1 * n2
Case "/"
```

```
        If n2 = 0 Then
           MsgBox "除数不能为0！", vbOKOnly + vbCritcall, "警告"
        Else: n3 = n1 / n2
        End If
    End Select
    Text3.Value = n3
    End Sub
```

“退出”按钮的程序代码如下：

```
Private Sub Cmd2_Click()
DoCmd.Close
End Sub
```

（5）启动窗体，输入相应数据，运行结果如图7.16所示。

3. 循环结构

在实际的编程过程中，有些语句需要重复执行多次，解决这类问题时需要用到循环结构。VBA提供了多种形式的循环语句。

1）For...Next语句

（1）语句格式如下：

```
For 循环变量=初值 To 终值 [Step 步长]
          循环体
          [Exit For]
           循环体
Next [循环变量]
```

（2）For...Next语句的执行过程：

① 将初值赋值给循环变量。

② 将循环变量与终值比较，根据比较的结果来确定循环是否进行，比较分为以下三种情况。

- l步长>0时：若循环变量<=终值，循环继续，执行步骤③；若循环变量>终值，退出循环。
- l步长=0时：若循环变量<=终值，进行无限次的死循环；若循环变量>终值，一次也不执行循环。
- l步长<0时：若循环变量>=终值，循环继续，执行步骤③；若循环变量<终值，退出循环。

③ 执行循环体。如果在循环体内执行到Exit For语句，则直接退出循环。

④ 循环变量增加步长，即循环变量=循环变量+步长，程序转到②执行。当默认步长时，步长的默认值为1。

（3）For...Next语句的执行过程如图7.17所示。

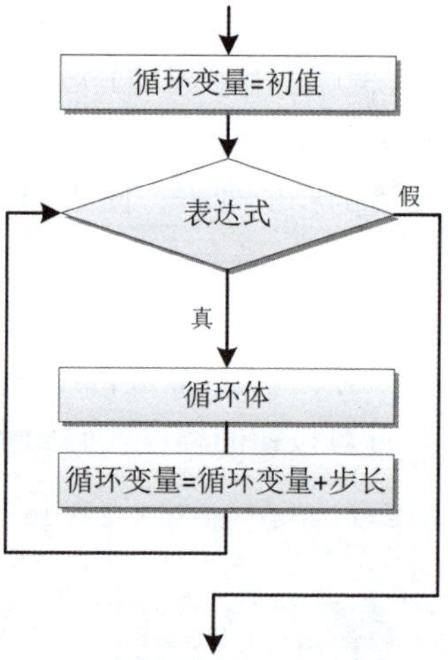

图 7.17 For...Next 语句的执行过程

例 7.6 输入10个整数，求其中的最大数和最小数。

操作步骤如下：

（1）创建一个如图7.19所示名为“10个数的最大数和最小数”的窗体。

（2）在窗体中添加三个名为Text1、Text2和Text3的文本框，Text1用于显示输入的10个数据；添加一个名为Cmd的命令按钮，标题为“求最大数和最小数”。单击“Cmd”按钮后，在Text2中显示最大数，在Text3中显示最小数。

（3）在代码窗口为命令按钮编写如下所示程序代码。

```
Private Sub Cmd_Click()
Dim a(1 To 10)  As Integer
   Dim i As Integer, max As Integer, min As Integer
  For i = 1 To 10
      a(i) = Val(InputBox("输入一个数: "))
      Text1.Value = Text1.Value & a(i) & " "
  Next i
  max = a(1)
  min = a(1)
  For i = 2 To 10
     If a(i) > max Then max = a(i)
     If a(i) < min Then min = a(i)
  Next i
  Text2.Value = max
  Text3.Value = min
End Sub
```

（4）启动窗体，输入相应数据，运行结果如图7.18所示。

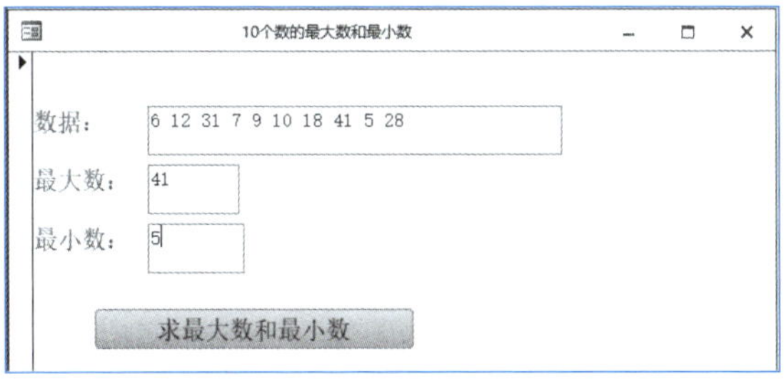

图 7.18　“10 个数的最大数和最小数”窗体

例 7.7 输入一个整数，判断其是否为素数。

操作步骤如下：

（1）创建一个如图7.20（a）所示名为“判断素数”的窗体。

（2）在窗体中添加一个名为Text的文本框，用于显示输入的10个数据；添加一个名为Cmd的命令按钮，标题为“判断”。单击“命令”按钮后，在对话框中显示判断结果。

（3）在代码窗口为命令按钮编写如下所示程序代码。

```
Private Sub Cmd_Click()
Dim x As Integer, n As Integer, flag As Boolean
flag = True
x = Text.Value
For n = 2 To x - 1
    If x Mod n = 0 Then
        flag = False
        Exit For
    End If
```

```
Next n
If flag = False Then
    MsgBox Str(x) & "不是素数"
Else
    MsgBox Str(x) & "是素数"
End If
End Sub
```

（4）启动窗体，输入相应数据，运行结果如图7.19（b）所示。

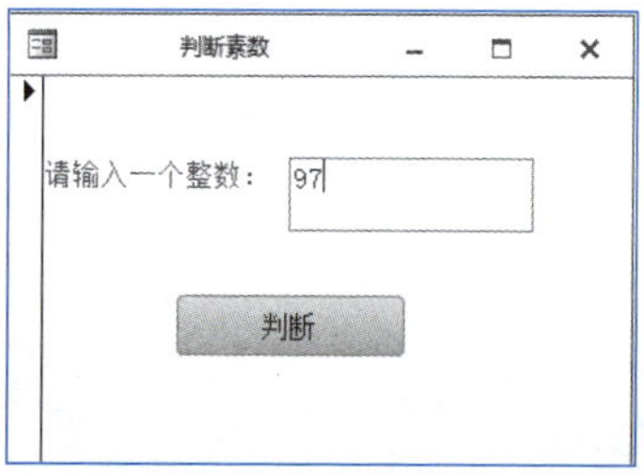

（a）窗体

（b）运行结果

图 7.19 判断素数

2）While...Wend语句

（1）语句格式如下：

```
While  条件表达式
       循环体
Wend
```

（2）While...Wend语句的执行过程：

① 判断条件是否成立。如果条件成立，则执行循环体；否则转到③执行。

② 执行到Wend语句，转到①执行。

③ 执行Wend语句后面的语句。

（3）While...Wend语句的执行过程如图7.20所示。

例7.8 输入若干整数，统计其中负数的个数，输入到0终止。

操作步骤如下：

（1）创建一个如图7.21所示名为“统计负数个数”的窗体。

（2）在窗体中添加两个文本框，Text1用于显示输入的整数，Text2用于显示负数的个数；添加一个命令按钮，用于开始程序的执行。

（3）在代码窗口为命令按钮编写如下所示程序代码。

```
Private Sub Cmd_Click()
Dim n As Integer, x As Integer
x = Val(InputBox("输入一个数："))
While x <> 0
Text1.Value = Text1.Value & x & " "
If x < 0 Then n = n + 1
x = Val(InputBox("输入一个数："))
Wend
Text2.Value = n
End Sub
```

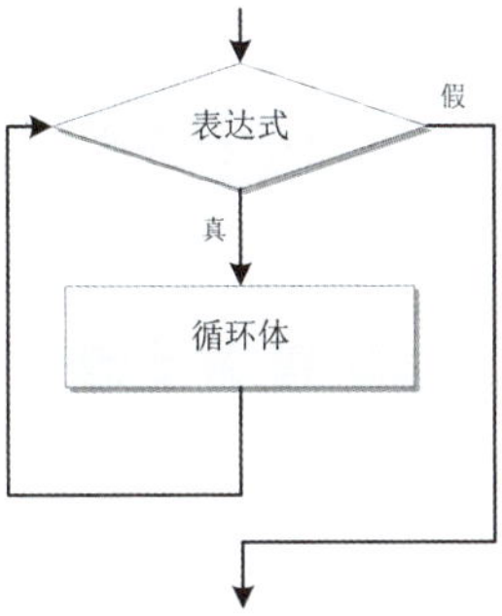

图 7.20　While...Wend 语句的执行过程

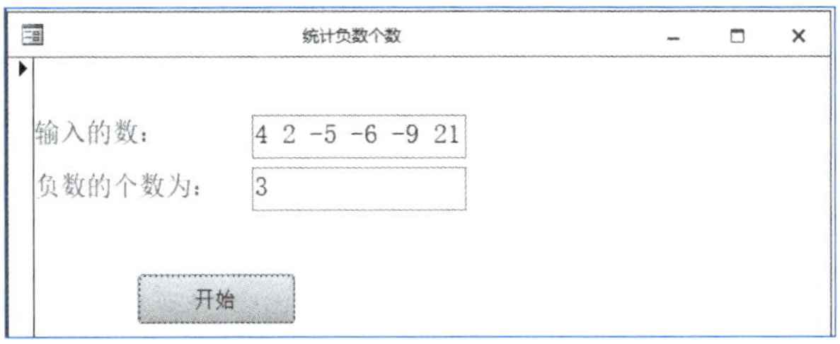

图 7.21　“统计负数个数”窗体

3）Do...Loop语句

Do...Loop语句有以下几种形式。

（1）Do While...Loop语句，格式如下：

```
Do While  循环条件
    循环体
Loop
```

说明：Do While...Loop语句的执行过程与While...Wend语句是一致的。

（2）Do...Loop While语句，格式如下：

```
Do
    循环体
Loop While 循环条件
```

Do...Loop While语句的执行过程：

① 执行循环体语句。

② 执行到Loop语句，判断条件是否成立。如果条件成立，则转到①执行；如果条件不成立，则结束循环，执行loop语句后面的语句。

（3）Do Until...Loop语句，格式如下：

```
Do Until <循环条件>
   <循环体>
Loop
```

Do Until...Loop语句的执行过程：

① 判断条件是否成立。如果条件不成立，则执行循环体；如果条件成立，则结束循环，执行Loop后面的语句。

② 执行到Wend语句，转到①执行。

（4）Do...Loop Until语句，格式如下：

```
Do
   <循环体>
Loop Until <循环条件>
```

Do...Loop Until语句的执行过程：

① 执行循环体语句。

② 执行到Loop语句，判断条件是否成立。如果条件不成立，则转到①执行；如果条件成立，则结束循环，执行loop Until后面的语句。

例 7.9 分别用四种Do...Loop语句实现求*n*!。

操作步骤如下：

（1）创建一个如图7.22所示的名为“求阶乘”的窗体。

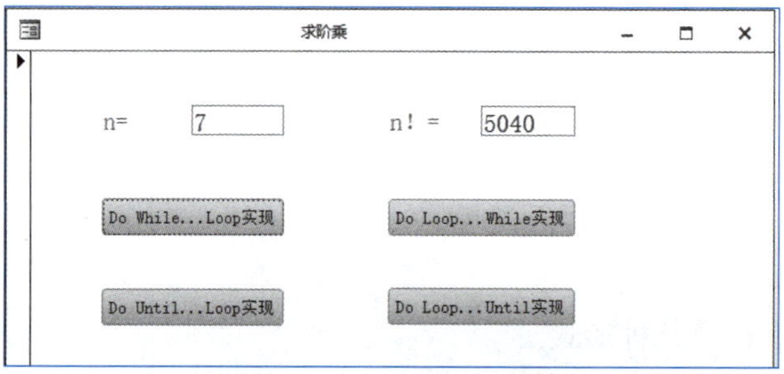

图 7.22 “求阶乘”窗体

（2）在窗体中添加两个文本框，Text1用于输入要求阶乘的整数，Text2用于显示求得的结果；添加四个命令按钮，实现分别用四种方法进行求解。

（3）在代码窗口为命令按钮分别编写如下所示程序代码。

```
Private Sub Cmd1_Click()
Dim n As Integer, s As Integer, i As Integer
n = Text1.Value: s = 1: i = 1
Do While i <= n
   s = s * i: i = i + 1
Loop
Text2.Value = s
End Sub
Private Sub Cmd2_Click()
Dim n As Integer, s As Integer, i As Integer
n = Text1.Value: s = 1: i = 1
Do
   s = s * i: i = i + 1
Loop While i <= n
Text2.Value = s
End Sub
Private Sub Cmd3_Click()
Dim n As Integer, s As Integer, i As Integer
n = Text1.Value: s = 1: i = 1
Do Until i > n
   s = s * i: i = i + 1
Loop
Text2.Value = s
End Sub
Private Sub Cmd4_Click()
Dim n As Integer, s As Integer, i As Integer
n = Text1.Value: s = 1: i = 1
Do
   s = s * i: i = i + 1
```

```
Loop Until i > n
Text2.Value = s
End Sub
```

六、VBA 自定义过程的定义与调用

VBA除了对象自身具有的事件过程之外，还可以自定义过程来完成特定的操作。过程是用VBA的声明和语句组成的程序段，是独立的功能模块。通常使用的过程有两种类型，即子过程和函数过程。

1. 子过程的声明和调用

在程序设计中通常将某些反复使用的程序段定义成子过程，在程序中需要使用这些程序段时，调用相应的子过程，达到简化程序设计的目的，实现了程序的复用。

在VBA中，过程分为两种，即事件过程和通用过程。事件过程只能由用户或系统触发，VBA的程序运行也就是依靠事件来驱动的；而通用过程则是由应用程序来触发的。

1）子过程的声明

声明子过程的语句格式如下：

```
[Public | Private] [ Static ]  Sub 子过程名([<形参列表>])
      语句序列
End Sub
```

说明：

① Private表示该过程只能被同一模块中的其他过程调用；

② Public表示在程序的任何地方都可以调用该过程；

③ Static用于设置静态变量；

④ 过程名后面的参数是虚拟参数（形式参数），简称为虚参（形参）。虚参的作用是用来和实际参数（简称为实参）进行虚实结合，通过参数值的传递来完成子程序与主程序之间的数据传递；

⑤ 可以使用Exit Sub语句使程序立即从子过程中退出并返回主调过程。

2）子过程的调用

子过程的调用有两种形式。

格式一：

```
子过程名 [ 实参列表 ]
```

格式二：

```
Call 子过程名 [(实参列表)]
```

例 7.10 定义一个子过程，实现将两个参数值进行交换。并在窗体中调用该子过程。

操作步骤如下：

（1）创建一个如图7.23所示的名为“参数交换”的窗体。

（2）在窗体中添加控件，Text1和Text2用于显示交换前的参数；Text3和Text4用于显示交换后的参数；单击“命令”按钮，实现两个参数的交换。

（3）在代码窗口编写代码实现子过程swap和命令按钮的单击事件。

子过程swap的代码如下：

```
Public Sub swap(a As Integer, b As Integer)
    Dim c As Integer
     c = a:  a = b :  b = c
End Sub
```

命令按钮的单击事件代码如下：

```
Private Sub Cmd_Click()
Dim x As Integer, y As Integer
    x = Text1.Value:  y = Text2.Value
    swap a, b
    Text3.Value = x:  Text4.Value = y
End Sub
```

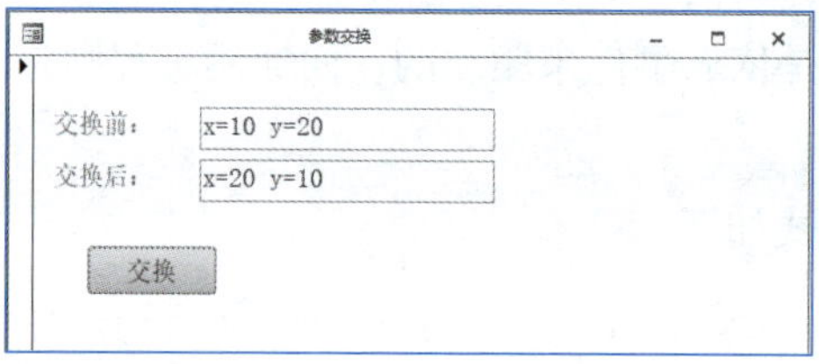

图 7.23 “参数交换”窗体

2. 函数的声明和调用

1）函数的声明

函数声明的格式如下：

```
[Public|Private] [Static]  Function 函数名([<形参列表>]) As  返回值数据类型
    语句序列
End Function
```

2）函数的调用

函数过程的调用与标准函数的调用相同。由于函数过程会返回一个值，所以函数过程不能作为单独的语句进行调用，必须作为表达式或表达式的一部分使用，格式如下：

```
变量=函数名([实参列表])
```

3. 参数传递

参数传递是指将主调过程的实参传递给被调过程的形参。参数的传递有按值传递和按地址传递两种形式。

1）地址传递

在调用过程中将实参的地址传给形参。如果在被调用过程中修改了形参的值，则调用过程中的实参值也随之改变。传址调用具有“双向”传递作用。传址调用的关键字是ByRef，是形参的缺省关键字。

例 7.11 用地址传递的方式实现将两个参数值进行交换。并在窗体中调用该子过程。

子过程swap的代码如下：

```
Public Sub swap(ByRef  x As Integer, ByRef  y As Integer)
```

```
        Dim c As Integer
         c = x:  x = y :  y = c
    End Sub
```

命令按钮的单击事件代码如下：

```
    Private Sub Cmd_Click()
    Dim a As Integer, b As Integer
        a = Val(InputBox("a="))
        b = Val(InputBox("b="))
        Debug.Print "交换前：a="; a; "b="; b
        swap a, b
        Debug.Print "交换后：a="; a; "b=";b
    End Sub
```

调用后实参变量a,b的值随着形参x,y的交换也发生了交换，运行结果如图7.24所示。

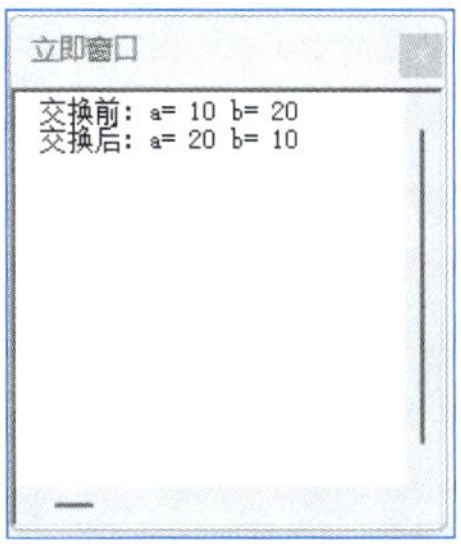

图 7.24　传址调用结果

2）传值调用

如果在定义过程或函数时，形参的变量名前加上关键字ByVal，即为传值调用。这时主调过程将实参的值复制后传递给被调过程的形参，如果在被调函数中修改了形参的值，则主调过程中实参的值不会发生变化。例如，在例7.11中用过程swap1代替过程swap，则程序的运行结果就会不同，代码如下：

```
    Public Sub swap1(ByVal x As Integer, ByVal y As Integer)
        Dim t As Integer
         t = x:   x = y:   y = t
    End Sub
```

运行结果如图7.25所示。

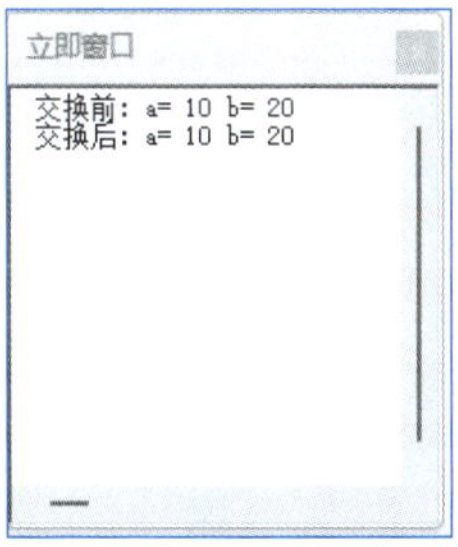

图 7.25　传值调用结果

动手实践

通过VBA基本知识的学习，下面将实现例7.2中的VBA编程。请按以下要求完成相关操作：

（1）创建一个如图7.26（a）所示名为“成绩等级评定”的窗体。窗体中有一个名为Text1的文本框，标签标题为“分数：”；一个名为Cmd1的命令按钮，标题为“成绩等级”。

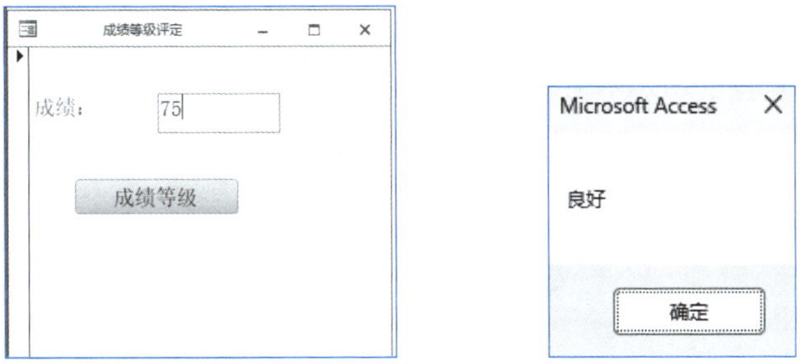

（a）窗体　　　（b）等级“良好”

图 7.26　成绩等级评定

（2）在代码窗口中为按钮Cmd1编写单击事件代码，内容如下：

```
Private Sub Cmd1_Click()
Dim scroe As Integer
score = Text1.Value
If score >= 85 Then
MsgBox "优秀"
ElseIf score >= 75 Then
MsgBox "良好"
ElseIf score >= 60 Then
MsgBox "及格"
Else
MsgBox "不及格"
End If
End Sub
```

（3）启动窗体视图，输入分数75，再单击“成绩等级”按钮，弹出如图7.26（b）所示的结果。

润物无声

程序员应具备的技术能力与学习能力。

1．扎实的编程基础

精通至少一种编程语言，了解编程语言的语法和语义。熟练掌握数据结构与算法，了解面向对象编程等高级概念。

2．持续学习能力

紧跟技术趋势，了解新技术、新框架和新工具的发展。定期学习新的编程语言、框架和工具，保持技术的更新和迭代。参与技术社区和开发者社群，与他人交流经验，分享技术见解。

知识巩固

选择题

1. 以下不是分支结构的语句是（　　）。

A. If...Then...End If　　B. While...Wend

C. If...Then...Else...End If　　D. Select...Case…End Select

2. 以下选项中，不属于VBA程序基本结构的是（　　）。

A. 顺序结构　　B. 选择结构　　C. 循环结构　　D. 物理结构

3. 以下程序段运行结束后，变量x的值是（　　）。

```
x = 1
y = 2
Do
  x = x * y
  y = y + 1
Loop While y < 2
```

A. 1　　B. 2　　C. 3　　D. 4

4. 表达式123+Mid("123456",3,2)的结果是（　　）。

A. 123　　B. 12334　　C. 157　　D. "12334"

5. 下列循环语句中，循环次数最少的是（　　）。

A. a = 5: b = 7

```
Do While a < b
    a = a + 1
Loop
```

B. a = 5: b = 7

```
Do Until a < b
    a = a + 1
Loop
```

C. a = 5: b = 7

```
Do
    a = a + 1
Loop While a < b
```

D. a = 5: b = 7

```
Do
    a = a + 1
Loop Until a < b
```

6. 用Function定义的函数过程，返回值的类型（　　）。

A. 只能是符号常量　　B. 是除数组之外的简单数据类型

C. 在调用时由运行过程决定　　D. 由函数定义时As子句声明

7. 有以下事件代码，当单击按钮Command1时，消息框中显示的内容是（　　）。

```
Private Sub Command1_Click()
    Dim d1 As Date
    Dim d2 As Date
    d1 = #1/1/2016#
    d2 = #12/31/2016#
    MsgBox DateDiff("yyyy", d1, d2)
End Sub
```

A. 11　　B. 365　　C. 0　　D. 3

8. Sub过程和Function过程最根本的区别是（　　）。

A. Function过程可以通过过程名返回值，而Sub过程没有返回值

B. Sub过程可以直接用过程名来调用，而Function过程不可以

C. 两种过程参数的传递方式不同

D. Function过程有参数，而Sub过程没有参数

9. 有以下窗体事件代码，打开窗体视图后单击鼠标，消息框中显示的内容是（　　）。

```
Private Sub Form_Click()
 Result = 1
```

```
  For i = 1 To 5 Step 3
      Result = Result * i
  Next i
  MsgBox Result
End Sub
```

A. 1　　B. 4　　C. 28　　D. 120

10. 下列各项中，不能用作VBA程序中变量名的是（　　）。

A. Sum　　B. Integer_1　　C. Form1　　D. Rem

11. 以下选项中，不是VBA的条件函数的是（　　）。

A. Choose　　B. If　　C. IIf　　D. Switch

任务三　VBA 数据库编程

不同类别的数据库有着不同的格式，一个通用性的系统就要有处理多种数据格式的数据库访问技术。采用相对简单程序实现复杂的任务，这就是数据库访问接口技术。通过VB的强大功能，开发人员可以轻松的与各种类型的数据库管理系统进行交互，实现对数据库的操作。

任务情境

老贺：学生想知道自己有没有及格，教师要判定每位同学的等级，那导员需要的是什么？

小李：应该是全班学生的所有课程的所有成绩吧？

老贺：对，掌握全班学生学习状况是导员重要工作之一，表扬先进、鼓励后进是促进优良学风的重要措施。

小李：那如何导出学生成绩呢？

任务描述

例 7.12 利用Command对象获取“教务管理系统”中“学生”表中的记录。

要求程序运行后：编写程序，利用Connection和RecordSet对象，建立与Access 2016数据库“教务管理系统”的连接，利用Command对象，可以实现对数据源执行查询、SQL语句或存储过程等。

知识链接

一、VBA 数据库访问技术

利用Access 2016提供的基本工具，可以轻松地创建表格、查询、窗体、报表等。但在实际的开发应用中，为了设计出功能更加强大、使用更加方便的应用系统，可以利用VBA提供的数据库访问技术。

数据库访问接口技术可以通过编写相对简单的程序来实现复杂的任务，并且为不同类别的数据库提供了统一的接口。常用的数据库访问接口技术包括ODBC API、DAO、和ADO等。

ODBC API：Open Database Connectivity Application Programming Interface（开放数据库互联应用编程接口）。

DAO：Data Access Objects（数据访问对象）。

ADO：ActiveX Data Objects（ActiveX数据对象）。

目前，Microsoft 的数据库访问一般使用ADO的方式。下面我们将重点介绍在VBE环境中使用ADO这种数据库访问接口技术来访问Access 2016数据库。

1. ADO对象模型

ADO是一个组件对象模型，模型中包含了一系列用于连接和操作数据库的组件对象。系统已经完成了对组件对象的定义，用户只需要在程序中通过对应的类型声明对象变量，就可以通过对象变量来调用对象的方法，设置对象的属性，以此来实现对数据库的各项访问操作。

ADO对象模型提供了9个常用对象，其功能说明见表7-11。

表 7-11　ADO 对象模型中的 9 个常用对象

对象名称	含　义
Connection	建立与数据库的连接
Command	发出命令，对数据源执行相应的操作
RecordSet	与数据库中的表或查询对应，对记录集中的数据进行操作
Record	表示电子邮件、文件或目录
Error	包含数据访问错误的详细信息
Field（s）	表示记录集中的字段数据信息
Parameter	表示与基于参数化查询或存储过程的 Command 对象相关联的参数
Property	由提供者定义的 ADO 对象的动态特性
Stream	用来读取或写入二进制数据的数据流

使用ADO之前，必须先添加对ADO的引用，包含ADO对象和函数的库。其设置方法为：在VBE窗口中选择“工具”菜单中的“引用”命令，在弹出的“引用”对话框中选择“Microsoft ActiveX Data Objects 2.1 Library”选项即可。

2. ADO访问数据库的基本步骤

通过ADO编程实现数据库访问时，首先需要创建ADO对象变量，然后通过对象变量调用对象的方法，设置对象的属性，实现对数据库的各种访问。

1）数据库连接对象（connection）

首先需要建立应用程序与数据库之间的连接，才可以访问数据库，就必须用到前面介绍的Connection对象。

Connection对象在使用前需要先声明，其语法格式如下：

```
Dim cn as ADODB.Connection
```

对象声明后，需要实例化才可以使用，代码如下：

```
Set cn=New ADODB.Connection
```

表7-12中列出了Connection对象的常用属性。

表 7-12　Connection 对象的常用属性

属 性 名 称	说　明
ConnectionString	指定用于设置连接到数据源的信息
DefaultDatabase	指定 Connection 对象的默认数据库
Provider	指定 Connection 对象的提供者的名称
State	返回当前 Connection 对象打开数据库的状态

Connection对象的常用方法有Open、Execute和Close等。其中，Open方法用于创建与数据库的连接；Execute方法用于执行指定的SQL语句；Close方法可以关闭已经打开的数据库，但不能将对象从内存中清除，可以将Connection对象设置为Nothing进行清除。

例 7.13　建立与ACCESS数据库“教务管理系统”的连接，然后关闭并撤销。

代码如下：

```
Private Sub ConnectCreate ()
  Dim cn as ADODB.Connection
  Set cn=New ADODB.Connection
  Cn.Open CurrentProject. Connection          ‘与当前数据库建立连接
  cn.close                                    ‘关闭连接
  Set cn=Nothing                              ‘撤销连接
End Sub
```

2）记录集对象（recordset）

利用RecordSet对象，可以存取所有数据记录中每一个字段的数据。RecordSet对象是用于数据库操作的重要对象。

表7-13中列出了RecordSet对象的常用属性。

表 7-13　RecordSet 对象的常用属性

属 性 名 称	说　明
Bof	该属性值为 True 时，记录指针在数据表第一条记录前
Eof	该属性值为 True 时，记录指针在数据表最后一条记录后
RecordCount	返回 RecordSet 对象中的记录个数
Filter	指定记录集的过滤条件
State	返回当前记录集的操作状态

表7-14中列出了RecordSet对象的常用方法。

表 7-14　RecordSet 对象的常用方法

方 法 名称	说　明
Move	将当前记录位置移动到指定的位置

续表

方法名称	说　明
MoveFirst	将当前记录位置移动到记录集中的第一条记录
MoveLast	将当前记录位置移动到记录集中的最后一条记录
MovePrevious	将当前记录位置向后移动一条记录（记录集顶部方向）
MoveNext	将当前记录位置向前移动一条记录（记录集底部方向）
AddNew	向记录集中添加一条记录
Find	在记录集中查找符合条件的记录
Delete	删除记录集中的当前记录或记录组
Update	将记录缓冲区中的记录真正写入数据库

3）命令对象（Command）

利用Command对象，可以实现对数据源执行查询、SQL语句或存储过程等。表7-15中列出了Command对象的常用属性。

表 7-15　Command 对象的常用属性

属性名称	说　明
ActiveConnection	指定当前命令对象属于哪个 Connection 对象
CommandText	指定向数据提供者发出的命令文本
State	返回 Command 对象的运行状态

Command对象的常用方法为Execute，用来执行CommandText属性中指定的查询、SQL语句或存储过程等。

二、VBA 程序的调试

编程就是规划、书写程序代码并上机调试的过程。很难做到书写后的程序能一次通过，所以在编程过程中往往需要不断重复检查和纠正错误，试运行这个过程，就是程序的调试。在进一步学习程序调试方法之前，首先需要了解VBA开发环境的中断模式。

中断模式代表VBA程序的一种运行状态。在中断模式下，程序暂停运行，这时编程者可以查看并修改程序代码，检查各个变量或表达式的取值是否正确等。有两种情况可以使程序进入中断模式。一种是如果程序出现错误，无法继续执行，则会自动进入中断模式。第二种是通过设置断点，或在程序运行过程中单击“中断”按钮人为进入中断模式。

可以用以下方法退出中断模式。

- 单击“继续”按钮进入运行模式，继续运行程序。
- 单击“重新设置”按钮，终止程序的运行。

1. 错误类型

编程时，可能产生的错误有以下四种。

1）语法错误

语法错误是指在输入代码时产生的不符合程序设计语言语法规定的错误，初学者经常发生此类错误。例如，将Dim写成了Din，If语句的条件后面忘了写Then等。

如果在输入程序时发生了此类错误，编辑器会随时指出，并将出现错误的语句用红色显示。编程者只需要根据给出的出错信息，就可以及时进行修改。

2）编译错误

编译错误是指在程序编译过程中发现的错误。例如，在要求显式声明变量时输入了一个未声明的变量。对于这类错误编译器往往会在程序运行初期的编译阶段发现并指出，并将出错的行用高亮显示，同时停止编译并进入中断状态。

3）运行错误

运行错误是指在程序运行中发现的错误。例如，出现了除数为0 的情况，或者试图打开一个不存在的文件等，这时系统会给出运行时错误的提示信息并告知错误的类型。

对于上面的两种错误，都会在程序运行过程中由计算机识别出来，编程者这时可以修改程序中的错误，然后选择“运行”菜单中的“继续”命令，继续运行程序。也可以选择“运行”菜单中的“重新设置”命令退出中断状态。

4）逻辑错误

如果程序运行后，得到的结果和所期望的结果不同，则说明程序中存在逻辑错误。产生逻辑错误的原因有很多。例如，将本该赋给变量a的值赋给了变量b；在书写表达式时忽略了运算符的优先级，造成表达式的运算顺序有问题；将排序的算法写错，不能得到正确的排序结果等。

显然，逻辑错误不能由计算机自动识别，这就需要编程者认真阅读、分析程序，自己找出错误。

2. 程序调试方法

为了帮助编程者更有效地查找和修改程序中的逻辑错误，VBE提供了几个调试窗口，分别是立即窗口、本地窗口和监视窗口。可以在视图菜单中选择相应的窗口进行显示。

1）立即窗口

用于给变量临时赋值或输出数据。

2）本地窗口

在中断模式下可以显示当前过程中所有变量的类型和值，如图7.27所示。

3）监视窗口

可显示给定表达式的值。例如，可以将循环的条件表达式设置为监视表达式，这样就可以观察进入和退出循环的情况，如图7.28所示。

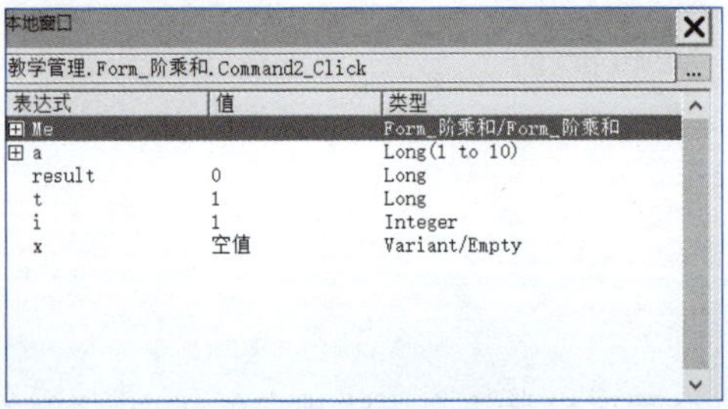

图 7.27　本地窗口

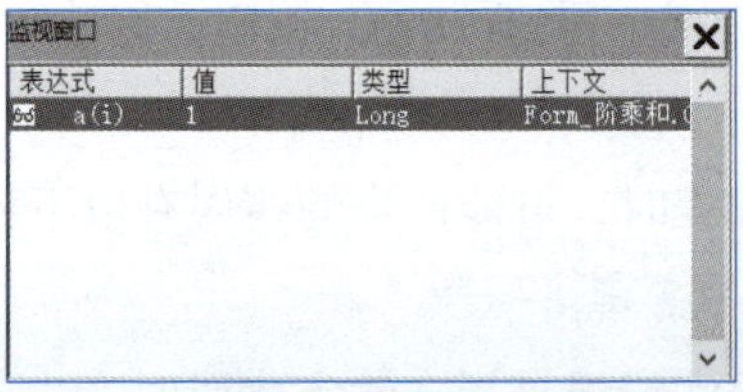

图 7.28　监视窗口

总结上面几个调试窗口的用途，实际就是在程序运行过程中观察和跟踪变量及表达式的变化情况。下面介绍的几种方法可以使程序人为进入中断状态，方便程序调试者观察变量和表达式。

（1）设置断点。在程序中人为设置断点，当程序运行到设置了断点的语句时，会自动暂停运行并进入中断状态。设置断点的方法是：在代码窗口中单击要设置断点的那一行语句左侧的灰色边界标识条。再次单击边界标识条可取消断点，如图7.29所示。

（2）单步跟踪。也可以单步跟踪程序的运行，即每执行一条语句后都进入中断状态。单步跟踪程序的方法是：将光标置于要执行的过程内，单击“调试”工具栏的“逐语句”按钮，或选择“调试”菜单中的“逐语句”命令。

（3）设置监视点。如果设置了监视表达式，一旦监视表达式的值为真或改变，程序也会自动进入中断模式。设置监视点的方法如下。

① 选择“调试”菜单中的“添加监视”命令，弹出“添加监视”对话框，如图7.30所示。

② 在“模块”下拉列表框中选择被监视过程所在的模块，在“过程”下拉列表框中选择要监视的过程，在“表达式”文本框中输入要监视的表达式。

③ 在“监视类型”栏中选择所需监视类型。单击“确定”按钮即可。

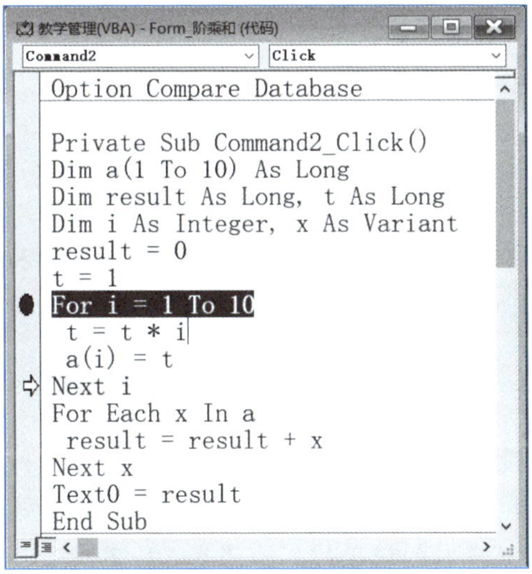

图 7.29　设置断点

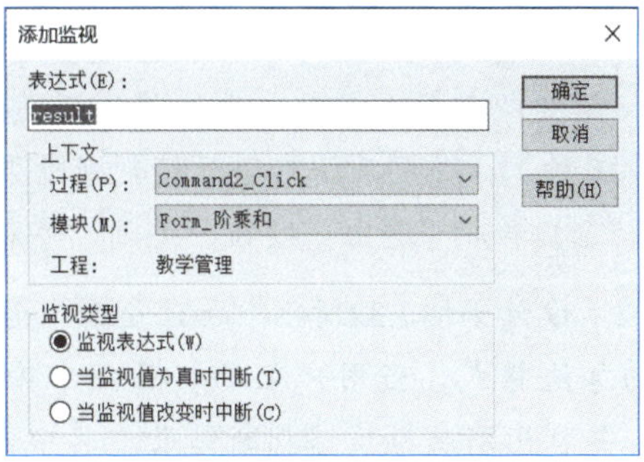

图 7.30　设置监视表达式

动手实践

通过VBA数据库编程的学习，下面将实现例7-16中的VBA编程。请按以下要求完成相关操作：

利用Command对象获取“教务管理系统”中“学生”表中的记录。

```
Private Sub findRecord ( )
  Dim cm as ADODB.Command
  Dim rs as ADODB. RecordSet
  Set rs=New ADODB. RecordSet
```

```
Set cm=New ADODB.Command
   cm. CommandText= "select * from 学生 "
   cm. ActiveConnection= CurrentProject. Connection    '设置数据源
Set rs=cm. Execute                    '使用 Execute 方法执行 SQL 语句，返回记录集
Debug.Print rs.GetString
   rs.close
   cm.close
   Set rs=Nothing
Set cm=Nothing
End Sub
```

润物无声

程序员遇到问题应如何思考？

1. 问题分析与解决

面对复杂问题时，能够进行有效的分析、分解并找到问题的根源。善于利用各种资源和工具（如调试器、性能分析工具等）来解决问题。

2. 逻辑思维

具备严密的逻辑思维能力，能够清晰地描述问题、提出假设并验证假设。善于从多个角度思考问题，找到最优的解决方案。

知识巩固

操作题

1. 设计如图7.31所示“字符判别”窗体，设计相关程序实现。

（1）单击“开始”按钮，弹出一个提示信息为“请输入任意一个字符”的输入对话框，当用户完成输入后，系统将自动判断字符的类别（分为“字母”、“数字”和“其他”三种），并利用消息框反馈判断结果。

（2）单击“退出”按钮，关闭“字符判别”窗体。

2. 设计如图7.32所示“加法运算”窗体，设计相关程序实现：对于由文本框T1和T2构成的加法算式，当用户在文本框T3中输入答案后，单击“判断”按钮，判断答案是否正确，并利用消息框反馈判断结果。其中，答案正确时的提示信息为“恭喜！答对了”；反之，提示信息为“很遗憾！答错了”，并清空T3中的内容。

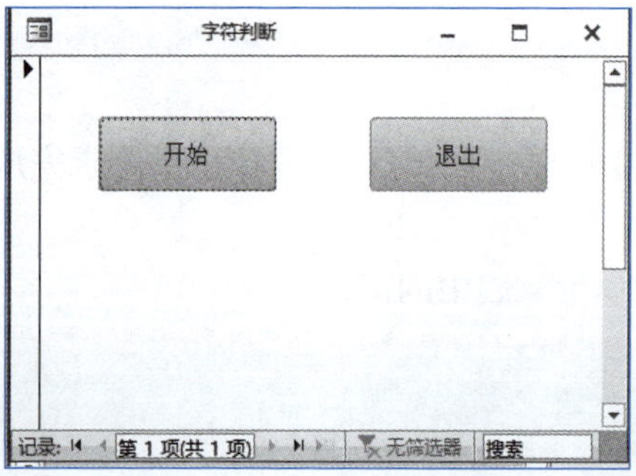

图 7.31 “字符判别”窗体

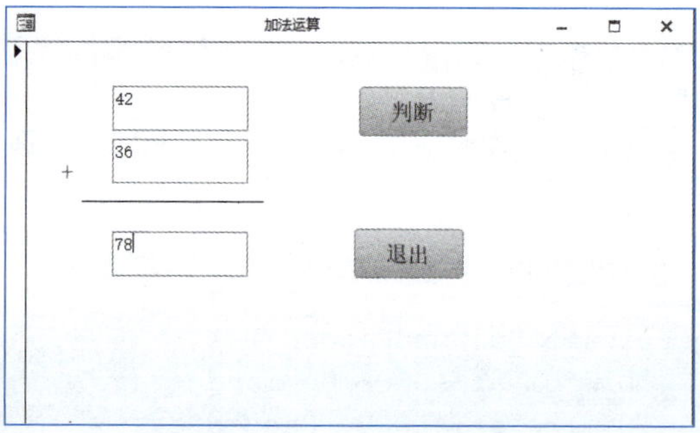

图 7.32 “加法运算”窗体

3．设计“求和”窗体，编写相关事件代码实现：单击“计算”按钮，根据公式$P=1+\frac{1}{2\times 2}+\frac{1}{3\times 3}+\cdots+\frac{1}{n\times n}$，计算$n$=6时$P$对应的值，并将该值显示在文本框中。

项目小结

本项目介绍了模块和VBA编程的基础知识，主要内容包括模块的结构和建立，VBA程序设计中对象的概念；VBA中数据类型、标识符、常量和变量的声明，运算符和表达式，数组的声明与使用；VBA程序设计的顺序、选择和循环三种基本结构语句；过程和函数的定义及调用；VBA数据库访问技术和VBA程序的调试。

项目八 教务管理系统的开发集成

Access 2016不仅可以作为数据存储工具，还可以用它进行数据库应用系统的开发。本项目以“教务管理系统”的开发为例，介绍数据库应用系统开发的过程，重点讲述主要开发环节，并介绍系统集成。将数据表、查询、窗体、报表、宏和模块对象进行有机融合，并应用于实际管理过程，为高校教学管理部门提供一套可行的数字化管理方案。

项目内容

- 教务管理系统的需求分析、功能设计
- 数据库设计，查询、窗体、报表以及VBA的设计与实现
- VBA的数据库编程
- 应用系统集成

项目目标

知识目标：掌握项目开发和集成过程

能力目标：培养学生数据库开发设计能力。

素养目标：培养学生具有理想信念、团队协作精神。

任务情境

小李：贺老师，数据库以及数据库的各个对象都已经建好了，接下来如何将这些独立的对象集成一个有机的完整系统呢？

老贺：数据库各个对象创建好之后，就需要利用软件工程的思想来开发设计一个完整的数据库应用系统，并对系统集成。

小李：系统集成，这技术看起来很高深，有点激动。

老贺：是的，赶紧行动吧。

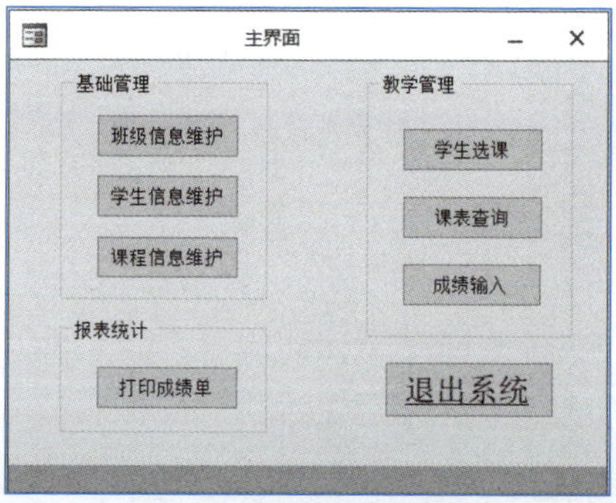

图 8.1　教务管理系统主界面

任务描述

使用Access 2016软件开发一个图8.1所示的“教务管理系统”。该系统分为三大模块，即基础管理（班级信息维护、学生信息维护、课程信息维护）、教学管理（学生选课、课表查询、成绩输入）、报表统计（打印

成绩单），为操作方便和界面整齐增加一个退出系统功能。

实现以上案例，要求掌握的知识：

（1）需求分析。

（2）功能设计。

（3）数据库和表设计。

（4）查询、窗体和报表设计。

（5）宏与模块VBA、数据库编程。

（6）系统集成。

知识链接

一、需求分析

“教务管理系统”的主要作用是帮助学校对教务事项有规范地进行管理，是运用计算机技术、网络技术和通信技术，建成智能信息化管理体系，为学院教务管理服务的系统。从而可降低管理成本，提高办公效率、教育教学水平，提升服务能力，进而更好地为学生服务，方便教师办公和教学。系统基本需求：强化学生、教师和课程的基础信息管理，如班级信息、学生个人信息、课程信息等，管理工作包括定期更新与维护；保障日常教学管理产生的大量数据的安全；将教学管理活动中积累的大量数据和教学资源进行充分利用，更好的服务于现在和未来的教学活动，充分发挥数据的最大效用。

数据库以需求分析来进行总体布局、设计、建立。设计数据库，需求分析是关键；需求分析的质量决定数据库的价值，所以这是数据库设计的核心，也是最耗时、最复杂的阶段。根据以上系统目标，综合分析教务管理系统各模块，需要对该系统实现基本的功能。现实应用中，教务管理系统是一个集 Client / Server和 Browser/ Web Server 技术于一体、涉及教务管理各环节、面向学校各部门以及各层次用户的多模块综合管理信息系统。教务系统数据管理流程主要包括学籍管理、收费管理、注册管理、选课管理、成绩管理、毕业审查以及课程管理、教学计划管理、排课等多个模块。这里为了教学的需要，弱化其他课程知识的关联，本系统仅实现以上系统目标的基本功能，即基础管理（基础信息维护）、教学管理、报表统计三个模块和一个退出系统功能。教务管理系统功能需求如下：

1. 基础管理

该模块包括3个方面的内容，即班级信息维护、学生信息维护、课程信息维护。教务工作人员对基础信息的管理，可以进行信息的添加、修改、删除和搜索。在进行信息的添加时，首先在子窗口进行学生信息的录入，在保存的时候要进行学生学号是否有重复的检查，如果添加的学生编号有重复就要对用户进行提示。只有在不重复的情况下才能进行信息的添加。在进行信息的删除时，要首先打开提示窗口让用户确认是否要删除，只有在用户确认的情况下才能进行信息的删除。在进行信息的修改时，要根据用户选定的学生进行修改，即列出用户选定的学生的所有信息，在这个基础上进行学生信息的修改和保存。

2. 教学管理

教务工作人员通过此模块来管理学生选课、课表查询和成绩录入三个子模块，教师或学生通过选课模块，可以查询自己已选课程和所有课程信息，并对未选课进行选课和对已选课程进行删除等功能。课表查询模块可利用学号查询课表，通过成绩输入录入相应课程成绩。

3. 报表统计

教务工作人员可以通过打印成绩单模块来打印学生全部成绩信息。可以根据班级、学生学号、课程编号来打印学生成绩单，打印前还要可以预览所要打印的报表。

4. 退出系统

该功能的实现可方便快捷地退出数据库系统。

二、功能结构设计

根据“教务管理系统”功能需求设计功能结构图如图8.2所示。功能图中的省略号表示对应模块中其他功能的扩展。

三、数据库设计

根据“教务管理系统”的功能和管理的对象进行数据库设计，数据库设计分为概念设计、逻辑结构设计和物理结构设计几个阶段，并相应产生数据库的三级模型：概念模型、逻辑模型和物理模型。

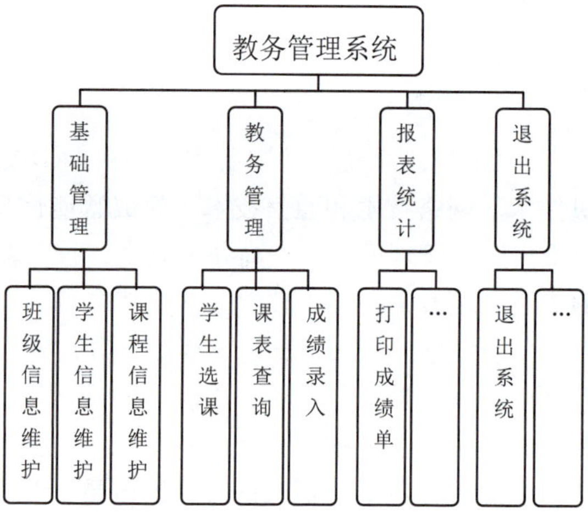

图 8.2 教务管理系统功能结构图

1. 概念模型

根据前面相关项目知识，设计概念模型时可以先画出部分E-R图，再根据实体之间的联系将各部分E-R图合并成完整的系统总体E-R图，整合时应消除不必要的冗余实体、属性和联系，解决部分E-R图之间的冲突。按照上述方法，建立如图8.3所示的“教务管理系统”总体E-R图。

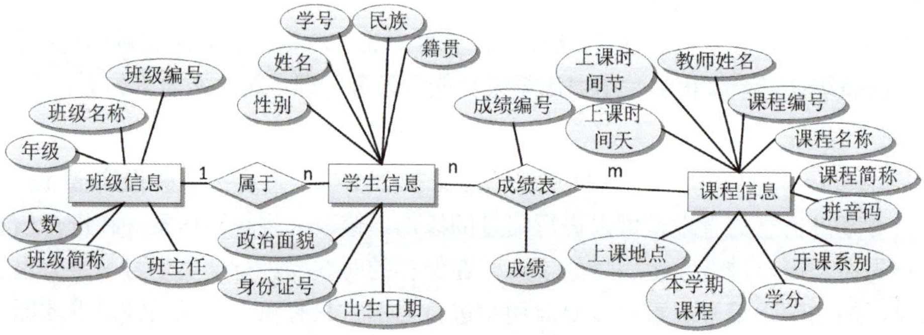

图 8.3 “教务管理系统”总体 E-R 图

2. 逻辑模型

建立逻辑模型就是根据概念模型确定有哪些关系模式，根据图8.3转化的关系模式如下：

（1）班级信息（班级编号，班级名称，年级，人数，班级简称，班主任）；

（2）学生信息（学号，姓名，性别，民族，籍贯，出生日期，政治面貌，身份证号，班级编号）；

（3）课程信息（课程编号，课程名称，课程简称，拼音码，开课系别，学分，教师姓名，上课时间天，上课时间节，本学期课程，上课地点）；

（4）成绩表（成绩编号，学号，课程编号，成绩）。

在实际的应用系统中，需要考虑数据的冗余，并一般要求各关系模式达到第三范式要求。

3. 建立表及表间关系

建立表即是数据库物理模型的设计和实现。根据一个关系模式对应一张表，下面将设计5个数据表分别是：班级信息、学生信息、课程信息、成绩表和课程表图表（由于要生成一张课程表图，所以增加了一个课程表图表），设计表结构见表8-1～表8-5。

表 8-1　班级信息

字段名称	数据类型	字段大小	说明	字段名称	数据类型	字段大小	说明
班级编号	短文本	14	主键	班级简称	短文本	10	—
年级	短文本	4	—	人数	数字	整型	—
班级名称	短文本	15	—	班主任	短文本	8	—

表 8-2　学生信息

字段名称	数据类型	字段大小	说明
学号	短文本	15	主键
姓名	短文本	8	—
班级编号	短文本	14	—
性别	短文本	4	—
年级	短文本	4	—
政治面貌	短文本	8	—
民族	短文本	12	—
籍贯	短文本	8	—
身份证号	短文本	19	输入掩码 000000000000000999;0;_
出生日期	日期 / 时间		—

表 8-3　课程信息

字段名称	数据类型	字段大小	说明	字段名称	数据类型	字段大小	说明
课程编号	数字	整型	主键	教师	短文本	8	—
课程名称	短文本	30	—	开课系别	短文本	20	—
班级简称	短文本	14	—	学分	数字	整型	—
拼音码	短文本	14	—	本学期课程	是 / 否	—	—
本学期课程	是 / 否	—	—	上课时间天	数字	整型	—

续表

字段名称	数据类型	字段大小	说明	字段名称	数据类型	字段大小	说明
上课时间节	数字	整型	—	开课系别	短文本	20	—
上课地点	短文本	30	—	学分	数字	整型	—
教师姓名	短文本	8	—				—

表 8-4 成绩表

字段名称	数据类型	字段大小	说明	字段名称	数据类型	字段大小	说明
成绩编号	自动编号	长整型	主键	课程编号	数字	长整型	—
学号	短文本	15	—	成绩	数字	整型	—

表 8-5 课程表图

字段名称	数据类型	字段大小	说明	字段名称	数据类型	字段大小	说明
上课时间节	数字	14	整型	星期三	短文本	100	—
星期一	短文本	100	—	星期四	短文本	100	—
星期二	短文本	100	—	星期五	短文本	100	—

按照上面介绍的建表和表间关系的方法，建立图8.4所示的“学生信息”表（其他表的建立类同，在此不再赘述），并建立表间关系如图8.5所示。

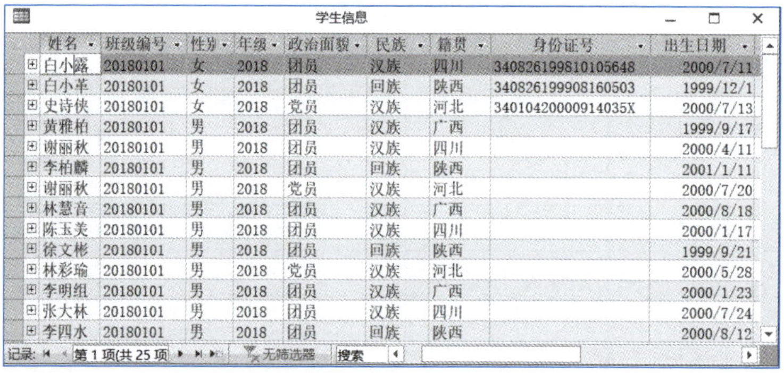
学生信息

姓名	班级编号	性别	年级	政治面貌	民族	籍贯	身份证号	出生日期
白小露	20180101	女	2018	团员	汉族	四川	340826199810105648	2000/7/11
白小革	20180101	女	2018	团员	回族	陕西	340826199908160503	1999/12/1
史诗侠	20180101	女	2018	党员	汉族	河北	34010420000914035X	2000/7/13
黄雅柏	20180101	男	2018	团员	汉族	广西		1999/9/17
谢丽秋	20180101	男	2018	团员	汉族	四川		2000/4/11
李柏麟	20180101	男	2018	团员	回族	陕西		2001/1/11
谢丽秋	20180101	男	2018	党员	汉族	河北		2000/7/20
林慧音	20180101	男	2018	团员	汉族	广西		2000/8/18
陈玉美	20180101	男	2018	团员	汉族	四川		2000/1/17
徐文彬	20180101	男	2018	团员	回族	陕西		1999/9/21
林彩瑜	20180101	男	2018	党员	汉族	河北		2000/5/28
李明组	20180101	男	2018	团员	汉族	广西		2000/1/23
张大林	20180101	男	2018	团员	汉族	四川		2000/7/24
李四水	20180101	男	2018	团员	回族	陕西		2000/8/12

记录: 第 1 项(共 25 项 无筛选器 搜索

图 8.4 “学生信息”表

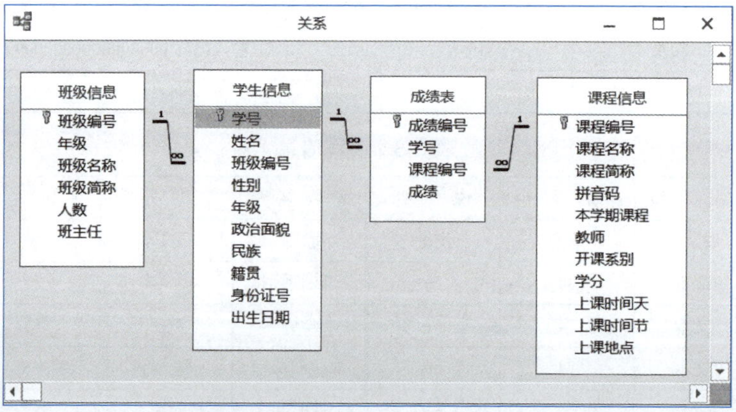

图 8.5 教务管理系统表间关系

四、查询设计

在“教务管理系统”中数据信息的录入和展示将以查询为数据源，因此需要建立许多相关查询。这些查询主要有班级信息查询、成绩打印查询、成绩输入查询、课程信息查询、学生信息查询、学生选课查询和学生选课课程信息等。这些查询分别用于窗体和报表的数据源。如图8.6所示为班级信息查询的设计视图。按照项目五介绍的相关知识依次建立其他查询。

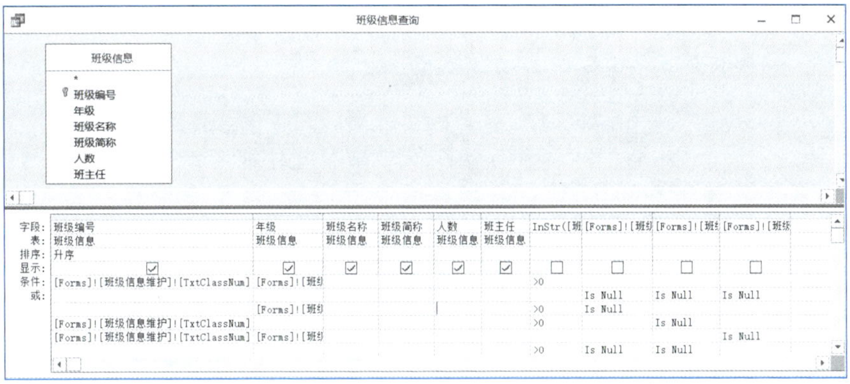

图 8.6　班级信息查询

五、窗体和报表设计

在“教务管理系统”中采用窗体进行人机交互，设计数据库应用系统数据窗体时，应设计具有数据输入、数据维护和数据查询等功能的窗体，在本系统中主要通过主/子窗体实现。这些窗体主要有班级信息维护窗体及其子窗体、成绩输入及其子窗体、打印成绩单及其子窗体、课表查询及其子窗体、课程信息维护及其子窗体、学生信息维护及其子窗体、学生选课及其子窗体、学生已选课子窗体。各主要窗体效果图分别如图8.7～图8.14所示。

数据库应用系统的报表是数据库中数据输出到打印机的格式文件，数据报表的设计主要包括对报表的布局、页面大小、附加标题、各种说明信息的设计思路和方案，并使其在实用、美观的基础上，能够完成对数据源中数据的统计分析计算，然后按指定格式打印输出。打印学生成绩单时的报表如图8.15所示。

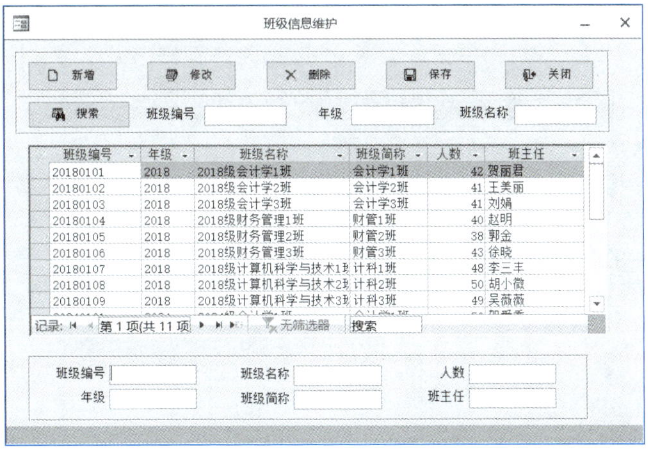

图 8.7　班级信息维护窗体

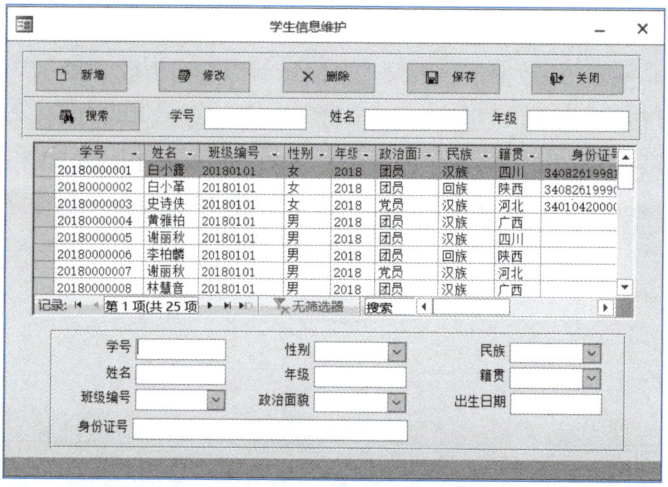

图 8.8 学生信息维护窗体

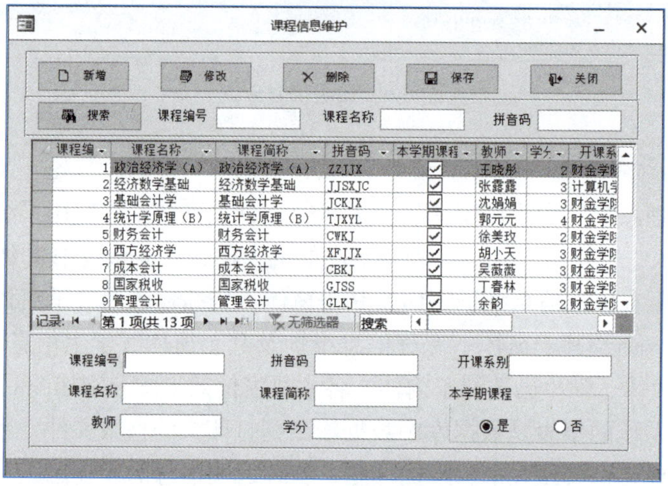

图 8.9 课程信息维护窗体

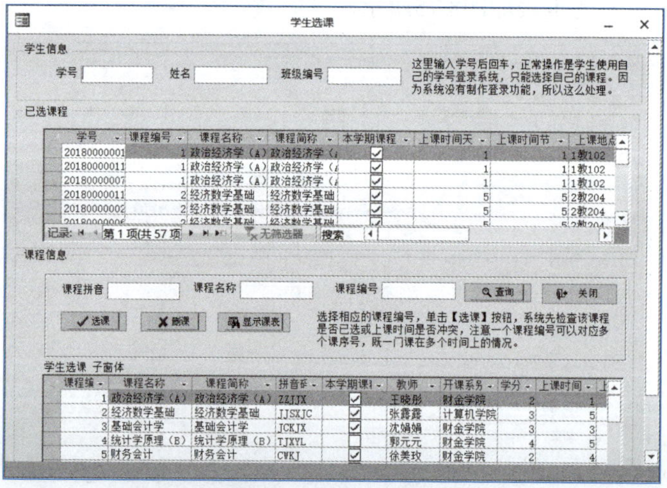

图 8.10 学生选课窗体

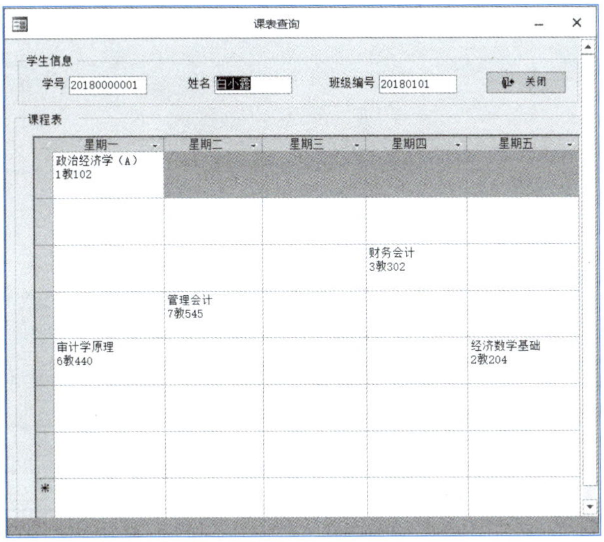

图 8.11　课表查询窗体

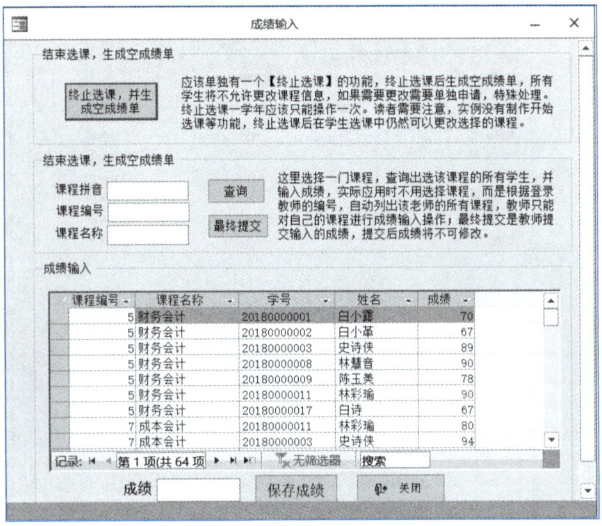

图 8.12　成绩录入窗体

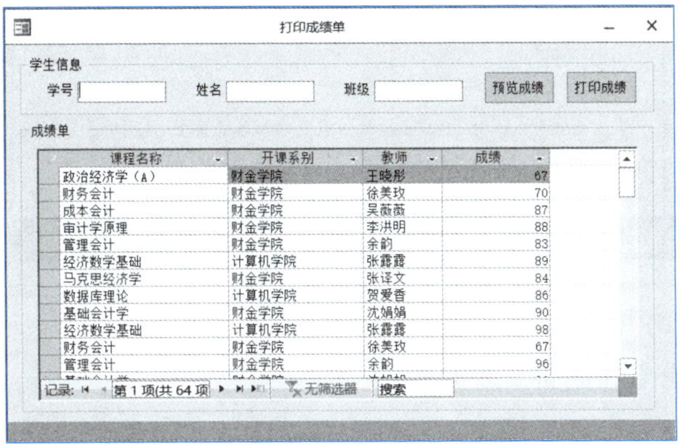

图 8.13　打印成绩单窗体（总体）

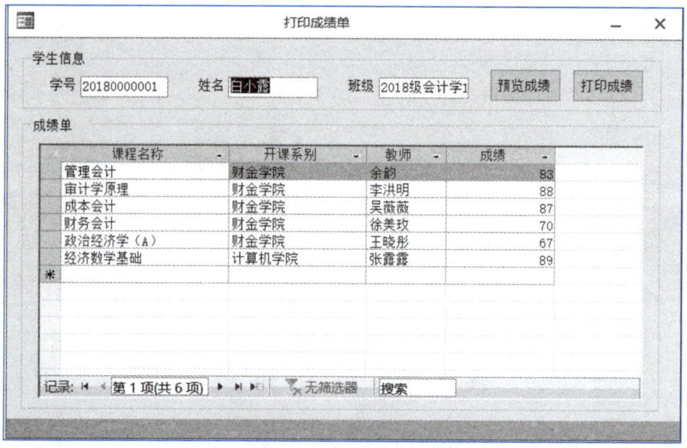

图 8.14 打印成绩单窗体

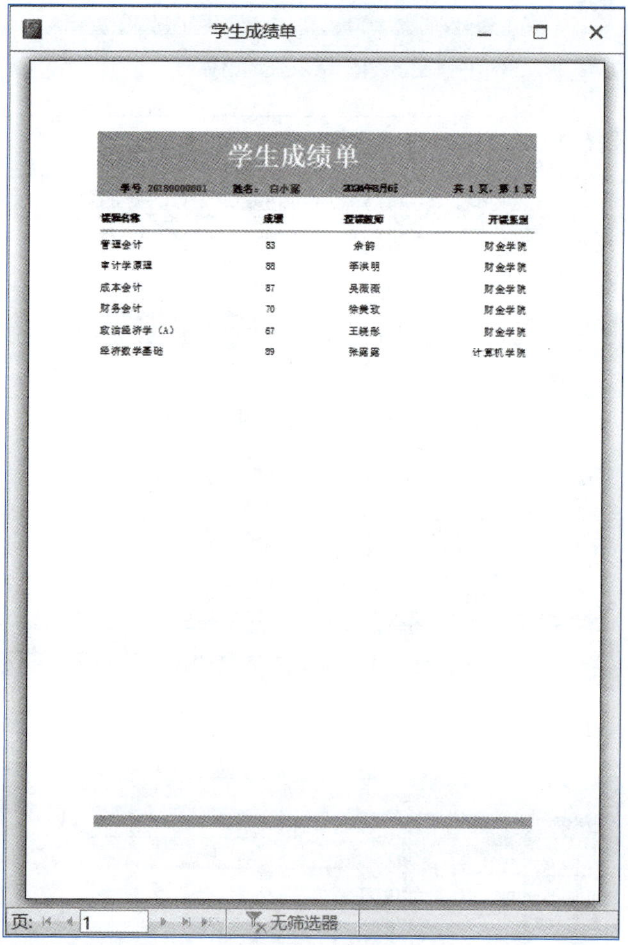

图 8.15 学生成绩单报表

六、模块与 VBA 的设计

在“教务管理系统”窗体界面中，要实现窗体的功能需要与模块相结合，利用模块

VBA代码来实现信息的新增、修改、删除、保存和搜索。以班级信息维护窗体为例给出各模块的主要代码，其他窗体模块代码详见二维码。

（1）“新增”按钮的代码如下：

```
Private Sub CmdClassMsgMngNew_Click()
On Error GoTo Err_CmdClassMsgMngNew_Click
    '为窗体上的控件解锁
    Me![班级编号].Locked = False
    Me![年级].Locked = False
    Me![班级名称].Locked = False
    Me![班级简称].Locked = False
    Me![人数].Locked = False
    Me![班主任].Locked = False
    '使窗体上的控件的值为空
    Me![班级编号].Value = Null
    Me![年级].Value = Null
    Me![班级名称].Value = Null
    Me![班级简称].Value = Null
    Me![人数].Value = Null
    Me![班主任].Value = Null
Exit_CmdClassMsgMngNew_Click:
    Exit Sub
Err_CmdClassMsgMngNew_Click:
    MsgBox Err.Description
    Resume Exit_CmdClassMsgMngNew_Click
End Sub
```

（2）“修改”按钮的代码如下：

```
Private Sub CmdClassMsgMngReform_Click()
On Error GoTo Err_CmdClassMsgMngReform_Click
    '为窗体上的控件解锁
    Me![班级编号].Locked = False
    Me![年级].Locked = False
    Me![班级名称].Locked = False
    Me![班级简称].Locked = False
    Me![人数].Locked = False
    Me![班主任].Locked = False
    '把子窗体中的当前记录值赋予主窗体文本框
    Me![班级编号] = Me![ClassMsgMngFrm]![班级编号]
    Me![年级] = Me![ClassMsgMngFrm]![年级]
    Me![班级名称] = Me![ClassMsgMngFrm]![班级名称]
    Me![班级简称] = Me![ClassMsgMngFrm]![班级简称]
    Me![人数] = Me![ClassMsgMngFrm]![人数]
    Me![班主任] = Me![ClassMsgMngFrm]![班主任]
Exit_CmdClassMsgMngReform_Click:
    Exit Sub
Err_CmdClassMsgMngReform_Click:
    MsgBox Err.Description
    Resume Exit_CmdClassMsgMngReform_Click
End Sub
```

（3）“删除”按钮的代码如下：

```
Private Sub CmdClassMsgMngDelete_Click()
On Error GoTo Err_CmdClassMsgMngDelete_Click
    '打开"班级信息"表
    Set rs = New ADODB.Recordset
    StrTemp = "Select * From 班级信息"
    rs.Open StrTemp, CurrentProject.Connection, adOpenKeyset, adLockOptimistic
    '"班级信息"表中没有记录，则提示记录可删除
    If rs.RecordCount <= 0 Then
        MsgBox "读者信记录为空，无记录可删除！", vbOKOnly, "提示！"
        DoCmd.Close
    Else
    rs.MoveFirst
    '在"班级信息"表中查找并删除当前记录
        Do While Not (rs.EOF)
            If (rs("班级编号") = Me![ClassMsgMngFrm]![班级编号]) Then
                rs.Delete 1
                rs.Update
                ClassMsgMngFrm.Requery
            Else
                rs.MoveNext
            End If
        Loop
    End If
    '释放记录集空间
    Set rs = Nothing
Exit_CmdClassMsgMngDelete_Click:
    Exit Sub
Err_CmdClassMsgMngDelete_Click:
    MsgBox Err.Description
    Resume Exit_CmdClassMsgMngDelete_Click
End Sub
```

（4）“保存”按钮代码如下：

```
Private Sub CmdClassMsgMngSave_Click()
On Error GoTo Err_CmdClassMsgMngSave_Click
    XTong = False
    '打开"班级信息"表
    Set rs = New ADODB.Recordset
    StrTemp = "Select * From 班级信息"
    rs.Open StrTemp, CurrentProject.Connection, adOpenKeyset,
adLockOptimistic
    '提示有些文本框必须填写内容，否则提示信息
    If IsNull(Me![班级编号]) Then
        MsgBox "必填字段对应的文本框不能为空，请重新输入！", vbOKOnly, "系统警告"
        MsgBox "必填字段的文本框有：班级编号", vbOKOnly, "提示"
        Me![班级编号].SetFocus
    Else
        '如果"班级信息"表为空，则 XTong 的值为 False
        If rs.RecordCount <= 0 Then
```

```
            XTong = False
        Else
        '在"班级信息"表查找是否存在与待保存的记录相同
            rs.MoveFirst
            For iTemp = 0 To rs.RecordCount - 1
                If (rs("班级编号") = Me![班级编号]) Then
                    XTong = True
                    iTemp = rs.RecordCount + 1
                Else
                    rs.MoveNext
                End If
            Next iTemp
        End If
        '在"班级信息"表中如果已经存在，则提示是否修改
            If XTong = True Then
                If MsgBox("记录已存在，是否要进行修改", vbYesNo, "确认!") =
vbYes Then
                    rs("年级") = Me![年级]
                    rs("班级名称") = Me![班级名称]
                    rs("班级简称") = Me![班级简称]
                    rs("人数") = Me![人数]
                    rs("班主任") = Me![班主任]
                    rs.Update
                    rs.MoveNext
                End If
            '在"班级信息"表中如果不存在，则添加新记录
            Else
                rs.AddNew
                rs("班级编号") = Me![班级编号]
                rs("年级") = Me![年级]
                rs("班级名称") = Me![班级名称]
                rs("班级简称") = Me![班级简称]
                rs("人数") = Me![人数]
                rs("班主任") = Me![班主任]
                rs.Update
                rs.Close
            End If
    End If
    ClassMsgMngFrm.Requery
    Set rs = Nothing
Exit_CmdClassMsgMngSave_Click:
    Exit Sub
Err_CmdClassMsgMngSave_Click:
    MsgBox Err.Description
    Resume Exit_CmdClassMsgMngSave_Click
End Sub
```

（5）“关闭”按钮代码如下：

```
Private Sub CmdClassMsgMngClose_Click()
On Error GoTo Err_CmdClassMsgMngClose_Click
    DoCmd.Close
```

```
Exit_CmdClassMsgMngClose_Click:
    Exit Sub
Err_CmdClassMsgMngClose_Click:
    MsgBox Err.Description
    Resume Exit_CmdClassMsgMngClose_Click
End Sub
```

（6）“搜索”按钮代码如下：

```
Private Sub CmdClassMsgMngQuery_Click()
On Error GoTo Err_CmdClassMsgMngQuery_Click
    ClassMsgMngFrm.Requery
Exit_CmdClassMsgMngQuery_Click:
    Exit Sub
Err_CmdClassMsgMngQuery_Click:
    MsgBox Err.Description
    Resume Exit_CmdClassMsgMngQuery_Click
End Sub
```

七、系统集成

设计应用系统的目的，就是让用户通过窗体和报表等对象操作数据，而不是直接操作数据库中的表或查询等数据对象，这样可以降低对用户计算机水平的要求，保证数据操作的准确性和安全性。用户不需要具有数据库的操作能力，也不需要直接接触数据库中的数据对象，只需要具备一般软件的使用操作能力即可。

在本项目中已经建立了部分窗体和报表等对象，但这些对象都是独立的，如何将它们组织起来构成一个整体呢？现在就是要完成此项任务，并使这项对象融入到一个完整的系统内。要更好地有序管理数据库中各个不同的表、查询、窗体和报表等对象，应根据用户提出的需求和设计的方法对已建立的多个数据库对象进行分类整理。对每个数据库对象进行分类时，一般是以系统的功能模块作为分类的依据。即基础管理类包括班级信息维护、学生信息维护、课程信息维护等，教学管理类包括学生选课、课表查询、成绩输入等，报表统计类包括打印成绩单等，最后是关于退出系统的实现。按以上功能类别划分，设计系统主界面效果如图8.16所示。

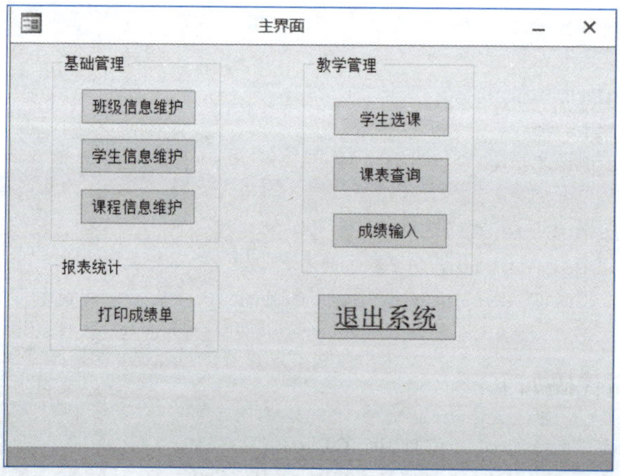

图 8.16　系统集成主界面

1. 切换面板管理器

Access 2016切换面板实际上是一个特殊的窗体，主要的作用在于帮助用户集成应用系统的各个模块，按照应用系统的逻辑，单击相应页面上的命令按钮即可执行其他页面的跳转或模块的调用，而这些操作是不需要用户制作专门的宏操作和编写VBA代码就可以实现。

创建切换面板的操作步骤如下：

（1）向“快速访问工具栏”添加“切换面板管理器”工具。单击“文件”选项卡中的“选项”命令，在弹出的“Access选项”对话框中选择“快速访问工具栏”选项，从“不在功能区中的命令”下拉列表框中选择“切换面板管理器”选项，然后单击“添加>>”按钮，如图8.17所示。

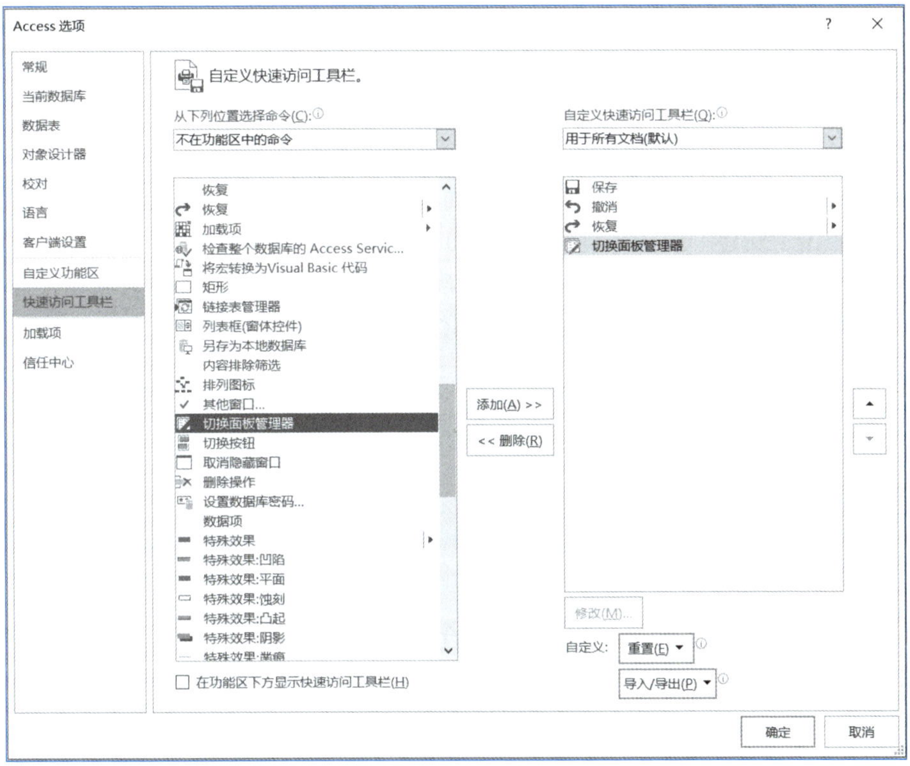

图 8.17　添加切换面板管理器

（2）单击“切换面板管理器”图标。如果系统不存在切换面板窗体，Access 2016将会询问是否要创建切换面板，如图8.18所示。

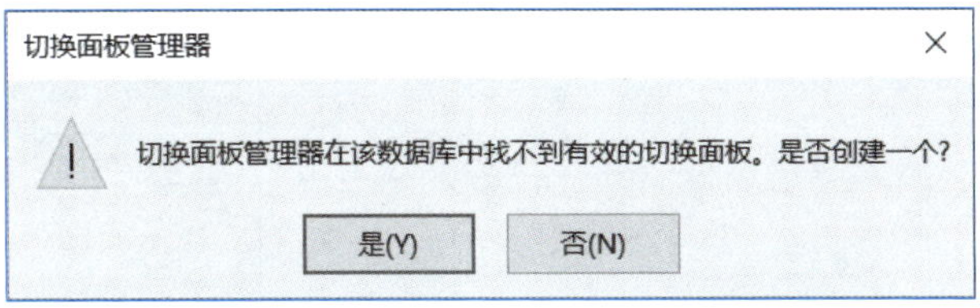

图 8.18　“切换面板管理器”对话框

（3）确定要创建新的切换面板后，弹出“切换面板管理器”对话框，如图8.19所示。在窗口中自动生成一个名为“主切换面板（默认）”的切换面板页。

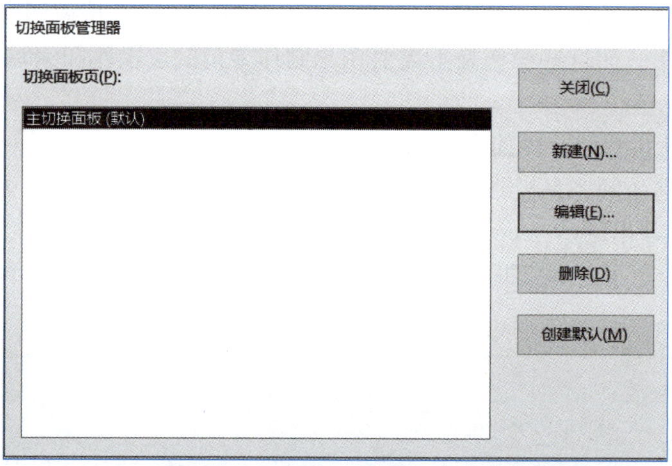

图 8.19 “切换面板管理器”对话框

（4）单击“编辑”按钮，将“主切换面板（默认）”改名为“教务管理系统（默认）”，或者单击“新建”按钮，显示如图8.20所示的“新建”对话框。输入新的切换面板页的名称，如“教务管理系统”，然后单击“确定”按钮，Access 2016会将切换面板页名添加到“切换面板页”的列表中，再单击“创建默认”按钮。

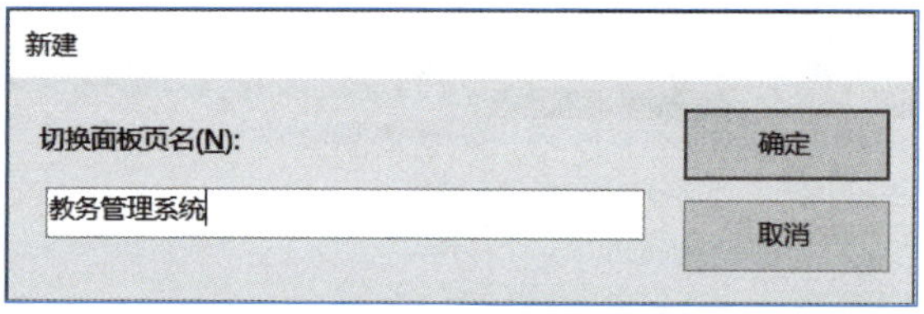

图 8.20 “新建”切换面板页名对话框

（5）重复执行步骤（4），直至涉及系统中各级模块的切换面板页创建完毕。“教务管理系统”中的“切换面板页”列表如图8.21所示。“切换面板页”中的列表按照页名称升序显示。

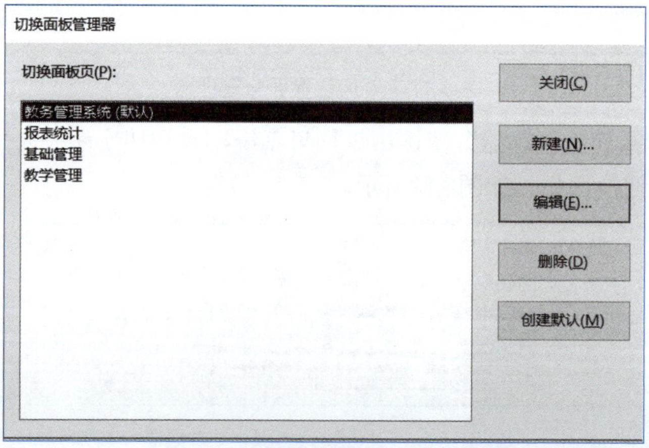

图 8.21 “教务管理系统”中的“切换面板页”列表

（6）单击已创建的某个切换面板页名称，如“教务管理系统”，然后单击“编辑”按钮，Access 2016会显示“编辑切换面板页”对话框，再单击“新建”按钮，显示“编辑切换面板项目”对话框。对于需要创建分支切换面板页的切换面板页，在“文本”框中输入下级切换面板页的名称，然后从“命令”列表中选择“转至‘切换面板’”命令，从该列表中选择切换面板或输入其他切换面板的名称，如图8.22（a）所示。

图 8.22　“编辑切换面板项目”对话框（a）

（7）再依次新建“教学管理”“报表统计”和“退出系统”切换面板项目，其中“退出系统”的命令框中选择“退出应用程序”，结果如图8.23所示。

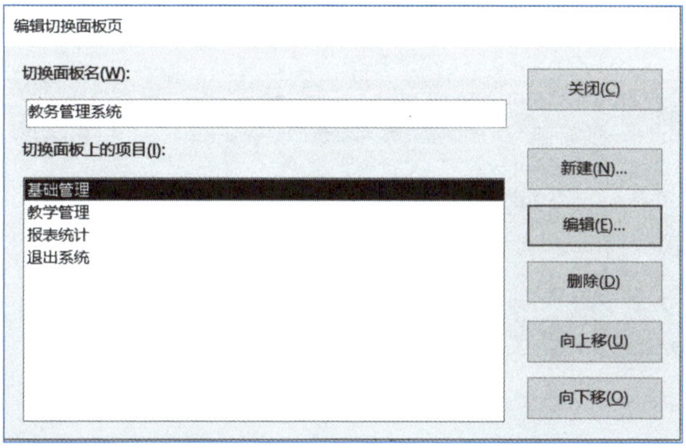

图 8.23　“教务管理系统”下级的“切换面板上的项目”列表

（8）对于需要创建下一级切换面板项目的切换面板页，在“文本”框中输入切换面板项目的名称，然后从“命令”列表中选择一个对应的执行命令。例如，在“班级信息维护”的“编辑切换面板项目”对话框的“文本”框中输入“班级信息维护”，在“命令”列表中选择“在‘编辑’模式下打开窗体”命令，再在“窗体”后的列表框中选择“班级信息维护”窗体，如图8.24（b）所示。在“切换面板管理器”中再依次编辑“基础管理”“教学管理”和“报表统计”的切换面板上的项目。“基础管理”切换面板上的项目如图8.25所示。

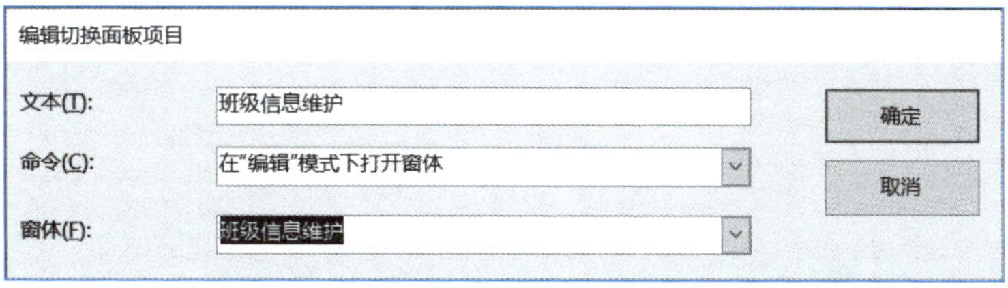

图 8.24　“编辑切换面板项目”对话框（b）

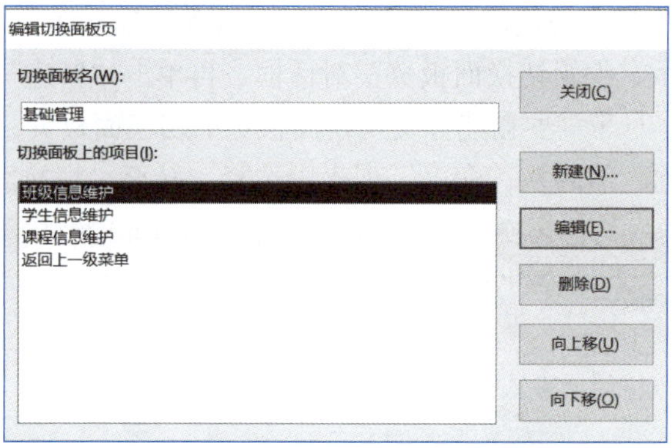

图 8.25 “基础管理”切换面板上的项目

使用切换面板管理器创建切换面板时，Access 2016会自动创建一个切换面板项目表Switchboard Items以描述窗体上各个按钮的外观和功能，同时以“切换面板”命名的窗体来保存所创建的切换面板。一般情况下，无须动修改Switchboard Items表，否则将会影响切换面板的正常使用。“教务管理系统”的切换面板运行结果如图8.26和图8.27所示。

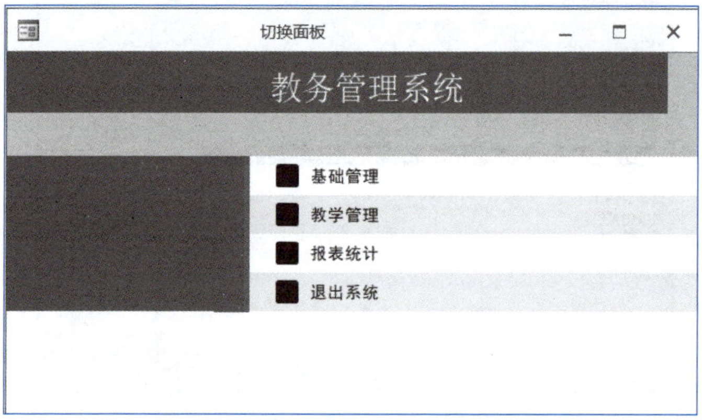

图 8.26 “教务管理系统”切换面板一级模块

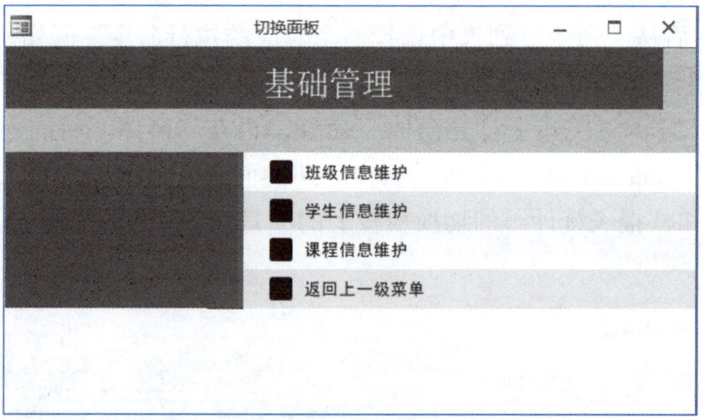

图 8.27 “教务管理系统”切换面板子模块

2. 制作自定义菜单

通过宏创建自定义菜单与通过“切换面板管理器”创建菜单的最大区别在于创建的次

序不一样。使用“切换面板管理器”是从上级模块向下级模块创建相应的切换面板页或项目；使用宏对象制作自定义菜单，是从下级项目或模块往上级模块创建。

创建自定义系统菜单的基本步骤如下：

1）创建底层项目宏组

底层项目一般是通过宏对象执行数据库对象的打开操作，根据数据库对象类型创建包含诸如OpenForm、OpenQuery、OpenReport等宏操作的子宏。以“基础管理”模块为例，创建与图8.28所示一致的子宏，子宏中每条宏操作都是快捷菜单上的一个独立命令。

子宏中，在“宏名”参数中输入将在快捷菜单上显示的文本，可以在名称后用“&”加一个字母设置键盘访问键，如“班级信息维护（&B）”，该字母将在菜单中显示为带下划线效果；可以用“-”符号作为宏名创建菜单命令之间的分隔线。如图8.28所示。使用相同的方法可以创建其余的底层子宏。

图 8.28　“系统菜单 _ 基础管理”子宏

2）创建中间级“菜单宏”

在每个中间菜单级别的子宏中可以使用AddMenu操作命令来创建多个级别的子菜单。创建AddMenu宏操作时应确保每个AddMenu操作的“菜单名称”参数提供一个值，否则子菜单将在更高级别的菜单中显示为空行。

3）创建顶级“菜单宏”

生成系统主菜单之前，需要创建一个包含AddMenu宏操作的顶级“菜单宏”，该子宏执行应用系统中第一层次的功能模块，“主菜单”子宏如图8.29所示。

图 8.29　“系统菜单”子宏

3. 系统设置

1）应用程序选项设置

用户打开数据库文件是自动运行的窗体称为启动窗体，本系统将用事先设计好的“主窗体”作为系统的启动窗体，也可将“切换面板”窗体作为启动窗体。设置方法是：单击“文件”选项卡中的“选项”命令，在弹出的“Access选项”对话框中选择“当前数据库”选项，设置“应用程序选项”中的相关参数，如图8.30所示。用户打开数据库的同时按【Shift】键可以跳过启动窗体的运行。

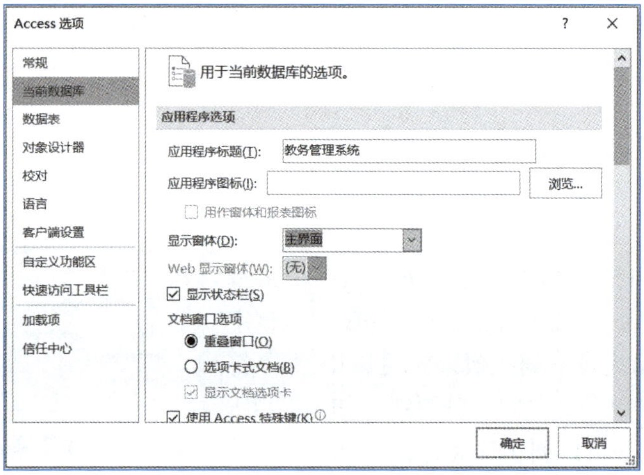

图 8.30 设置应用程序选项

2）导航窗格设置

Access 2016数据库文件打开时，系统默认为“显示导航窗格”状态，为了避免用户直接接触数据库对象，尤其是保存基本数据的表或关键的查询等对象，可以在Access 2016选项窗口中将“显示导航窗格”选项前的“√”符号去掉。

3）设置系统快捷菜单

自定义菜单与“切换面板”配合使用，能够大大地提高系统的可操作性，可在Access选项窗口将自定义菜单设置为快捷菜单，如图8.31所示。若将accdb格式数据库保存为mdb格式数据库，则可将自定义系统菜单作为应用系统菜单栏，则可完成如图8.1所示的系统的开发目标。

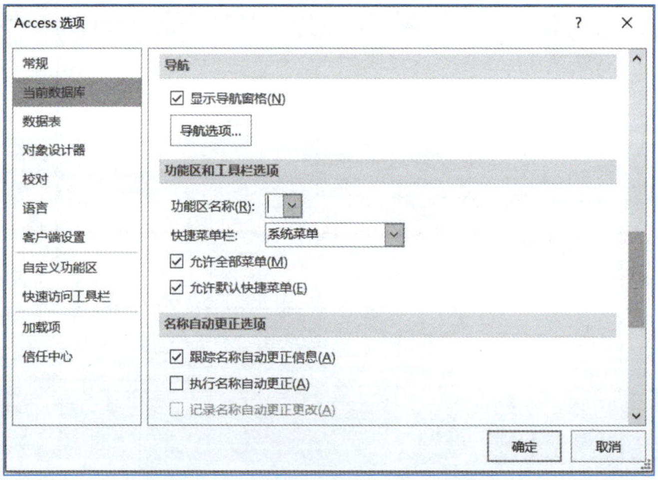

图 8.31 设置导航窗格和快捷菜单

动手实践

在“教务管理系统”中，如何集成数据库应用系统？如何添加“切换面板”？

润物无声

工匠准则：团结协作

从数据库系统的设计、开发到实施，往往需要一个团队才能完成，最后再集成所有团队成员的工作，这就需要团队协作。曾经有人说这样的几句话：“三个臭皮匠顶个诸葛亮”“人心齐，泰山移”“一根筷子易折断，十根筷子抱一团”……诸如此类的名言警句不胜枚举。团结就是力量！颗颗石子填满汪洋大海，朵朵浪花击碎坚硬礁石。只有团结起来，才会产生巨大的力量和智慧。众人拾柴火焰高，就让我们将捡来的木柴堆积起来，燃起灿烂的明天。

奥运团队项目金牌的“含金量”体现在团队协作和精神上。在奥运会上，团队项目金牌的获得不仅仅是个体能力的体现，更重要的是团队协作和精神的展现。例如，在跳水项目中，中国选手吴敏霞和施廷懋在女子双人跳水3米板比赛中获得了金牌，她们的成功归功于完美的配合和多年的默契。这种默契和协作不仅体现在日常训练中的相互支持，还体现在比赛中的相互信任和策略调整。这种团队精神不仅在体育竞技中重要，在日常生活中也同样重要，能够帮助人们达到理想的结果。

此外，中国体育代表团在多个团队项目中都展现出了高水平的团队协作能力，如在乒乓球混双和女子双人10米跳台跳水等项目中，中国选手通过精湛的技术和默契的配合，成功夺得金牌。这些成就不仅展示了中国运动员的高水平技艺，也体现了他们在团队合作方面的卓越表现。

知识巩固

一、选择题

1. 在数据库设计中设计关系模式时一般需要满足第（　　）范式。

   A. 1　　B. 2　　C. 3　　D. 4

2. 用户打开数据库的同时按下（　　）键可以跳过启动窗体的运行。

   A. Alt　　B. Shift　　C. Ctrl　　D. Del

3. 在Access 2016中Access选项对话框可以从（　　）选项卡打开。

   A. 文件　　B. 开始　　C. 插入　　D. 数据库工具

4. 创建顶级菜单宏，需要添加（　　）宏操作命令。

   A. SubMicro　　B. AddMenu　　C. Group　　D. If

5. 数据库设计一般包括概念设计、逻辑结构设计和（　　）。

   A. 界面设计　　B. 功能设计　　C. 报表设计　　D. 物理结构设计

二、思考题

1. 数据库应用系统开发的一般过程是什么?
2. 如何为数据库应用系统设置快捷菜单?
3. 如何创建“登录窗体”并实现用户名和密码的检验?
4. 在一个完整的“教务管理系统”中应该还有哪些功能?如何实现?

项目小结

本项目详细介绍了一个简单的“教务管理系统”案例的开发,在该案例中充分体现了Access 2016易于开发的特性。本系统包含了Access 2016常用的表、查询、窗体、报表和宏等常用对象,若进一步完善即可成为一个实用的应用系统。